Manuel du rucher

Albert John Cook

Writat

Cette édition parue en 2023

ISBN : 9789359253855

Publié par
Writat
email : info@writat.com

Contenu

PRÉFACE À LA PREMIÈRE ÉDITION.

LE rucher.

Pourquoi un autre traité sur ce sujet ? N'avons-nous pas Langstroth, Quinby, King, Bevan et Hunter ? Oui; tous ces. Chacun d'entre eux a rendu d'excellents services dans la promotion d'une industrie importante. Chacun d'entre eux possède des excellences particulières et frappantes. Pourtant, aucun de ces manuels ne réunit toutes les qualités souhaitables dans un manuel populaire. D'où l'excuse d'un autre prétendant à la faveur du public. Tout apiculteur cultivé déplore qu'il n'existe aucun manuel qui possède tous les caractères très souhaitables suivants : un style simple, plein de discussions, bon marché, désintéressé, dans l'air du temps. Il appartient au public apicole de décider si ce traité répond plus pleinement aux exigences faites par les dernières découvertes et améliorations, par les besoins de ceux qui sont avides d'apprendre et par l'intelligence supérieure qui est maintenant mobilisée dans les intérêts de l'apiculture. Rucher.

Ce qui suit est, en substance, le même que le cours de conférences que j'ai donné chaque année aux étudiants du Michigan Agricultural College, et leur désir, exprimé dans des demandes répétées, a conduit à cette publication.

Mon désir sera d'examiner des sujets d'intérêt et de valeur purement scientifiques, aussi complètement que les étudiants en sciences peuvent raisonnablement le désirer ; et, pour que de telles discussions ne puissent pas confondre ou embarrasser ceux qui lisent ou étudient uniquement à des fins pratiques, un index très complet est ajouté, de sorte que l'endroit où se trouve tout sujet, qu'il ait une valeur pratique ou scientifique, puisse être facilement déterminé.

En examinant les différents sujets d'intérêt pour l'apiculteur, je suis grandement redevable aux auteurs mentionnés ci-dessus, ainsi qu'aux revues suivantes, toutes dignes d'éloges : Gleanings in Bee Culture, American Bee Journal, Bee-Keepers' Magazine. , et Monde des abeilles.

Les illustrations de ce manuel ont presque toutes été dessinées par l'auteur à partir de l'objet naturel.

COLLÈGE AGRICOLE DU MICHIGAN ,
LANSING , 1er mai 1876.

PRÉFACE À LA DEUXIÈME ÉDITION.

Je ne pensais pas, lorsque j'ai envoyé, il y a moins de deux ans, la première édition - 3 000 exemplaires - de mon petit et sans prétention "Manuel du Rucher", que plus de 2 000 exemplaires seraient vendus en moins d'un an, et que dans moins de deux ans, une seconde édition serait réclamée par les apiculteurs de notre pays.

Les critiques très aimables et les avis flatteurs des revues apicoles, scientifiques et autres, tant américaines qu'étrangères, et l'approbation, exprimée par de nombreuses lettres amicales, de nos apiculteurs les plus éminents, ainsi que la « vente sans précédent de ce petit ouvrage », ont non seulement été très gratifiants, mais ils m'assurent également que j'avais tout à fait raison de penser que le moment était venu pour un tel traité.

À la demande urgente de nombreux amis apiculteurs, en réponse au désir souvent répété de mes nombreux étudiants, dont certains deviennent des apiculteurs de premier plan dans notre pays, et à la suggestion de nombreux apiculteurs renommés avec lesquels je n'ai aucune connaissance personnelle, je Envoyez maintenant cette deuxième édition, considérablement augmentée, en grande partie réécrite, encore plus entièrement illustrée, et contenant les dernières découvertes scientifiques et les améliorations les plus récentes dans les méthodes de gestion apicole et les appareils apicoles.

Il m'est impossible de dire à quel point je dois à nos excellents périodiques apicoles américains et à nos apiculteurs entreprenants et intelligents, pour beaucoup - oui, pour la plupart - des pensées et suggestions précieuses que l'on peut trouver dans les pages suivantes. Je suis tenté de mentionner les noms de ceux dont l'aide et les faveurs ont été particulièrement utiles, mais je trouve la liste si longue que je dois, forcément, renoncer à ce privilège et me référer uniquement à ces personnes dans le texte.

Avec l'espoir que cette deuxième édition pourra atteindre encore davantage ceux qui désirent s'instruire dans cet art agréable, et qu'elle pourra encore faire progresser les intérêts de l'apiculture scientifique. Je l'envoie à tous ceux qui souhaitent étudier plus profondément les mystères de la vie des insectes, ou approfondir leurs connaissances sur l'un des arts les plus fascinants et les plus rentables.

Je ne m'excuse pas d'avoir inséré autant de science dans les pages suivantes. D'après les lettres d'enquête que je reçois constamment, notamment de la part des apiculteurs, je suis convaincu que les gens ont mentalement faim de cette nourriture. Satisfaire et stimuler de tels appétits est, j'en suis sûr, très souhaitable.

Je ne recommande rien dans ce traité que je n'ai prouvé de valeur par un essai réel, à moins que je ne mentionne une personne éminente comme le conseillant ; je n'annonce pas non plus un fait ou une vérité scientifique que je n'ai pas vérifié, sauf si je le donne sous l'autorité d'une personne compétente.

Je dois la plupart des figures de la deuxième édition à l'un de mes élèves, MWL Holdsworth, dont le talent d'artiste n'a pas besoin d'être loué.

En annexe de ce volume se trouve un index très complet qui sera d'une grande aide à l'étudiant.

INTRODUCTION.
QUI PEUT GARDER DES ABEILLES.

SPÉCIALISTES.

Toute personne prudente, observatrice et prompte à faire tout ce que les besoins de son entreprise exigent, sans penser à retarder, peut faire de l'apiculture une spécialité, avec des perspectives de succès presque certaines. Il doit également être prêt à travailler avec une énergie spartiate pendant la saison chargée, et doit persister, malgré un profond découragement, voire un terrible malheur, à tenter de contrecarrer ses plans et de lui voler les gains qu'il convoite. Comme dans toutes les autres vocations, tels sont les hommes qui réussissent en apiculture. Je ne fais aucune mention de capitale pour commencer, ni de territoire sur lequel s'implanter ; car des hommes de vrai métal – des hommes dont l'énergie mentale et physique annonce d'avance le succès – résoudront ces questions bien avant que leur expérience et leurs connaissances ne justifient qu'ils assument la charge de grands ruchers.

AMATEURS.

L'apiculture, en tant qu'activité, peut être recommandée en toute sécurité à ceux de toute entreprise ou profession, qui possèdent les qualités mentionnées ci-dessus et contrôlent un peu d'espace pour leurs abeilles, quelques tiges de la rue et du voisin, ou un toit plat, après quoi les ruches peuvent être sécurisées. repos (CF Muth, de Cincinnati, élève avec beaucoup de succès ses abeilles au sommet de son magasin, au cœur même d'une grande ville), et qui sont capables de consacrer un peu de temps, quand cela est nécessaire, à prendre soin de leurs abeilles. La durée varie bien sûr en fonction du nombre de colonies détenues, mais avec une bonne gestion, cette durée peut être accordée à n'importe quel moment de la journée ou de la semaine, et ainsi ne pas interférer avec les activités régulières. Ainsi, les habitants de la campagne, du village ou de la ville, hommes ou femmes, qui souhaitent être associés et étudier des objets naturels, et augmenter leurs revenus et leurs plaisirs, trouveront ici une opportunité toujours en attente. Aux dames, privées de l'air frais et du soleil, jusqu'à ce que la pâleur et la langueur annoncent tristement le déclin de la santé et de la vigueur, et aux hommes dont la nature des affaires exclut l'air et l'exercice, l'apiculture ne peut être trop fortement recommandée comme activité.

QUI SONT SPÉCIALEMENT INTERDITS.

Il y a quelques personnes dont les systèmes semblent être particulièrement sensibles au poison introduit par la piqûre de l'abeille. Parfois, même si elles sont piquées au pied, ces personnes seront si profondément empoisonnées que leurs yeux enfleront au point de ne plus pouvoir voir, et souffriront de fièvre pendant des jours et, très rarement, les individus sont si sensibles à ce poison qu'une abeille... la piqûre s'avère fatale. Je n'ai guère besoin de dire que de telles personnes ne devraient jamais élever d'abeilles. De nombreuses personnes, parmi lesquelles se trouvaient les célèbres Kleine et Gunther, sont d'abord très sensibles au poison, mais, poussées par leur enthousiasme, elles persistent et sont bientôt si inoculées qu'elles ne subissent aucune blessure grave par les piqûres. C'est un fait bien reconnu que chaque piqûre successive est moins puissante pour causer du mal. Chaque apiculteur est presque sûr de recevoir une piqûre occasionnelle, bien que chez les apiculteurs expérimentés, ces piqûres soient très rares et ne provoquent ni peur ni anxiété.

Incitations à l'apiculture.

DES LOISIRS.

Parmi les attraits de l'apiculture, je mentionne le plaisir qu'elle offre à ses adeptes. Il existe une fascination pour le rucher qui est indescriptible. La nature réserve toujours les surprises les plus agréables à ceux qui sont aux aguets pour les recevoir. Et parmi les insectes hôtes, particulièrement les abeilles, les instincts et les habitudes sont si inexplicables et si merveilleux, que l'étudiant de ce département de la nature ne cesse de rencontrer des expositions qui l'émeuvent, non moins d'émerveillement que d'admiration. Ainsi, l'apiculture offre une récréation des plus saines, en particulier à tous ceux qui aiment consulter le livre de la nature et étudier les pages merveilleuses qu'elle attend toujours de présenter. Pour ceux là, la fascination même de leur quête est en soi une riche récompense pour le temps et le travail dépensés. Je doute qu'il existe une autre classe de travailleurs manuels qui s'adonnent à leur métier et s'en occupent avec le même amour que les apiculteurs. En effet, rencontrer un apiculteur scientifique, c'est rencontrer un passionné. Une étude approfondie de la merveilleuse économie de la ruche doit, de par sa nature même, aller de pair avec plaisir et admiration. J'ai demandé un jour à un apiculteur extensif, qui était également agriculteur, pourquoi il élevait des abeilles. La réponse était caractéristique : "Même si je ne pouvais pas gagner beaucoup d'argent avec mes abeilles, je devrais quand même les garder pour le réel plaisir qu'elles me procurent." Mais hier, j'ai posé la même question au professeur Daniels, président des écoles de Grand Rapids, dont les fonctions officielles sont très sévères. Il dit : « Pour le plaisir reposant que je ressens dans leur gestion. » Je suis très sûr que s'il n'y avait pas d'autre motivation que celle du plaisir, je serais lent à me séparer de ces modèles d'industrie, dont les merveilleux instincts et les merveilleuses habitudes de vie contribuent toujours à mon plaisir et à mon étonnement.

Il y a un an, j'ai reçu la visite de mon vieil ami et camarade de classe, O. Clute, de Keokuk, Iowa. Bien sûr, je l'ai emmené voir notre rucher, et tandis que nous regardions les abeilles et leur travail, au moment même où le nectar de la verge d'or et des asters inondait les cellules de miel ; il est devenu ravi, a emporté chez lui mon petit "Manuel du rucher" et s'est immédiatement abonné au vieux *American Bee Journal* . Il acheta très vite plusieurs colonies d'abeilles, et trouva tellement de plaisir et de récréation dans les devoirs imposés par sa nouvelle charge, qu'il m'écrivit plusieurs fois, exprimant sa gratitude de ce que je l'avais conduit à un tel travail d'amour et de plaisir. .

BÉNÉFICES.

Les bénéfices de l'apiculture incitent également à l'adopter comme activité. Lorsque nous considérons la quantité relativement faible de capital investi, la quantité relativement faible de travail et de dépenses nécessaires à ses opérations, nous sommes surpris de la récompense abondante qui attendra certainement une pratique intelligente. Je ne veux pas être compris ici comme affirmant que le travail – oui, un travail vraiment dur et pénible – n'est pas nécessaire dans le rucher. Le spécialiste, avec sa centaine de colonies ou plus, aura, à certaines saisons, un travail dur et vigoureux. Pourtant, cela sera à la fois agréable et sain, et ira de pair avec la réflexion, afin que le cerveau et les muscles travaillent ensemble. Pourtant, cette période de dur labeur physique ne durera que cinq ou six mois, et pendant le reste de l'année, l'apiculteur a ou peut avoir des loisirs relatifs. Je ne pense pas non plus que tout réussira. L'homme inconstant, insouciant, indolent et insouciant échouera aussi sûrement dans l'apiculture que dans tout autre métier. Mais je répète, à la lumière de nombreuses années d'expérience, où le poids, la mesure et le comptage précis des changements n'ont prêté aucune attention aux conjectures, qu'il n'existe pas de poursuite de travail manuel, dont les rendements soient si importants, par rapport au travail manuel. et les dépenses.

Un apiculteur intelligent peut investir dans les abeilles à n'importe quel printemps du Michigan, avec la certitude absolue de plus que doubler son investissement la première saison ; tandis qu'un gain net de 400 pour cent n'étonne pas les apiculteurs expérimentés de notre État. Bien entendu, cela ne s'applique qu'à un nombre limité de colonies. Le Michigan n'est pas non plus supérieur aux autres États en tant que lieu d'implantation pour l'apiculteur. Au cours de la dernière saison, la plus pauvre que j'aie jamais connue, nos quinze colonies d'abeilles dans le rucher du Collège nous ont rapporté plus de 200 $. En 1876, chaque colonie donnait un rendement net de 24,04 $, tandis qu'en 1875, nos abeilles rapportaient un profit, surtout une dépense, de plus de 400 pour cent de leur valeur totale au printemps. M. Fisk Bangs, diplômé de notre Collège il y a un an, a acheté au printemps dernier sept colonies d'abeilles. Les revenus de ces sept colonies ont plus que payé toutes les dépenses, y compris le premier coût des abeilles, en miel vendu, tandis qu'il y a maintenant seize colonies, ce qui constitue un gain évident, si l'on ne compte pas le travail, et nous n'en avons guère besoin, comme cela n'a en aucune façon gêné les devoirs réguliers du propriétaire. Plusieurs agriculteurs de notre État, qui possèdent de bons ruchers et de bonnes fermes améliorées, m'ont dit que leurs ruchers étaient plus rentables que tout le reste de leurs fermes. Qui doutera des bénéfices de l'apiculture face à l'expérience de son ami Doolittle ? Il a gagné 6 000 $ en cinq ans rien qu'avec le miel prélevé dans cinquante colonies. Ces 6 000 $ dépassent toutes les dépenses, à l'exception de son temps personnel. Ajoutez à cela l'augmentation des stocks, et rappelez-vous qu'un seul homme peut facilement entretenir 100 colonies, et nous obtenons une image graphique des profits apicoles. L'apiculture a fait d'Adam Grimm un homme riche. Cela a rapporté au capitaine Hetherington plus de 10 000 $ en recettes monétaires pour une seule année de récolte de miel. Cela a permis à M. Harbison, dit-on, d'expédier depuis son propre rucher onze wagons de miel en rayon, produit d'une seule saison. Quelle meilleure recommandation avez-vous à poursuivre ? La possibilité de gagner de l'argent, même en dépit des difficultés et des privations, est attrayante et rarement négligée ; une telle opportunité de travail qui apporte, en soi, un plaisir constant, est sûrement *digne* d'attention.

L'EXCELLENCE COMME POURSUITE AMATEUR.

Encore une fois, aucune entreprise, et je parle par expérience, ne constitue aussi bien une vocation. Il offre des fonds supplémentaires aux mal payés, de l'air extérieur aux employés et aux employés de bureau, des exercices sains aux personnes sédentaires et de superbes loisirs à l'étudiant ou au professionnel, et en particulier à celui dont le travail de la vie est important. cet ordre ennuyeux, routinier et routinier qui semble priver la vie de tout zeste. Le travail nécessaire à l'élevage des abeilles peut également, avec un peu de réflexion et de gestion, être planifié de manière à ne pas empiéter sur le temps exigé par l'occupation régulière, si l'on entretient peu de colonies. En effet, je n'ai jamais été plus chaleureusement remercié que par les curés nommés ci-dessus, et cela aussi parce que je les ai appelés à considérer, ce qui signifie habituellement adopter, les agréables devoirs du rucher.

ADAPTATION AUX FEMMES.

L'apiculture peut également apporter du secours à ceux que la société n'a pas été trop disposée à favoriser : nos femmes. Les mères veuves, les filles dépendantes, les faibles et les faibles, tous peuvent trouver une bénédiction dans les travaux faciles, agréables et rentables du rucher. Bien sûr, les femmes qui manquent de vigueur et de santé ne peuvent s'occuper que de très peu de colonies et doivent avoir suffisamment de force pour se pencher et soulever les petits cadres de rayons lorsqu'ils sont chargés de miel, et pour porter des ruches vides. Avec une réflexion et une gestion appropriées, il n'est jamais nécessaire de lever des colonies complètes ni de travailler sous un soleil brûlant. Mais permettez-moi d'ajouter ici, et de souligner la vérité, *que seuls ceux qui permettent à une pensée énergique et à un plan habile, et surtout à la promptitude et à la persévérance, de compenser la faiblesse physique, devraient s'engager comme apiculteurs.* Habituellement, un corps plus fort et une meilleure santé, résultats de l'air pur, du soleil et de l'exercice, rendront le travail de chaque journée successive plus facile et permettront une croissance correspondante de la taille du rucher pour chaque saison successive. L'une des apiculteurs les plus réputés, non seulement en Amérique mais dans le monde, a cherché dans l'apiculture sa santé perdue et a retrouvé non seulement la santé, mais aussi la réputation et l'influence. Certains des apiculteurs les plus prospères de notre pays sont des femmes. Parmi ceux-ci, beaucoup ont été amenés à adopter cette poursuite en raison de leur santé déclinante, y voyant la dernière arme efficace pour vaincre le sinistre monstre. "Cyula Linswik" - dont les articles excellents et magnifiquement écrits ont si souvent charmé les lecteurs des publications sur les abeilles, et qui a eu cinq années d'expérience réussie en tant qu'apiculteur - a déclaré dans un article lu avant notre Convention du Michigan de mars 1877 : " J'achèterais volontiers une exemption du travail à la maison, le jour de la lessive, par deux jours de travail parmi les abeilles, et je trouve que deux heures de travail à la table à repasser sont plus fatigantes que deux heures du plus dur labeur que le rucher puisse exiger. . * * * Je répète que l'apiculture offre à beaucoup de femmes non seulement du plaisir mais aussi du profit. * * * Bien que le soin de quelques colonies ne signifie qu'un récréation, la femme qui expérimente de manière assez approfondie l'apiculture constatera que cela signifie, à certaines saisons, un véritable travail acharné. * * * Il y a des risques dans le métier, je ne voudrais pas que vous l'ignoriez, mais une expérience de cinq ans m'a amené à croire que le risque est moindre qu'on ne le suppose généralement. Mme LB Baker, de Lansing, Michigan, qui a élevé des abeilles avec beaucoup de succès pendant quatre ans, a lu un article admirable avant le même congrès, dans lequel elle disait : « Mais je peux dire, après avoir essayé les deux » (gardant une pension et l'apiculture,) "Je donne la préférence à l'apiculture, car elle est plus rentable, plus saine, indépendante et agréable. * * * Je trouve les travaux du rucher plus supportables que de travailler à l'intérieur d'une cuisinière, et plus agréables et propice à la santé. * * * Je crois que beaucoup de nos dames délicates et invalides retrouveraient une vigueur renouvelée de corps et d'esprit dans les travaux et les récréations du rucher. * * * En commençant au début du printemps, lorsque le temps était frais et Grâce à la lampe de travail, je me suis peu à peu habituée au travail à l'extérieur et, au milieu de l'été, je me suis retrouvée aussi capable de supporter la chaleur du soleil que mon mari, qui y a été habitué toute sa vie. le pique-nique en plein air devait revenir avec un mal de tête. * * * Ma propre expérience au rucher a été une source d'intérêt et de plaisir dépassant de loin mes attentes. Bien que Mme Baker ait commencé avec seulement deux colonies d'abeilles, ses bénéfices nets pour la première saison dépassaient 100 $; la deuxième année, mais quelques cents de moins de 300 $; et la troisième année, environ 250 $. "La preuve du pudding est dans l'alimentation;" de même, les paroles données ci-dessus montrent que l'apiculture offre des incitations spéciales à nos sœurs à devenir apicultrices amateurs ou professionnelles.

AMÉLIORE L'ESPRIT ET L'OBSERVATION.

Une apiculture réussie exige une observation attentive et précise, ainsi qu'une réflexion et une étude approfondies et continues, et cela également dans le merveilleux royaume de la nature. Dans tout cela, l'apiculteur bénéficie d'avantages multiples et substantiels. En cultivant l'habitude d'observer, une personne devient constamment plus capable, plus utile et plus susceptible au plaisir, résultats qui découlent également sûrement de l'habitude de penser et d'étudier. Il est difficilement concevable que l'apiculteur bien éveillé, si souvent occupé avec ses camarades de la ruche, faiseurs de miracles, puisse un jour se sentir seul ou sentir le temps peser sur ses mains. L'esprit est occupé et il n'y a aucune chance de *s'ennuyer* . La tendance générale d'une telle pensée et d'une telle étude, où la nature est le sujet, est également d'affiner le goût, d'élever les désirs et d'ennoblir la virilité. Une fois que nos jeunes, avec leur nature sensible, seront engagés dans des études aussi saines, et nous aurons moins de raisons de craindre les tendances vicieuses de la rue, ou les vices séduisants et les influences accablantes du saloon. Ainsi l'apiculture répand une fête intellectuelle, que même les vieux philosophes auraient convoitée ; fournit la nourriture la plus rare aux facultés d'observation et, mieux encore, en gardant ses fidèles face à face avec les créations incomparables du *Père Tout* , il doit les attirer vers Celui « qui allait de lieu en lieu faisant le bien » et en « qui il y avait pas de tromperie."

PRODUIT DES ALIMENTS DÉLICIEUX.

Une dernière incitation à l'apiculture, qui n'est certainement pas méritant d'être mentionnée, réside dans les offrandes qu'elle apporte à nos tables. La santé, voire notre vie même, exigent que nous mangions des sucreries. C'est une vérité que nos sucres, et surtout nos sirops commerciaux, sont tellement frelatés qu'ils sont souvent toxiques. Le rucher, à leur place, nous offre une des friandises les plus délicieuses et les plus saines, qui a reçu des éloges mérités, comme nourriture digne des dieux, depuis les temps les plus anciens jusqu'à nos jours. Avoir toujours à portée de main le magnifique rayon immaculé, ou le nectar tout aussi reconnaissant, directement sorti de l'extracteur, est certainement une bénédiction sans importance. Nous pouvons ainsi fournir à nos familles et à nos amis l'élément alimentaire le plus nécessaire et le plus désirable, et ce, sans crainte d'adultérations viles et venimeuses.

CE QUE REQUISE UNE APICULTURE RÉUSSIE.

EFFORT MENTAL.

Personne ne devrait se lancer dans cette activité s'il n'est pas disposé à lire, réfléchir et étudier. Certes, les ignorants et les irréfléchis peuvent trébucher sur le succès pendant un certain temps, mais tôt ou tard, l'échec scellera leurs efforts. Ceux de nos apiculteurs qui ont étudié le plus durement, observé le plus attentivement et réfléchi le plus profondément, ont même traversé les terribles hivers tardifs avec de légères pertes.

Bien sûr, le novice le demandera. Comment et que dois-je étudier ?

EXPÉRIENCE NÉCESSAIRE.

Rien ne remplacera une expérience réelle. Commencez avec quelques colonies, même une ou deux est préférable, et faites des abeilles vos compagnes à chaque occasion possible. Notez chaque changement, qu'il s'agisse des abeilles, de leur développement ou de leur travail, puis, par une réflexion sérieuse, efforcez-vous d'en deviner la cause.

APPRENEZ DES AUTRES.

Un grand bien viendra également de la visite d'autres apiculteurs. Notez leurs méthodes et leurs appareils apicoles. Efforcez-vous par la conversation d'acquérir des idées nouvelles et précieuses, et adoptez avec gratitude tout ce qui, par comparaison, s'avère être une amélioration par rapport à votre propre système et pratique passés.

AIDE DES CONVENTIONS.

Assistez aux congrès chaque fois que la distance et les moyens le permettent. Ici, vous ne vous améliorerez pas seulement grâce aux relations sociales avec ceux que leur profession et leurs études les rendent sympathiques et sympathiques, mais vous découvrirez un véritable conservatoire de vérités scientifiques, de conseils précieux et d'instruments et de méthodes améliorés. Et l'attention appropriée – rendue possible par votre propre expérience – que vous accorderez aux dissertations, aux discussions et aux conversations privées, enrichira tellement votre esprit que vous rentrerez chez vous encouragé et capable de faire un meilleur travail et d'atteindre des objectifs plus élevés. succès. J'ai assisté à presque toutes les réunions de la Convention du Michigan, et jamais encore lorsque je n'ai pas été bien payé pour tous les ennuis et toutes les dépenses grâce aux nombreuses suggestions, souvent très précieuses, que j'ai reçues. Je les rapporterais à la maison et les testerais comme le commande l'Apôtre : « Éprouvez toutes choses et retenez ce qui est bon. »

L'AIDE DES PUBLICATIONS SUR LES ABEILLES.

Chaque apiculteur devrait également prendre et lire au moins une des trois excellentes publications apicoles qui paraissent dans notre pays. Il a été suggéré que la cécité de Francis Huber était un avantage pour lui, car il bénéficiait ainsi de deux paires d'yeux, ceux de sa femme et de sa servante, au lieu d'une. Il en va de même pour l'apiculteur qui lit les publications sur les abeilles. Il bénéficie de l'aide des yeux et du cerveau de centaines d'apiculteurs intelligents et observateurs. Qui est-ce qui gaspille son argent pour des choses pires que des brevets et des accessoires inutiles ? Lui qui « *n'a pas les moyens* » de prendre un journal apicole.

Il serait odieux et déplacé de recommander l'un de ces précieux articles à l'exclusion des autres. Chacun a ses excellences particulières, et tous ceux qui le peuvent peuvent très bien s'assurer qu'ils les aident et dirigent leur chemin.

JOURNAL AMÉRICAIN DES ABEILLES.

Cette publication sur les abeilles, la plus ancienne, est non seulement particulière par son âge, mais aussi par la capacité avec laquelle elle a été gérée, à peu près sans exception, même depuis sa première parution. Samuel Wagner, son fondateur et longtemps son rédacteur, avait peu de supérieurs en termes d'étendue de la culture, de force de jugement et de connaissances pratiques et historiques de l'apiculture. Avec quel plaisir nous souvenons-nous de la diction élégante, vraiment classique, des éditoriaux, de l'allure digne et de l'absence d'aspérités qui marquaient l'ancien American Bee Journal alors qu'il faisait ses visites mensuelles fraîchement sous la direction éditoriale de M. Samuel Wagner. Quelqu'un a dit qu'il y a quelque chose dans l'atmosphère même d'un homme érudit qui impressionne tous ceux qui l'approchent. J'ai souvent pensé, en revenant au vieux American Bee Journal, ou en relisant les numéros qui portent l'empreinte du savoir supérieur de M. Wagner, que, bien que l'homme soit parti, l'empreinte de son noble caractère et la culture classique est toujours dans ces pages, aidant, instruisant, élevant tous ceux qui ont la chance de posséder les premiers volumes de ce périodique. Je suis également heureux de déclarer que l'American Bee Journal est à nouveau entre de bonnes mains et que son ancien prestige est entièrement restauré. M. Newman est un éditeur expérimenté, un homme d'un excellent jugement et d'un équilibre admirable, un homme qui démontre son aversion pour les crimes et les récriminations en les évitant ; qui n'a pas d'inventions spéciales ni de théories favorites à promouvoir, et est donc presque sûr d'être désintéressé et impartial dans les conseils qu'il offre qui prête son aide et sa faveur à nos Conventions, qui font tant pour diffuser les connaissances apicoles. Et quand j'ajoute qu'il apporte à son aide éditoriale les apiculteurs les plus compétents, les plus expérimentés et les plus instruits du monde, j'ai sûrement fait un éloge élevé mais *juste* de l'American Bee Journal, dont la réputation enviable s'étend même dans des pays lointains. Il est édité par Thomas G. Newman, à Chicago. Prix, 2,00 $ par an.

glanages dans la culture des abeilles.

Ce périodique compense sa brève histoire de cinq ans seulement, par la vigueur et l'énergie qui l'ont caractérisé dès le début. Son éditeur est un apiculteur actif, en constante expérimentation ; un écrivain concis et compétent, débordant de bonne nature et d'enthousiasme. Je suis libre de dire qu'en matière d'apiculture pratique, je suis plus redevable à M. Root qu'à toute autre personne, à l'exception du révérend LL Langstroth. Je pense également que, à quelques exceptions près, il a fait plus que quiconque dans notre pays pour le progrès récent de l'apiculture pratique. Pourtant, j'ai souvent regretté que M. Root soit si hostile aux conventions et qu'il loue souvent si vigoureusement ce dont il a eu une si brève expérience et doit par conséquent en savoir si peu. Ce trait fait qu'il est impératif que l'apiculteur lise avec discernement, puis décide par lui-même. En cas d'innovation, attendez l'approbation continue de M. Root, sinon prouvez sa valeur avant son adoption générale. Ce petit journal enjoué est édité par AI Root, Medina, Ohio. Prix, 1,00 $ par an.

MAGAZINE DE L'Apiculteur.

J'ai moins lu ce périodique et, bien entendu, je le connais moins que les autres. Il est bien édité et compte certainement de nombreux contributeurs très compétents. M. King et M. Root vendent en grande partie leurs propres marchandises et, bien sûr, accordent de l'espace à leur publicité. Pourtant, dans toutes mes relations avec eux, et j'ai eu affaire en grande partie avec M. Root, je les ai toujours trouvés. rapide et fiable. Le magazine est édité par AJ King, New York. Prix, 1,50 $ par an.

LIVRES POUR L'APIARISTE.

Ayant lu de très nombreux livres traitant de l'apiculture, tant américains qu'étrangers, je peux librement recommander un tel cours à d'autres. Chaque livre a des excellences particulières, et chacun peut être lu avec intérêt et profit.

LANGSTROTH SUR L'ABEILLE.

Bien entendu, ce traité restera à jamais un classique de la littérature apicole. Je ne saurais surestimer les bénéfices que j'ai retirés de l'étude de ses pages. C'est un éloge élevé, mais mérité, que J. Hunter, d'Angleterre, a rendu à cet ouvrage dans son "Manual of Bee-Keeping" : "C'est incontestablement le meilleur livre sur les abeilles en langue anglaise."

Le style de cet ouvrage est si admirable, le sujet si plein d'intérêt et le livre tout entier si divertissant, qu'il constitue un ajout souhaitable à toute bibliothèque, et aucun apiculteur réfléchi et studieux ne peut s'en passer. Il se plaît surtout à détailler les méthodes d'expérimentation et à montrer avec quelle prudence le vrai savant établit des principes ou en déduit des conclusions. L'ouvrage est merveilleusement exempt d'erreurs, et si la science et la pratique de l'apiculture étaient restées stationnaires, il n'y aurait guère eu besoin d'un autre ouvrage ; mais comme certaines des améliorations les plus importantes de l'apiculture ne sont pas mentionnées, le livre à lui seul constituerait un guide très insatisfaisant pour l'apiculteur d'aujourd'hui. Prix, 2,00 $.

LES MYSTÈRES DE L'Apiculteur DE QUINBY.

Il s'agit d'un traité simple et sensé, écrit par l'un des apiculteurs les plus prospères d'Amérique. Je pense que c'est sur une base erronée que l'on suppose que ceux qui lisent des livres sur les abeilles utiliseront les vieilles ruches-boîtes, d'autant plus que l'auteur en déduit constamment que d'autres ruches sont meilleures. Il contient de nombreuses vérités précieuses et, lors de sa première rédaction, il constituait un auxiliaire précieux pour l'apiculteur. Je comprends que le travail a été révisé par M. LC Root. Prix, 1,50 $.

LIVRE DE TEXTE DU ROI.

Il s'agit d'une compilation des ouvrages ci-dessus, qui a été récemment révisée afin d'être dans l'air du temps. On peut regretter que l'éditeur n'ait pas apporté plus de soin à son travail, la typographie étant très mauvaise. Le prix est de 1,00 $.

ABC DE LA CULTURE DES ABEILLES.

Cet ouvrage a été publié en nombre, mais est désormais terminé. Il est arrangé sous la forme commode de nos cyclopédies, est imprimé dans un style raffiné, sur un beau papier, et doit être bien illustré. Inutile de dire que le style est agréable et vigoureux. Le sujet sera bien sûr nouveau, incarnant les découvertes et inventions les plus récentes en matière d'apiculture. Afin qu'il puisse être tenu au courant des progrès apicoles, le type doit être maintenu en place, de manière à ce que chaque nouvelle découverte puisse être ajoutée aussitôt qu'elle est faite. Le prix est de 1,00 $.

TRAVAUX ÉTRANGERS.

Bevan, révisé par Munn, est extrêmement intéressant et montre par ses chapitres historiques compétents, ses admirables dissertations scientifiques et ses fréquentes citations et références à des auteurs pratiques et scientifiques sur les abeilles et l'apiculture, tant anciens que modernes, que les écrivains étaient des hommes d'esprit. lecture approfondie et grande capacité scientifique. Le livre n'a pour nous aucune valeur pratique, mais l'étudiant le lira avec beaucoup d'intérêt. Après Langstroth, j'apprécie le plus cet ouvrage parmi tous ceux de ma bibliothèque qui traitent des abeilles et de l'apiculture, si je puis me permettre, à l'exception des anciens volumes des publications sur les abeilles.

"The Apiary, or Bees, Bee-Hives and Bee Culture", d'Alfred Neighbour, Londres, est un petit ouvrage frais et plein d'entrain, et comme la troisième édition vient de paraître, il est bien sûr dans l'air du temps. Le livre est joliment présenté, concis et très lisible, et je suis heureux de le féliciter.

Un ouvrage moins intéressant, bien que non dénué de mérite, est le "Manual of Bee-Keeping", de John Hunter, Londres. C'est également récent. Je pense que ces travaux seraient accueillis avec peu de faveur parmi les apiculteurs américains. Ce sont des représentants de l'apiculture anglaise, dont la méthode semblerait maladroite aux Américains. En fait, je pense pouvoir dire qu'en ce qui concerne les instruments et peut-être devrais-je ajouter les méthodes, les Anglais, les Français, les Allemands et les Italiens sont derrière nos apiculteurs américains, et c'est pourquoi leurs manuels et leurs revues se comparent à nous. Je crois que les nombreux apiculteurs étrangers intelligents qui sont venus dans ce pays et qui sont maintenant des membres honorés de notre propre fraternité maintiendront cette position. *Les scientifiques étrangers* sont en avance sur les Américains, mais nous glanons et utilisons leurs faits et découvertes dès qu'ils sont connus. Un Allemand a découvert que l'acide salicylique est un remède contre la loque, mais dix fois plus d'apiculteurs américains que étrangers le savent et le pratiquent en fonction de leurs connaissances. En revanche, dans les domaines pratiques, ainsi que dans l'habileté et la délicatesse de l'invention, nous sommes, je pense, en avance. Nos apiculteurs n'ont donc guère besoin d'aller à l'étranger pour chercher des livres ou des articles.

PROMPTITUDE.

Une autre exigence absolue pour une apiculture réussie est une attention prompte à toutes ses tâches variées. La négligence est le rocher sur lequel de nombreux apiculteurs, en particulier les agriculteurs, se rendent trop souvent compte qu'ils ont ruiné leur réussite. Je ne doute pas que plus de colonies meurent de faim que de toutes les maladies des abeilles connues de l'apiculteur. Et pourquoi est-ce ? La négligence est l'apicide. Je suis sûr que la perte chaque saison due aux colonies en fuite est presque incalculable, et à qui devons-nous blâmer ? Négligence. La perte, chaque été, de la reine et des ouvrières par oisiveté forcée, simplement parce qu'on leur refuse de la place, est très grande. Qui est le coupable ? Clairement, négligence. De cette manière et de cent autres manières, l'indifférence aux besoins des abeilles, qui ne demandent que quelques instants, diminue considérablement les profits de l'apiculture. Si nous voulons réussir, la rapidité doit être notre devise. Chaque colonie d'abeilles ne nécessite que très peu de soins et d'attention. Tous nos intérêts exigent que cela ne soit pas nié, ni même accordé à contrecœur. Le fait même que cette attention soit légère la rend plus sujette à être négligée ; mais cette négligence entraîne toujours une perte, souvent un désastre.

ENTHOUSIASME.

L'enthousiasme, ou un amour ardent de ses devoirs, est très souhaitable, sinon une condition absolue, pour une apiculture réussie. Certes, c'est une qualité dont la croissance, même avec de légères opportunités, est presque sûre. Cela ne demande que de la persévérance. Le débutant, sans expérience ni connaissance, peut se heurter au découragement – ce sera certainement le cas. Des essaims seront perdus, les colonies ne pourront pas hiverner, le jeune apiculteur deviendra nerveux, ce qui sera remarqué par les abeilles avec une grande défaveur et, si l'occasion le permet, il rencontrera des reproches plus vifs qu'agréables. Pourtant, avec DE LA PERSÉVÉRANCE , toutes ces difficultés disparaissent rapidement. Chaque éventualité sera prévue et parée, et la myriade de petits travailleurs deviendra aussi gérable et pourra être caressé aussi en toute sécurité qu'un chien ou un chat de compagnie, et l'apiculteur pourvoira à leurs besoins avec la même intrépidité et la même maîtrise de soi qu'il. fait à sa vache la plus douce ou à son cheval préféré. *La persévérance face à tous ces découragements qui s'opposent si sûrement à l'inexpérience triomphera sûrement.* En vérité, celui qui apprécie le beau et le merveilleux apprendra bientôt à aimer ses compagnons de la ruche et le travail qui accompagne leurs soins et leur gestion. Et cet amour ne diminuera pas tant qu'il ne se transformera pas en enthousiasme.

Il est vrai qu'il peut y avoir des apiculteurs prospères qui ne sont poussés par aucune chaleur de sentiment, dont l'intelligence supérieure, le système et la promptitude remplacent et compensent l'absence d'enthousiasme. Pourtant, je pense que de telles mesures sont rares et qu'elles fonctionnent certainement au détriment de beaucoup.

PARTIE PREMIÈRE.
HISTOIRE NATURELLE DE L'ABEILLE.

CHAPITRE I.
LA PLACE DE L'ABEILLE DANS LE RÈGNE ANIMAL.

Heer et d'autres naturalistes éminents estiment qu'il existe plus de 250 000 espèces d'animaux vivants. Il sera à la fois intéressant et profitable d'examiner cette vaste hôte, afin que nous puissions connaître la position et la relation de l'abeille avec tout ce puissant concours de vie.

BRANCHE DE L'ABEILLE.

Le grand naturaliste français Cuvier, ami de Napoléon Ier, regroupa tous les animaux présentant une structure en anneau en une seule branche, appelée à juste titre Articulés, car ce terme indique la structure articulée ou articulée qui caractérise si évidemment la plupart des membres de ce groupe.
.

Les termes joint et articulation, tels qu'utilisés ici, ont une signification technique. Ils font référence non seulement à la charnière ou au lieu d'union de deux pièces, mais aussi aux pièces elles-mêmes. Ainsi, les parties des pattes d'un insecte, ainsi que les surfaces d'union, sont appelées articulations ou articulations. Tous les apiculteurs qui ont soigneusement examiné la structure d'une abeille la prononceront immédiatement comme Articulée. Non-seulement son corps, même depuis la tête jusqu'à l'aiguillon, est composé d'articulations, mais, en y regardant de plus près, on constate que les pattes, les antennes et même les pièces buccales sont également articulées.

Dans cette branche aussi, nous plaçons les crustacés, qui comprennent l'écrevisse ou le homard joyeux, si indifférents quant à savoir s'ils avancent, reculent ou latéraux, le crabe plus petit, la laite des truies, vif et dodu, même dans sa forme. la maison sombre et humide sous les vieilles planches, etc., et les balanes, qui s'attachent au fond des navires, de sorte que les navires sont souvent chargés de vie à l'intérieur et à l'extérieur.

Les vers aussi sont des Articulés, quoique chez certains d'entre eux, comme la sangsue, les articulations soient très obscures. L'abeille qui nous donne de la nourriture est donc apparentée au redoutable ténia, avec ses centaines d'articulations, qui peut-être nous prive de la même nourriture après que nous l'avons mangée, et au terrible ver du porc ou trichine, qui nous donne de la nourriture. peut consommer les muscles mêmes que nous avons développés en prenant soin de nos animaux de compagnie du rucher.

Les anneaux corporels des Articulés forment un squelette, ferme comme chez l'abeille et le homard, ou plus ou moins mou comme chez les vers. Ce squelette, contrairement à celui des Vertébrés ou des animaux à colonne vertébrale, auxquels nous appartenons, est extérieur, et sert ainsi à protéger les parties intérieures plus molles, ainsi qu'à leur donner de l'attache, et à donner force et solidité à l'animal.

Cette structure en anneau, si joliment marquée chez nos Italiens aux bandes dorées, permet habituellement de distinguer facilement, à vue, les animaux de cette branche des Vertébrés, à leur squelette habituellement osseux ; de la branche la moins active des Mollusques, avec leurs corps mous en forme de sac, qui nous sont familiers chez l'escargot, la palourde, l'huître et la merveilleuse seiche - le poisson-diable de Victor Hugo - avec ses longs bras moites , étrange sac d'encre et de taille souvent prodigieuse ; de la branche Radiate, avec ses élégantes étoiles de mer, ses méduses délicates mais criardes et ses animaux coralliens, les minuscules architectes des îles et même des continents et du plus bas, le plus simple. Branche de protozoaires, qui comprend des animaux si minuscules que nous devons leur connaissance au microscope, si simples qu'on les a considérés comme les cordons qui attachent les plantes aux animaux.

FIG. 1.

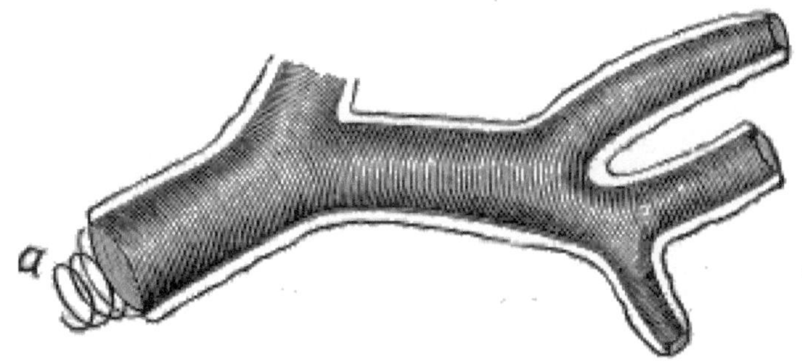

Une trachée agrandie.

LA CLASSE DE L'ABEILLE.

Notre sujet appartient à la classe des Insectes, qui se caractérise principalement par la respiration de l'air, généralement à travers un système très complexe de tubes à air. Ces tubes (Fig. 1), constamment ramifiés et en nombre presque infini, sont très particuliers dans leur structure. Ils sont formés d'un fil en spirale et ressemblent ainsi à un cylindre creux formé en enroulant étroitement un fil fin en spirale autour d'un tuyau-tige, de manière à le recouvrir, puis en retirant ce dernier, laissant le fil immobile. Rien n'est plus surprenant et intéressant que ce labyrinthe de beaux tubes, comme on le voit en disséquant une abeille au microscope. Je me suis souvent surpris à prendre de longues pauses pour faire des dissections de l'abeille domestique, car mon attention serait fixée dans l'admiration de ce bel appareil respiratoire. Chez l'abeille, ces tubes se dilatent en de grands sacs ressemblant à des poumons (Fig. 2, f), un de chaque côté du corps.

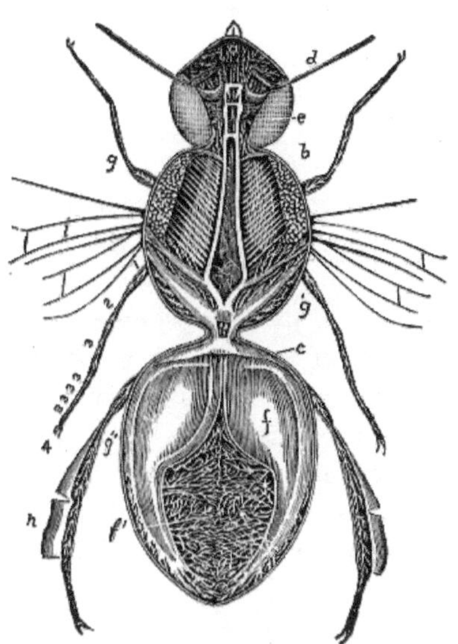

Appareil respiratoire d'abeille, agrandi.—Après Duncan.

Sans aucun doute, certains de mes lecteurs ont associé les mouvements rapides et l'activité surprenante des oiseaux et de la plupart des mammifères à leurs poumons bien développés. De même, chez des animaux tels que les abeilles, nous voyons la relation entre ce système complexe de tubes à air - leurs poumons – et la vie rapide et bien remplie qui est proverbiale pour eux depuis les temps les plus reculés. La classe des Insectes comprend aussi les araignées, les scorpions, avec leur aiguillon caudal si venimeux, et les acariens, qui ont, à la place des tubes, des sacs en forme de poumons, et les myriapodes, ou vers à mille pattes, ces créatures redoutables dont la morsure, dans le cas des mille-pattes tropicaux ou des espèces plates, ils ont la réputation bien méritée d'être toxiques et mortels.

La classe des Insectes ne comprend pas les Crustacés respirant l'eau, avec leurs branchies ou branchies, ni les vers, qui ont 110 poumons ou branchies mais leur peau, si l'on excepte quelques formes marines, qui ont de simples appendices dermiques, qui répondent aux branchies. .

ORDRE DE L'ABEILLE.

L'abeille domestique appartient à l'ordre des Hexapodes, ou véritables Insectes. Le premier terme est approprié, car tous ont dans l'imago ou dernière étape, six pattes. Le deuxième terme n'est pas non plus moins applicable, car le mot insecte vient du latin et signifie couper, et dans aucun autre article articulé, la structure en anneau n'apparaît 80 marquée lors d'un simple examen superficiel. De plus, les vrais insectes, lorsqu'ils sont pleinement développés, ont, à la différence de tous les autres articles articulés, trois divisions du corps bien marquées (Fig. 2), à savoir : la tête (Fig. 2, *a*), qui contient les antennes (Fig. 2, *d*), les appendices en forme de corne communs à tous les insectes ; yeux (Fig. 2, *e*) et organes buccaux ; le thorax (Fig. 2, *b*), qui porte les pattes (Fig. 2, *g*), et les ailes, lorsqu'elles sont présentes ; et enfin l'abdomen (Fig. 2, *c*), qui, bien que généralement dépourvu de membres, contient l'ovipositeur et, lorsqu'il est présent, l'aiguillon. Les insectes subissent eux aussi une métamorphose plus frappante que la plupart des animaux. Lorsqu'elles éclosent, elles ressemblent à des vers et sont appelées larves (Fig. 12), ce qui signifie masquées ; par la suite, ils sont fréquemment au repos et ne seraient guère considérés comme des animaux. On les appelle alors nymphes ou, comme dans le cas des abeilles, nymphes (Fig. 13). Enfin surgit l'imago avec des yeux, des antennes et des ailes composés. Chez certains insectes, les transformations sont dites incomplètes, c'est-à-dire que la larve, la pupe et l'imago diffèrent peu sauf par la taille, et que cette dernière possède des ailes. Nous voyons dans nos punaises, poux, criquets et sauterelles, des illustrations d'insectes aux transformations incomplètes. Dans de tels cas, il existe une ressemblance marquée entre l'œuf et l'adulte.

Comme le montre la description ci-dessus, les araignées, qui n'ont que deux divisions dans leur corps, que des yeux simples, pas d'antennes, huit pattes et aucune transformation (si l'on excepte les transformations partielles des acariens), ainsi que les myriapodes, qui n'ont pas de divisions marquées du corps, ni d'yeux composés, qui sont toujours présents chez l'insecte adulte, beaucoup de pattes et aucune transformation, n'appartiennent pas à l'ordre des Insectes.

SOUS-ORDRE DE L'ABEILLE.

L'abeille domestique appartient au sous-ordre des Hyménoptères (de deux mots grecs signifiant membrane et ailes), qui comprend également les guêpes, les fourmis, les mouches ichneumons et les mouches à scie. Ce groupe contient des insectes qui possèdent une langue par laquelle ils peuvent sucer (Fig. 20, *a*) et de fortes mâchoires (Fig. 21) pour mordre. Ainsi les abeilles peuvent siroter les douceurs miellées des fleurs, mais aussi ronger les rayons mutilés. Ils ont en outre quatre ailes et subissent des transformations complètes.

Il existe parmi les insectes d'étranges ressemblances. Les insectes d'un sous-ordre présenteront une ressemblance marquée avec ceux d'un autre. C'est ce qu'on appelle le mimétisme, et c'est parfois merveilleusement frappant entre des groupes très éloignés. Darwin et Wallace supposent qu'il s'agit d'une particularité développée, que l'espèce ne possède pas toujours, et qui résulte des lois de la variation et de la sélection naturelle pour servir un objectif de protection. Or, nous avons ici une belle illustration de ce mimétisme. L'autre jour, j'ai reçu par l'intermédiaire de MAI Root un insecte que lui et la personne qui lui avait envoyé supposaient être une abeille, et j'ai voulu savoir s'il s'agissait d'une abeille domestique mal formée ou d'une autre espèce. Or, cet insecte, bien que ressemblant d'une manière générale à une abeille, n'avait que deux ailes, n'avait pas de mâchoires, tandis que ses antennes étaient plus rapprochées devant et n'étaient que des moignons. En fait, ce n'était pas du tout une abeille, mais elle appartenait au sous- ordre des Diptères, ou mouches à deux ailes. J'ai reçu plusieurs insectes similaires, avec des demandes similaires. Parmi les Diptères, il existe plusieurs familles, comme les Œstridæ ou mouches robots, les Syrphidæ — famille très utile, car les larves ou asticots se nourrissent de poux des plantes — dont on voit souvent les membres en train de siroter des sucreries dans les fleurs, ou d'essayer de voler du miel et du miel. d'autres abeilles — celle mentionnée ci-dessus appartenaient à cette famille — et les Bombyliidae, qui, par leur couleur, leur forme et leur couverture velue, ressemblent étonnamment aux abeilles sauvages et domestiques. Les larves de celles-ci se nourrissent des larves de diverses de nos abeilles sauvages, et bien entendu la mouche mère doit se faufiler dans les nids de ces dernières pour y pondre ses œufs. Ainsi, dans ces cas-là, il semble que le mimétisme puisse servir à protéger ces moucherons, lorsqu'ils s'infiltrent pour chaparder les bonbons convoités ou pondre les œufs mortels. Peut-être aussi ont-ils une odeur protectrice, car je les ai vus entrer en sécurité dans une ruche, bien qu'un bourdon, essayant de faire de même, ait trouvé le chemin barricadé d'une myriade de centimètres, chacun avec une pointe empoisonnée.

Certains auteurs ont placé les coléoptères ou les coléoptères au rang des insectes les plus élevés, d'autres revendiquent la première place pour les lépidoptères ou les papillons et les mites, tandis que d'autres, et pour les meilleures raisons, revendiquent la position la plus élevée pour les hyménoptères. Le papillon est admiré pour la gloire de sa coloration et l'élégance de sa forme, le coléoptère pour l'éclat et l'éclat de ses élytres ou couvertures alaires ; mais ces insectes ne font que se délecter des richesses de la nature, et vivent et meurent sans travail ni but. Les hyménoptères, généralement moins voyants, généralement assez simples et de couleur peu attrayante, sont pourtant les insectes les plus dotés. Ils vivent dans un but précis et constituent les meilleurs modèles d'industrie que l'on puisse trouver parmi les animaux. Nos abeilles pratiquent une division du travail. Les fourmis sont encore de meilleures économistes politiques, car elles ont une classe spécialement dotée dans la communauté qui sont les soldats, et sont donc les défenseurs de chaque royaume de fourmis. Les fourmis conquièrent également d'autres communautés, emmènent leurs habitants en captivité et les réduisent à un esclavage abject, les obligeant à effectuer une grande partie, et parfois la totalité du travail de la communauté. Les fourmis creusent des tunnels dans les cours d'eau et, sous les tropiques, certaines espèces mangeuses de feuilles ne font pas preuve d'un ordre d'intelligence moyen, car certaines montent dans les arbres pour couper les rameaux feuillus, tandis que d'autres restent en dessous et transportent ces branches à travers leurs tunnels jusqu'en dessous. -maisons au sol.

Les hyménoptères parasites sont appelés ainsi parce qu'ils pondent leurs œufs dans d'autres insectes, de sorte que leur progéniture peut avoir de la viande fraîche non seulement à la naissance, mais aussi longtemps qu'ils ont besoin de nourriture, car l'insecte dont ils se nourrissent vit généralement jusqu'au jeune parasite, qui est travaillant à l'éventrer, est adulte. Ainsi, ce steak est toujours frais comme la vie elle-même. Ces insectes parasites font preuve d'une merveilleuse intelligence, ou d'un développement sensoriel, en découvrant cette proie. J'ai attrapé des mouches ichneumon, une famille de ces parasites, en train de percer un huitième ou un quart de pouce de bois de hêtre ou d'érable massif, et après examen, j'ai trouvé la victime potentielle plus loin, en ligne directe avec la tarière à insectes, qui devait s'introduire l'œuf fatal. J'ai également observé des mouches ichneumons déposer leurs œufs sur des chenilles qui enroulent leurs feuilles, si entourées de feuilles de caryer coriaces que la mouche a dû percer plusieurs épaisseurs pour placer l'œuf dans sa victime bien installée. En mettant ces chenilles enrouleuses de feuilles dans une boîte, j'ai élevé, bien sûr, l'ichneumon et non le papillon. Et est-ce l'instinct ou la raison qui permet à ces mouches de mesurer le nombre de leurs œufs à la taille de la larve qui doit les recevoir, afin qu'il n'y ait aucun danger de famine et de famine, car il est vrai que si les petites chenilles ne reçoivent qu'un seul œuf, les plus gros peuvent en recevoir plusieurs. Combien étranges aussi les habitudes de la mouche à scie, avec ses instruments merveilleux plus parfaits que toutes les scies de fabrication humaine, et des mouches à galle, dont la piqûre venimeuse lorsqu'elles fixent leurs œufs sur le chêne, le saule ou d'autres feuilles, provoque la croissance anormale de la nourriture pour les petits encore non éclos. Le fait de nourrir et de soigner leurs petits, qui sont d'abord sans défense, est particulier chez les insectes, à une légère exception près, des hyménoptères, et parmi tous les animaux, c'est considéré comme une marque de rang élevé. De telles merveilles d'instinct, si nous ne pouvons pas appeler cela intelligence, un tel sens de la perception sensorielle, de telles habitudes – qui *doivent* aller de pair avec la plus harmonieuse des communautés connues parmi les animaux, de quelque branche que ce soit – tout cela, rien de moins que la structure compacte, la petite taille et les organes spécialisés de la plus belle finition justifient largement que le grand trio de naturalistes américains, Agassiz, Dana et Packard, place les hyménoptères au premier rang parmi les insectes. Comme nous détaillerons dans les pages suivantes la structure et les habitudes du plus haut des êtres – les abeilles –, je suis sûr que personne ne pensera à dégrader le rang de ces merveilles du règne animal.

FAMILLE DE L'ABEILLE.

L'abeille domestique appartient à la famille des Apidæ, de Leach, qui comprend non seulement l'abeille ruche, mais tous les insectes qui nourrissent leurs petits sans défense, ou larves, entièrement de pollen, ou de miel et de pollen.

Les insectes de cette famille ont de larges têtes, des antennes coudées (Fig. 2, *d*) qui sont habituellement à treize articulations chez les mâles, et à douze articulations seulement chez les femelles. Les mâchoires ou mandibules (Fig. 21) sont très fortes et souvent dentées ; la langue ou ligula (Fig. 20, *a*), ainsi que les secondes mâchoires ou maxillæ (Fig. 20, *c*), une de chaque côté de la langue, sont longues, bien que dans certains cas beaucoup plus courtes que dans d'autres, et fréquemment la langue lorsqu'il n'est pas utilisé, il est replié une ou plusieurs fois sous la tête. Tous les insectes de cette famille ont une épine rigide sur les quatre pattes antérieures, à l'extrémité du tibia, ou la troisième articulation du corps, appelée éperon tibial, et tous, sauf le genre Apis, qui comprend le miel -abeille, dont les pattes postérieures n'ont pas d'éperons tibiaux, ont deux éperons tibiaux sur les pattes postérieures. Toute cette famille, à l'exception d'un genre parasitaire, a la première articulation ou tarse du pied postérieur, très élargie, et celle-ci, avec le tibia large (Fig. 2, *h*) est creusée (Fig. 22, *p*), formant tout à fait un bassin ou un panier sur le côté extérieur, dans presque toutes les espèces ; et généralement, ce panier est rendu plus profond par un rebord de poils raides. Ces réceptacles ou paniers à pollen ne se trouvent bien entendu que sur les individus de chaque communauté qui butinent. Quelques-uns des Apidæ, voleurs par nature, semblables à des coucous, se glissent involontairement dans les nids des autres, généralement des bourdons, et y pondent leurs œufs. Comme leurs petits sont nourris et élevés par un autre, ils ne récoltent pas de pollen et, par conséquent, comme les faux-bourdons, n'en ont pas besoin et n'ont pas de paniers à pollen. Les petits de ces vagabonds paresseux affament les vrais bébés insectes de ces maisons, en mangeant leur nourriture, et dans certains cas, dit-on, étant incapables comme les jeunes coucous de jeter ces enfants légitimes du nid, ils font preuve d'un égal sinon une plus grande dépravation en les mangeant, sans attendre la famine pour les éliminer. Ces parasites illustrent le mimétisme déjà décrit, car ils ressemblent tellement aux mères adoptives de leurs propres petits que des yeux non scientifiques ne parviendraient souvent pas à les distinguer. Les bourdons ne sont probablement pas plus vifs, sinon ils refuseraient l'accès à ces vagabonds impitoyables.

Les larves (Fig. 12) de tous les insectes de cette famille ressemblent à des vers, ridées, sans pattes, effilées aux deux extrémités et, comme nous l'avons dit précédemment, se nourrissent de pollen et de miel. Ils sont impuissants et ainsi, tout au long de leur enfance – l'état de larve – le moment où tous les insectes sont les plus voraces, et le seul moment où de nombreux insectes prennent de la nourriture, le moment où tous grandissent, à l'exception de l'agrandissement requis par Lorsque le développement des œufs se produit, ces bébés abeilles doivent être nourris par leur mère ou leurs sœurs aînées. Ils ont une bouche avec des lèvres douces et des mâchoires faibles, mais il est douteux que la totalité ou une grande partie de leur nourriture soit absorbée par cette ouverture. Il y a des raisons de croire que, comme beaucoup d'asticots, comme les larves de la mouche de Hesse, ils absorbent une grande partie de leur nourriture à travers les parois du corps. De la bouche part l'intestin, qui n'a pas d'ouverture anale. Il n'y a donc pas d'excréments autres que des gaz et des vapeurs. Quelle louange pour leur nourriture, *toutes* capables de nourriture, et donc toutes assimilables.

A cette famille appartient le genre des abeilles sans dard, Melipona, du Mexique et de l'Amérique du Sud, qui emmagasinent le miel non seulement dans les cellules hexagonales du couvain, mais dans de grands réservoirs de cire. Comme les abeilles non entretenues, elles construisent des bûches creuses. Ils sont extrêmement nombreux dans chaque colonie, et on a donc pensé qu'il y avait plus d'une reine. Ils sont également très prodigues en cire et peuvent donc posséder une importance commerciale potentielle à l'époque des fonds de teint artificiels en peigne. Dans ce genre, l'articulation basale du tarse est triangulaire et ils ont deux cellules sous-marginales, et non trois, sur les ailes antérieures. Elles sont également plus petites que nos abeilles communes et ont des ailes qui n'atteignent pas le bout de leur abdomen.

Un autre genre d'abeilles sans dard, le genre Trigona, a des ailes plus longues que l'abdomen et des mâchoires dentées. Ceux-ci, contrairement aux Melipona, ne se limitent pas au Nouveau Monde, mais se rencontrent en Afrique, en Inde et en Australasie. Ceux-ci construisent leurs rayons dans les grands arbres, les attachant aux branches un peu comme le fait l'Apis dorsata, qui sera bientôt mentionné.

Bien entendu, les insectes du genre Bombus – nos bourdons communs – appartiennent à cette famille. Ici, la langue est très longue, l'abeille grande, le dard courbé, avec les barbes très courtes et peu nombreuses. Seule la reine survit à l'hiver. Au printemps, elle forme son nid sous du gazon ou une planche, creusant un bassin dans la terre, et après avoir stocké une masse de pain d'abeille - probablement un mélange de miel et de pollen - elle y dépose plusieurs œufs. Dès leur éclosion, les larves rongent des espaces en forme de dé à coudre, qui avec le temps deviennent encore plus grands et ressemblent par leur forme aux cellules royales de nos abeilles. Lorsque les abeilles sortent de ces cellules, celles-ci sont renforcées par de la cire. Plus tard dans la saison, ces cellules de cire grossières deviennent très nombreuses. Certaines peuvent être constituées de cellules et ne pas être appelées comme ci-dessus. La cire est sombre et contient sans doute beaucoup de pollen, tout comme les coiffes et les cellules royales des abeilles mellifères. Au début, les abeilles sont toutes des ouvrières, puis des reines apparaissent, et plus tard encore des mâles. Tous, ou presque, les entomologistes parlent de deux tailles de reines bourdons, la grande et la petite. Les petites apparaissent tôt dans la saison et les grandes tardivement. Un étudiant de notre Collège, MNP Graham, qui avait l'année dernière une colonie de bourdons dans sa chambre pendant toute la saison, pense que c'est une erreur. Il estime que les individus du nid des Bombus correspondent exactement à ceux des Apis. Les reines, comme celles des abeilles, sont plus petites avant l'accouplement et la ponte active. Ne s'agit-il pas là d'un autre cas semblable à celui des deux espèces d'abeilles ouvrières qui ont trompé même Huber, erreur résultant d'un manque d'observation attentive et prolongée ?

Chez Xylocopa ou abeilles charpentières, qui ressemblent beaucoup aux bourdons, nous avons un bel exemple d'insecte ennuyeux. Avec ses fortes mandibules ou mâchoires, il creuse de longs tunnels, souvent d'un ou deux pieds de long, dans le bois le plus dur. Ces terriers sont divisés en cellules par des cloisons en copeaux, et dans chaque cellule se trouvent le pain d'abeille et un œuf.

L'abeille maçonne, bien nommée, construit des cellules de terre et de gravier qu'elle a le pouvoir de cimenter à l'aide de ses crachats, de sorte qu'elles sont plus dures que la brique.

Les abeilles tailleuses ou coupeuses de feuilles, du genre Megachile, fabriquent de merveilleuses cellules à partir de morceaux de feuilles de formes diverses. Celles-ci sont toujours de forme mathématique, généralement circulaires et oblongues, et sont coupées - par l'insecte se faisant des ciseaux avec ses mâchoires - dans diverses feuilles, la rose étant une préférée. J'ai trouvé ces cellules constituées presque entièrement de pétales ou de feuilles florales de rose. Les cellules sont fabriquées en collant ces sections de feuilles en couches concentriques, en les laissant se chevaucher. Les sections oblongues forment les parois du cylindre, tandis que les pièces circulaires sont encombrées lorsque nous enfonçons des bourres circulaires dans nos fusils de chasse, et sont utilisées aux extrémités ou pour les cloisons où plusieurs cellules sont placées ensemble. Une fois terminées, les cellules individuelles ont la forme et la taille d'une cartouche de revolver. Lorsque plusieurs sont placés ensemble, ce qui est généralement le cas, ils sont disposés bout à bout et ressemblent en taille et en forme à un petit bâton de bonbon, mais pas plus d'un tiers de sa longueur. J'ai trouvé ces cellules dans l'herbe, partiellement enfouies dans la terre, dans des crevasses, et dans un cas, je savais qu'elles étaient construites dans les plis d'une chaussette partiellement tricotée, qu'une bonne ménagère avait laissée stationnaire pendant quelques temps. jours. Ces coupe-feuilles ont des rangées de poils en dessous, avec lesquels ils transportent le pollen. Je les ai remarqués chaque été depuis quelques années en train d'essaimer sur la vigne vierge, souvent appelée woodbine, alors qu'elles étaient en fleurs, en quête de pollen, mais je n'ai jamais vu une seule abeille domestique sur ces vignes. Les abeilles tailleuses coupent souvent assez mal le feuillage des mêmes vignes.

J'ai souvent élevé de belles abeilles du genre Osmia, qu'on appelle aussi abeilles maçonnes. Leurs couleurs scintillantes de bleu et de vert possèdent un éclat et un reflet inégalés même par les métaux eux-mêmes. Ceux-ci élèvent leurs petits dans des cellules de boue, dans des cellules de boue bordant des herbes et des arbustes creux, et dans des terriers qu'ils creusent dans la terre dure. Au début de l'été, pendant les journées chaudes, ces joyaux scintillants de la vie sont fréquemment aperçus lors de promenades et de déplacements visant à ramasser de la terre pour en faire du mortier ou à creuser des trous, et échapperont difficilement à l'identification par l'apiculteur observateur, car leur forme ressemble tellement à celle de nos abeilles. Ils sont plus petits ; pourtant leur tête large, leurs yeux proéminents et leur forme générale ressemblent beaucoup à ceux des ouvriers du rucher, tout aussi rapides et actifs, mais plus sobrement vêtus.

D'autres abeilles, les nombreuses espèces du genre Nomada et Apathus, sont les moutons noirs de la famille des Apidæ. Ces vagabonds, déjà mentionnés, comme le coucou anglais et notre merle américain, se précipitent sur les imprudents et, bien qu'ils ne soient pas invités, pondent leurs œufs ; de cette manière, s'appropriant la nourriture et le logement pour leurs propres enfants à naître. Ainsi, ces insectes vagabonds s'imposent aux mères nourricières sans méfiance dans ces foyers violés. Et ces mêmes mères nourricières montrent, par leurs tendres soins envers ces intrus impitoyables, qu'elles sont misérablement dupes, car elles gardent et nourrissent soigneusement les bébés abeilles, qui, avec l'âge, pratiqueront à leur tour cette même ruse infâme.

C'est à contrecœur que je cache d'autres détails sur cette merveilleuse famille d'abeilles. Lorsque j'ai rendu visite pour la première fois à MM. Townley et Davis, de cet État, j'ai été frappé par la belle collection d'abeilles sauvages que chacun avait constituée. Pourtant, sans le savoir, ils en avaient incorporé beaucoup qui n'étaient pas des abeilles. Bien entendu, de nombreux apiculteurs souhaiteront réaliser de telles collectes et également étudier nos abeilles sauvages. J'espère que ce qui précède se révélera une aide efficace. J'espère également qu'il incitera d'autres personnes, notamment les jeunes, à s'intéresser à l'étude précieuse et extrêmement intéressante de ces merveilles de la nature. Je suis également heureux d'ouvrir au lecteur une page du livre de la nature aussi remplie d'attraits que celle ci-dessus. Je ne pense pas non plus avoir pris trop de place en révélant les instincts étranges et merveilleux, et les habitudes merveilleusement variées, de cette plus haute des familles d'insectes, à la tête de laquelle. Debout nos propres compagnons de travail et compagnons du rucher.

FIGURE 3.

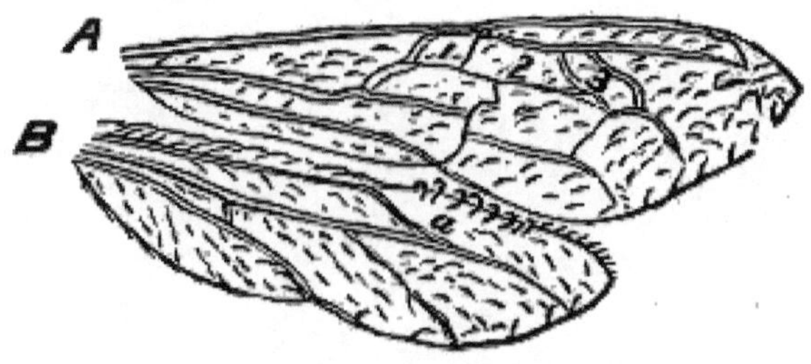

A.— *Aile antérieure d'une abeille.* 1, 2, 3.— *Cellules sous-costales ou cubitales.*
B.— *Aile secondaire ou postérieure, un crochet à fixer à l'aile primaire.*

Le genre de l'abeille.

Le genre Apis comprend toutes les abeilles qui n'ont pas d'éperon tibial sur les pattes postérieures. Ils ont trois cellules cubitales ou sous-costales (1, 2, 3, Fig. 3) - la deuxième rangée à partir du bord costal ou antérieur - sur les ailes antérieures ou primaires. Sur la face interne du tarse basal postérieur, à l'opposé des corbeilles à pollen, chez les neutres ou ouvrières, se trouvent des rangées de poils (Fig. 23) qui sont probablement utilisés pour la collecte du pollen. Chez les mâles, qui ne font aucun travail sauf pour féconder les reines, les grands yeux composés se rejoignent en haut, encombrant les trois yeux simples en bas (Fig. 4), tandis que chez les ouvrières (Fig. 5) et les reines, ces yeux simples, appelés ocelles. (Fig. 5), sont au-dessus, et les yeux composés (Fig. 5) bien écartés. Les reines et les faux-bourdons ont des mâchoires faibles, avec une dent rudimentaire (Fig. 21, *b*), des langues courtes et pas de paniers à pollen, bien qu'ils aient un tibia large et un tarse basal large (Fig. 16, *p*).

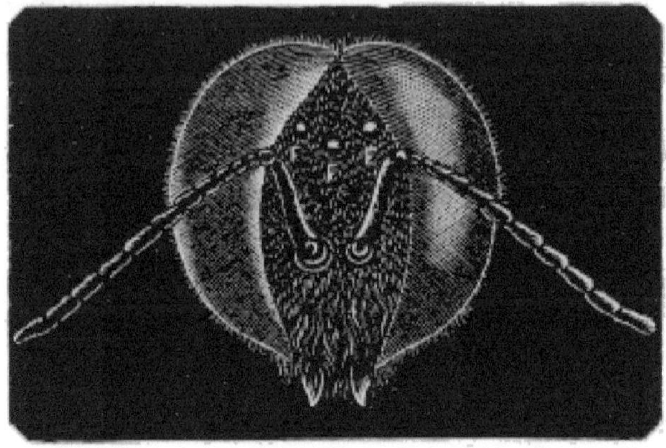

Tête de Drone, agrandie.
Antennes. Yeux composés. Des yeux simples.

FIGURE 5.

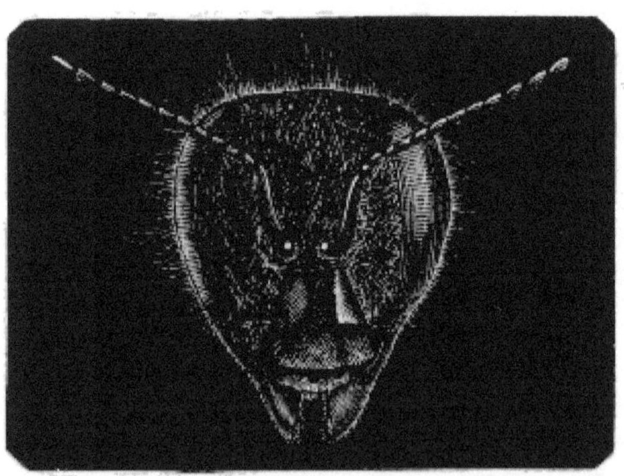

Tête d'ouvrier, agrandie.
Antennes. Yeux composés. Des yeux simples.

Il existe quelque doute sur le nombre d'espèces de ce genre, il est certain que l'Apis Ligustica de Spinola, ou abeille italienne, l'Apis fascial a de Latreille, ou abeille égyptienne, ne sont que des variétés de l'Apis mellifica, qui comprend aussi l'abeille allemande ou noire.

M. F. Smith, entomologiste compétent, considère Apis dorsata de l'Inde et des Indes orientales, Apis zonata des mêmes îles, Apis Indica de l'Inde et de la Chine et Apis florea de l'Inde, de Ceylan, de Chine et de Bornéo, comme des espèces distinctes. Il pense également qu'Apis Adansoni et Apis nigrocincta sont distinctes, mais pense qu'il pourrait s'agir de variétés d'Apis Indica. Certains considèrent Apis unicolor comme une espèce distincte, mais il s'agit probablement d'une variété d'Apis dorsata. Comme Apis mellifica n'a pas été trouvé en Inde et est originaire d'Europe, d'Asie occidentale et d'Afrique, il semble tout à fait probable que plusieurs des espèces ci-dessus se révèlent être uniquement des variétés d'Apis mellifica. S'il n'y a que la couleur et la taille pour les distinguer, et si, en effet, on peut y ajouter des habitudes, alors on peut soupçonner, avec raison, la validité de la disposition ci-dessus. S'il y a une différence structurelle, comme le dit M. Wallace, chez les mâles dorsata, alors nous pouvons les appeler des espèces différentes. L'Italien a certes une langue plus longue que l'Allemand, mais cela ne suffit pas à les séparer en tant qu'espèces. Apis zonata et Apis unicolor, toutes deux originaires des Indes orientales, seraient très noires. Apis dorsata est grande, suspend ses rayons aux branches des arbres - dans de rares cas, nos propres abeilles font de même - on dit qu'elle est croisée, qu'elle a une très longue langue, qu'elle est plus grande que notre abeille commune, et pour fabriquer des cellules plus grandes.

Apis florea est petite, seulement deux fois moins grande qu'Apis mellifica, de forme différente, tandis que le tarse postérieur du mâle est lobé.

Il serait très intéressant, et peut-être profitable, d'importer ces diverses espèces, et de voir combien est marquée la différence entre elles et les nôtres. Un tel travail peut être mieux accompli grâce à notre association nationale. Très probablement, à mesure que nous connaîtrons ces abeilles lointaines comme nous connaissons les abeilles allemandes et italiennes, nous découvrirons que leur amabilité, leur taille, leurs habitudes de construction de rayons et leurs organes allongés ne sont que des particularités développées par le climat et les conditions environnantes. et les balayera tous dans une seule espèce. Apis mellifica, à considérer comme nous considérons maintenant les variétés italienne et égyptienne, comme de simples variétés.

Il semble étrange que le genre Apis ne soit pas originaire du continent américain. Sans aucun doute, il n'y avait pas d'abeilles de ce genre ici jusqu'à ce qu'elles soient introduites par la race caucasienne. Cela semble plus étrange, car nous constatons que tous les continents et îles de l'hémisphère oriental regorgent de représentants. C'est une illustration supplémentaire des énigmes étranges et inextricables liées à la répartition géographique des animaux.

ESPÈCES DE NOS ABEILLES.

Les abeilles actuellement domestiquées appartiennent incontestablement à l'Apis mellifica. Le caractère de cette espèce apparaîtra dans le chapitre suivant, au fur et à mesure que nous aborderons leur anatomie et leur physiologie. Comme indiqué précédemment, cette espèce est originaire exclusivement de l'hémisphère oriental, bien qu'elle ait été introduite partout où l'homme civilisé a élu domicile.

VARIÉTÉS ou L'ABEILLE.

ABEILLE ALLEMANDE OU NOIRE.

L'abeille germanique ou noire est la variété la plus connue, car à travers les âges elle a été la plus répandue. Le nom allemand fait référence à la localité, tandis que le nom noir est un abus de langage, car l'abeille est de couleur gris-noir. La reine, et dans une moindre mesure les faux-bourdons, sont plus foncés, tandis que les pattes et le dessous de la première sont de couleur brune ou cuivrée, et de couleur gris clair chez la seconde. La langue de l'ouvrier noir que j'ai trouvée, par des dissections et des comparaisons répétées faites par moi-même et par mes élèves, est plus courte que celle de l'ouvrier italien, et généralement moins poilue. Les abeilles noires ne sont pas connues depuis plus longtemps que les Italiens, car nous constatons que ces dernières étaient connues à la fois d'Aristote, au quatrième siècle avant JC, et de Virgile, le grand poète romain, qui chantait l'abeille dorée panachée, au premier siècle. AVANT JC; et nous ne pouvons expliquer la plus large répartition de l'abeille germanique qu'en considérant les habitudes de poussée plus vigoureuses des races germaniques, qui non seulement ont envahi et insufflé la vie dans le sud de l'Europe, mais ont vitalisé toute la chrétienté.

ABEILLE LIGURIENNE OU ITALIENNE.

L'abeille italienne (voir frontis-plate) se caractérise comme une variété, non seulement par la différence de couleur, d'habitudes et d'activité, mais aussi par la possession d'une langue un peu plus longue. Ces abeilles ont été décrites pour la première fois comme distinctes de la race allemande par Spinola, en 1805, qui a donné le nom d'abeille ligure, nom qui prévaut ; en Europe. Le nom vient d'une province du nord de l'Italie, au nord du golfe Ligure, ou golfe de Gênes. Cette région est isolée de l'Europe du Nord par les Alpes, et ainsi ces abeilles ont été séparées des abeilles allemandes, et dans une Italie plus chaude et plus chaleureuse, s'est développée une race distincte, nos belles Italiennes.

En 1843, Von Baldenstein se procura une colonie de ces abeilles, qu'il avait déjà observées comme étant particulières, alors qu'il était en poste comme capitaine militaire en Italie. Il publia son expérience en 1848, qui fut lue par Dzierzon, qui s'y intéressa, et grâce à lui l'Italien fut généralisé à l'Allemagne. En 1859, six ans après la première importation de Dzierzon, la variété italienne fut introduite en Angleterre par Neighbour, l'auteur du précieux traité déjà mentionné. La même année, MM. Wagner et Colvin importèrent en Amérique les Italiens du rucher de Dzierzon ; et en 1860, MSP Parsons apporta les premières colonies importées directement d'Italie.

L'ouvrier italien (voir plaque frontis) se distingue rapidement par les anneaux jaune vif à la base de l'abdomen. Si la colonie est pure, chaque abeille présentera trois de ces ceintures dorées. Les deux premiers segments ou anneaux de l'abdomen, sauf à leur bord postérieur, ainsi que la base ou bord antérieur du troisième, seront de cette teinte jaune orangé. Le reste de la surface dorsale ou dorsale sera semblable à celui de la race allemande. En dessous, l'abdomen, à l'exception d'une distance plus ou moins grande à l'extrémité, sera également jaune, tandis que la même couleur apparaît plus ou moins fortement marquée sur les pattes. Les ouvrières ont aussi des ligules ou langues (fig. 20) plus longues que celles de la race germanique, et leur langue est aussi un peu plus velue. Ils sont également plus actifs et moins enclins à piquer. La reine a toute la base de son abdomen, et parfois presque toute, de couleur jaune orangé. La variation quant à la quantité de couleur chez les reines est assez frappante. Parfois, des reines très sombres sont importées directement des collines ligures, mais toutes les ouvrières portent l'insigne de pureté : les trois anneaux d'or.

Les drones sont également très variables. Parfois, les anneaux et les taches jaunes seront très proéminents, puis encore une fois assez indistincts. Mais le dessous du corps est toujours, autant que je l'ai observé, principalement jaune.

LA FASCIATA OU COURSE ÉGYPTIENNE.

Le mot fasciata signifie bandes, car l'abeille égyptienne est très largement rayée de jaune. Je n'ai jamais vu ces abeilles, mais d'après les descriptions de Latreille, Kirby et Bevan, je comprends que toutes les abeilles sont un peu plus petites, plus minces et beaucoup plus jaunes que les Italiennes. Herr Vogel déclare qu'ils ne récoltent pas de propolis, mais que chaque colonie contient un certain nombre de petites reines pondeuses de faux-bourdons. Ce sont probablement ces abeilles qui, avec les vaches de l'ancienne belle terre promise, ont donné le riche pabulum, qui a donné la réputation : « coulant de lait et de miel ». Elles sont donc les plus anciennes des abeilles domestiques. On dit également que ceux-ci étaient déplacés dans des bateaux ou des radeaux grossiers le long du Nil, comme semblait l'exiger les pâturages fleuris. On dit que les abeilles sont très actives, résistantes au froid et sont également réputées très colériques.

AUTRES VARIÉTÉS.

Il existe plusieurs autres variétés douteuses qui reçoivent une certaine attention de la part des apiculteurs allemands et qui sont honorées avec attention lors des grandes réunions d'Autriche et d'Allemagne, comme nous l'apprenons par les publications apicoles de ces pays. L'abeille chypriote, originaire de l'île de Chypre, comme son nom l'indique, est jaune et probablement une descendance de l'abeille italienne ou égyptienne. Pour autant que nous puissions le savoir, il n'a aucun mérite qui le rendrait préféré à l'Italien. Certains disent que c'est plus beau, d'autres que c'est moins aimable. D'autres variétés, qui ne sont probablement pas des races distinctes, ou du moins ne le sont peut-être pas, sont la Heath, la Carniolan ou la Krainer et l'Herzegovinian. Ils ne sont pas considérés comme supérieurs aux Allemands et aux Italiens.

Une variété de notre Italien, qui présente des rangées de poils blancs inhabituellement distincts, est vendue aux États-Unis sous le nom d'Albinos. Qu'il s'agisse d'une race distincte n'est pas du tout probable. En fait, j'ai remarqué chaque année parmi nos stocks italiens les soi-disant Albinos.

BIBLIOGRAPHIE.

Ce serait un devoir agréable, et non inutile, de donner à ce propos une histoire complète de l'entomologie en ce qui concerne Apis mellifica. Pourtant, cela prendrait beaucoup de place, et comme il existe une histoire assez complète dans des livres que je recommanderai à ceux qui sont désireux d'en savoir plus sur cet intéressant département d'histoire naturelle, je n'entrerai pas dans les détails.

Aristote a écrit sur les abeilles plus de trois cents ans avant JC. Environ trois cents ans plus tard, Virgile, dans son quatrième Géorgique, a exposé au monde les opinions alors existantes sur ce sujet, recueillies en grande partie dans les écrits d'Aristote. La poésie sera toujours remarquable par sa beauté et son élégance – pourrait-on en dire autant du sujet, qui, bien que plein d'intérêt, est aussi plein d'erreurs. Un peu plus tard, Columelle, bien que d'habitude prudent et précis dans ses observations, exprimait encore les erreurs dominantes, bien que beaucoup de ses écrits soient précieux et que d'autres soient curieux. Pline l'Ancien, qui écrivait au premier siècle après JC, contribua à perpétuer les opinions erronées que les auteurs précédents avaient données, et non content de cela, il ajouta ses propres opinions, qui non seulement étaient sans fondement, mais étaient souvent la perfection. d'absurdité.

Après cela, près de deux mille ans se sont écoulés sans aucun progrès dans l'histoire naturelle ; même pendant deux siècles après la renaissance du savoir, nous ne trouvons rien de digne de mention. Swammerdam, un entomologiste hollandais, a écrit au milieu du XVIIe siècle une histoire générale des insectes, également « L'histoire naturelle des abeilles ». Lui et son contemporain anglais Ray ont montré leurs capacités de naturalistes en fondant leurs systèmes sur les transformations des insectes. Ils relancèrent également l'étude et la pratique de l'anatomie, en sommeil depuis sa première introduction par Aristote, en tant que grand tremplin du progrès zoologique.

Ray a également accordé une attention particulière aux hyménoptères et a été grandement aidé par Willoughby et Lister. A cette époque, Harvey, si justement célèbre pour sa découverte de la circulation sanguine, annonçait son célèbre dicton « Omnia ex ovo » – toute vie à partir des œufs – qui fut complètement établi par les célèbres Italiens Redi et Malpighi. Vers le milieu du XVIIIe siècle, le grand Linné — « la brillante étoile du Nord » — publia son « System Naturæ » et jeta un flot de lumière sur tout le sujet de l'histoire naturelle. Sa division des insectes était fondée sur la présence ou l'absence et les caractéristiques des ailes. Cette base, comme celle de Swammerdam, était trop étroite, mais ses conclusions étaient remarquablement correctes. Linné est connu pour ses descriptions précises, et en particulier pour son don de la méthode binomiale de dénomination des plantes et des animaux, donnant dans le nom le genre et l'espèce, comme Apis mellifica. Il fut également le premier à introduire les classes et les ordres, tels que nous les comprenons aujourd'hui. Quand on considère l'ampleur et le caractère de l'œuvre du grand Suédois, on ne peut que le placer parmi les premiers, sinon comme les premiers, des naturalistes. Geoffroy était contemporain de Linnæus (également écrit Linné), qui a réalisé un travail précieux dans la définition de nouveaux genres. Dans la seconde moitié du siècle est apparu le grand travail d'un maître en entomologie, DeGeer, qui a basé sa disposition des insectes sur le caractère des ailes et des mâchoires, et a ainsi découvert une autre clé de la nature pour l'aider à percer ses mystères. Kirby dit bien : « Il réunissait en lui le plus grand mérite de presque tous les départements d'entomologie. En tant que scientifique, anatomiste, physiologiste et historien observateur des habitudes et de l'économie des insectes, il est au-dessus de tous les éloges. Quelle source d'amélioration personnelle, de plaisir et d'utilité publique que celle d'une telle capacité d'observation, comme celle que possédait le grand DeGeer.

Contemporain de Linnæus et DeGeer était Réaumur, de France, dont les expériences et les recherches présentent un intérêt particulier pour les apiculteurs. Peut-être qu'aucun entomologiste n'a fait autant pour révéler l'histoire naturelle des abeilles. Il faut particulièrement saluer sa méthode d'expérimentation, sa patience dans l'investigation, l'élégance et la félicité de ses images de mots et, par-dessus tout, *son dévouement à la vérité* . Nous aurons l'occasion de parler fréquemment de ce travailleur consciencieux et infatigable dans le grand magasin de la vie des insectes dans les pages suivantes. Bonnet, de Genève, l'habile correspondant de Réaumur, a fait aussi un travail précieux, auquel l'amateur des abeilles a un intérêt particulier. Bonnet est particulièrement connu pour sa découverte et son élucidation de la parthénogenèse, ce mode anormal de reproduction, telle qu'elle se produit chez les pucerons ou poux des plantes, bien qu'il n'ait pas découvert que nos abeilles, dans la production de faux-bourdons, illustrent la même doctrine.

Bien qu'auteur d'aucun système, il apporta une grande aide à Réaumur dans ses travaux systématiques.

A la même époque, l'entomologie systématique reçut un grand secours des précieux travaux de Lyonnet. Cet auteur a décortiqué et expliqué le développement d'une chenille. Ses descriptions et illustrations sont merveilleuses et proclameront ses capacités tant que l'entomologie sera étudiée, et elles, pour citer Bonnet, "démontrent l'existence de Dieu".

Nous devons ensuite parler du grand Danois Fabricius — un élève de Linné — qui publia ses ouvrages de 1775 à 1798 et qui révolutionna ainsi l'entomologie systématique au même moment où nous, d'Amérique, révolutionnions le gouvernement. Il fit des orgues à bouche la base de sa classification et suivit ainsi la voie tracée par DeGeer, bien qu'elle fut à peine battue par ce dernier tandis que Fabricius la laissa large et profonde. Ses cours et ses ordres ne représentent aucune amélioration, en fait, ils sont loin d'être aussi corrects que ceux de son ancien maître. Dans sa description des genres, où il prétendait suivre la nature, il a rendu de précieux services. En amenant les savants à étudier des parties autrefois peu considérées, et à mieux établir ainsi les affinités, il a fait un travail des plus précieux. Son travail est une référence et devrait être étudié en profondeur par tous les entomologistes.

Juste à la fin du siècle dernier, apparut le plus grand « Romain de tous », le grand Latreille, de France, dont nous avons si souvent utilisé le nom dans la classification de l'abeille domestique. On l'appelle le Système Électif, car il utilisait des ailes, des pièces buccales, des transformations, en fait, tous les organes, la structure entière. Il nous a donné notre famille Apidæ, notre genre Apis, et, comme on s'en souvient, il a décrit plusieurs espèces de ce genre. Dans notre étude de l'œuvre de ce grand homme, nous sommes constamment émerveillés par ses recherches approfondies et ses talents remarquables. Lamark, de cette époque, sauf qu'il ne voyait aucun Dieu dans la nature, fit un travail très admirable. C'était également le cas de Cuvier, du temps de Napoléon, et du savant docteur Leach, d'Angleterre. Depuis lors, nous avons eu une foule de travailleurs dans ce domaine, et beaucoup méritent non seulement d'être mentionnés mais aussi loués ; pourtant, le travail a consisté à frotter et à garnir plutôt qu'à créer. Je terminerai donc ce bref historique par une liste d'auteurs qui sont très utiles à ceux qui désirent glaner davantage les trésors de l'entomologie systématique ; remarquant seulement qu'à la fin du prochain chapitre, je ferai référence à ceux qui ont été particulièrement utiles dans le développement de l'anatomie et de la physiologie des insectes, en particulier des abeilles.

LIVRES PRÉCIEUX POUR L'ÉTUDIANT EN ENTOMOLOGIE.

Pour la simple classification, aucun ouvrage n'est égal à Westwood sur les insectes – deux volumes. En cela, les descriptions et illustrations sont très complètes et parfaites, ce qui permet d'étudier facilement les familles, et même les genres, de tous les sous-ordres. Cet ouvrage et les suivants sont épuisés, mais peuvent être obtenus sans problème dans les librairies d'occasion.

Kirby et Spence – Introduction à l'entomologie – est un ouvrage très complet. Il traite de la classification, de la structure, des habitudes, de l'économie générale des insectes et donne un historique du sujet. C'est un ouvrage inestimable et une excellente acquisition pour toute bibliothèque.

Le Guide pour l'étude des insectes du Dr Packard est un ouvrage précieux, et étant américain, il est particulièrement recommandé.

Les rapports du Dr T. Harris, du Dr A. Fitch et du professeur CV Riley seront également jugés d'une grande valeur et d'un grand intérêt.

CHAPITRE II.
ANATOMIE ET PHYSIOLOGIE.

Dans ce chapitre, je donnerai d'abord l'anatomie générale des insectes ; puis l'anatomie et, plus merveilleuse encore, la physiologie de l'abeille domestique.

ANATOMIE DES INSECTES.

Chez tous les insectes, le corps est divisé en trois parties bien marquées (Fig. 2) : la tête (Fig. 4 et 5), qui contient les organes buccaux, les yeux, à la fois le composé et le simple lorsqu'il est présent, et le antennes; le thorax, qui est composé de trois anneaux, et sert de support à une ou deux paires d'ailes et aux trois paires de pattes ; et l'abdomen, qui est composé d'un nombre variable d'anneaux et sert de support aux organes sexuels externes et, lorsqu'ils sont présents, à l'aiguillon. Dans le thorax, il n'y a guère plus que des muscles, car la force concentrée des insectes, qui leur permet de voler avec une telle rapidité, réside dans cet espace confiné. Dans l'abdomen, en revanche, se trouvent les organes sexuels, de loin les parties les plus grandes et les plus importantes du tube digestif, et d'autres organes importants.

ORGANES DE LA TÊTE.

Parmi ceux-ci, les organes buccaux (Fig. 6) sont les plus importants. Ceux-ci se composent d'une lèvre supérieure (labrum) et d'une lèvre inférieure (labium) et de deux paires de mâchoires qui se déplacent latéralement ; les mâchoires plus fortes et cornées, appelées mandibules, et les maxillaires plus membraneux, mais généralement plus longs. Le labrum (Fig. 6, *l*) est bien décrit dans le nom de lèvre supérieure. Il est généralement attaché par une articulation mobile à une pièce de forme similaire au-dessus de lui, appelée clypeus (Fig. 6, *c*), et cette dernière au large épicrâne (Fig. 6, *o*), qui contient les antennes, le composé , et, lorsqu'ils sont présents, les yeux simples.

Le labium (Fig. 15) n'est pas décrit par le nom sous la lèvre, car sa base forme le plancher de la bouche et son extrémité la langue. La base est généralement large et s'appelle le mentum, et de là s'étend la langue (Fig. 15, *a*) ou ligula. De chaque côté, près de la jonction de la ligula et du mentum, apparaît un organe articulé rarement absent, appelé palpus labial (Fig. 6, *kk*), ou, ensemble, les palpes labiaux. Juste à l'intérieur de l'angle formé par ces dernières et la ligula se dressent les paraglosses (fig. 15, *d*), une de chaque côté. Ceux-ci font souvent défaut.

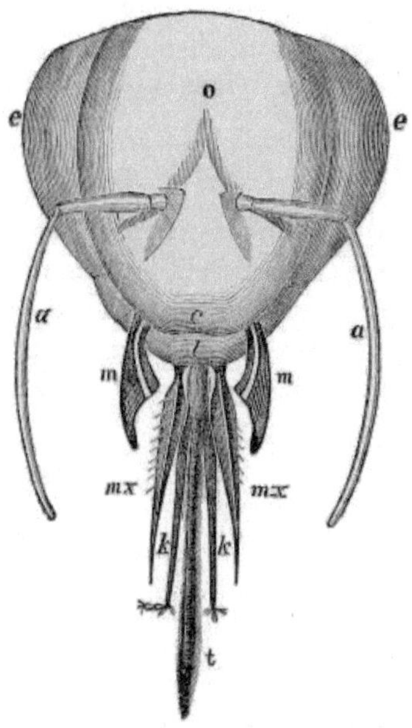

Tête d'abeille très agrandie.

o -Epicranium *ee* -Yeux composés. *aa* —Antennes, *c* —Clypeus. *l* —Labrum.	*m* —mâchoires. *mx* —2d Mâchoires. *kk* —palpi labial, *t* —Ligula.

Les mâchoires ou mandibules (Fig. 6, *m, m*) se posent de chaque côté juste en dessous et sur le côté du labrum, ou lèvre supérieure. Ceux-ci travaillent latéralement au lieu de monter et descendre comme chez les animaux supérieurs, sont souvent très durs et pointus, et parfois armés d'une ou plusieurs dents. Une dent rudimentaire (Fig. 21, *b*) est visible sur les mâchoires des faux-bourdons et des reines.

Sous les mâchoires ou mandibules, et insérées un peu plus en arrière, se trouvent les secondes mâchoires ou maxillaires (Fig. 6, *mx*), moins denses et moins fermes que les mandibules, mais beaucoup plus complexes. Ils naissent d'une petite articulation, le cardo, puis d'une articulation plus grande, le stipes, à partir de laquelle s'étend à l'intérieur la large lacinia (Fig. 20, *c*) ou lame, généralement frangée de poils sur son bord intérieur, vers le bouche; tandis qu'à l'extérieur des stipes sont insérés les palpes maxillaires, d'un à plusieurs articulés. Chez les abeilles, celles-ci sont très petites et se composent de deux articulations, et chez certains insectes, elles font totalement défaut. Parfois, comme chez certains coléoptères, il existe un troisième membre qui part du stipe situé entre le palpus et le lacinia, appelé galea. Les maxillaires se déplacent également latéralement et aident probablement à tenir et à retourner la nourriture pendant qu'elle est écrasée par les mâchoires plus dures, bien que dans certains cas, ils aident également à triturer la nourriture.

Ces pièces buccales ont une forme très variable selon les insectes. Chez les papillons et les mites, les mouches à deux ailes et les punaises, ils se transforment en un tube qui, dans les deux derniers groupes, forme un bec ou un perceur dur et fort, bien illustré chez le moustique et la punaise de lit. Chez tous les autres insectes, nous les trouvons à peu près comme chez les abeilles, avec des parties séparées variant considérablement en forme, pour s'accorder avec les habitudes et le caractère de leurs propriétaires. Il n'est pas étonnant que DeGeer et Fabricius aient détecté ces différentes formes comme fortement révélatrices de la nature de l'insecte, et il n'est pas étonnant non plus que leur utilisation ait si bien réussi à former une classification naturelle.

Chaque apiculteur tirera un grand bénéfice de la dissection de ces parties et de l'étude de leur forme et de leurs relations par lui-même. En intéressant ses enfants à cela, il leur aura conféré l'une des bénédictions les plus rares.

Pour disséquer ces parties, retirez d'abord la tête et épinglez-la soigneusement sur un bouchon en passant l'épingle dedans, bien en arrière entre les yeux. Séparez maintenant les pièces par deux pointes d'aiguille, faites en insérant une aiguille sur la moitié de sa longueur dans un bâton de pin en forme de tige de tuyau, en laissant la pointe dépasser d'un pouce ou plus. Avec un de ces éléments dans chaque main, commencez les opérations. La tête peut être de chaque côté vers le haut. On peut apprendre beaucoup de choses en disséquant de gros insectes, même sans verre ; mais dans tous les cas, et surtout chez les petits insectes, une bonne lentille sera d'un grand prix. Le meilleur objectif est celui de Tolles, vendu par M. Stoddard, des usines d'optique de Boston. Ceux-ci sont très excellents et donc très chers, coûtant 14,00 $. Les lentilles triplet de Gray sont très bonnes, bon marché et peuvent être achetées pour environ 2,00 $ chez n'importe quel opticien. La poignée doit être percée d'un trou pour permettre de la monter au-dessus de l'objet, afin qu'elle se tienne toute seule. Les lentilles de Tolles se montent facilement dans un support que chacun peut fabriquer et fabriquer en vingt minutes. J'apprécie encore plus l'objectif de mon Tolles que mon grand microscope composé, qui coûte 150 $. Si j'étais obligé de me séparer de l'un ou l'autre, ce dernier partirait.

J'exige de mes étudiants qu'ils fassent beaucoup de dissections, ce qu'ils apprécient beaucoup et trouvent très précieux. Je préférerais de loin que mon garçon s'intéresse à de telles études, plutôt que de le posséder en possession d'une infinité de bagues en or, ou même d'une énorme montre en or, au charme immense. Laissez de telles récréations agréables attirer l'attention de nos garçons, et elles contribueront toujours à notre plaisir et ne nous attristeront pas d'anxiété et de peur.

Les antennes (_Fig. 6, a, a_) sont les organes articulés en forme de corne situés entre ou au-dessous et devant les grands yeux composés de tous les insectes. Ils sont tantôt courts, comme chez la mouche domestique, tantôt très longs, comme chez les sauterelles. Ils sont soit droits, courbés ou coudés (_Fig. 6_). Leur forme est également très variée : filiformes, effilés, dentés, boutonnés, frangés, emplumés, etc. On sait qu'un nerf passe dans les antennes, mais leur fonction exacte est peu comprise. Aucun apiculteur ne peut douter qu'ils soient les organes tactiles les plus délicats. Qu'ils servent d'organes à l'odorat ou à l'ouïe n'est pas prouvé. Je pense que personne ne peut douter du fait que les insectes sont conscients des sons. Le cri du katy-did, de la cigale et du grillon le prouve. Quel apiculteur n'a pas non plus remarqué l'effet des divers bruits émis par les abeilles sur leurs camarades de la ruche. Comme la note aiguë de colère, le bourdonnement sourd de la peur et le ton agréable d'un nouvel essaim alors qu'ils commencent à entrer dans leur nouvelle maison sont contagieux. Maintenant, si les insectes remarquent ces vibrations, comme nous reconnaissons la hauteur, ou s'ils distinguent simplement le tremblement, je pense que personne ne le sait. Il y a des raisons de croire que leurs délicats organes tactiles pourraient leur permettre de distinguer les vibrations avec encore plus d'acuité que nous ne le pouvons en utilisant nos oreilles. Un léger secousse réveillera rapidement une colonie d'hybrides, tandis qu'un bruit fort passera inaperçu. Si les insectes peuvent apprécier avec une grande délicatesse les différentes conditions vibratoires de l'air par un développement excessif du sens du toucher, alors sans aucun doute les antennes peuvent être de grands secours. Le Dr Clemens pensait que les insectes ne pouvaient détecter que les vibrations atmosphériques. C'est ce que pensaient Linné et Bonnet. Siebold pense que, comme les antennes ne reçoivent qu'un seul nerf et sont clairement des organes du toucher, elles ne peuvent pas être des organes de l'audition. Kirby a remarqué que certains papillons tournent leurs antennes dans la direction d'où provient le bruit, et soutient ainsi que les antennes sont des organes d'audition. Grote, pour une raison similaire, pense que les antennes densément plumeuses des mâles de diverses noctuelles servent à la fois à l'odorat et à l'ouïe. Le professeur AM Mayer et MC Johnson (voir American Naturalist, vol. 8, p. 574) ont prouvé de manière concluante, par diverses expériences ingénieuses, que les antennes délicates et magnifiquement emplumées du moustique mâle sont des organes de l'audition.

Il ne fait aucun doute que les insectes ont un odorat très raffiné. Avec quelle rapidité la mouche charognarde trouve la carcasse, le charognard la saleté et l'abeille le précieux nectar.

J'ai élevé des papillons femelles dans mon étude, et j'ai été très surpris, le jour où elles quittaient leur cocon, de trouver ma chambre grouillant de mâles. Ces mariés sont entrés par une fenêtre ouverte du deuxième étage d'un immeuble en brique. Combien délicat a dû être le sens avec lequel ils ont été amenés à faire la visite, et ainsi amenés à honorer mon cabinet. On a vu aussi des abeilles se précipiter contre un volet derrière lequel se trouvaient des fleurs, démontrant ainsi la supériorité de leur perception des odeurs, ainsi que leur mauvaise vision. Mais les odeurs sont transportées par l'air et doivent parvenir à l'insecte par ce biais. N'est-il pas probable que les différentes bouches respiratoires des insectes sont aussi autant de nez, et que leurs délicates membranes muqueuses , riches en filaments nerveux, sont les grandes sentinelles des odeurs ? Ce point de vue a été soutenu à la fois par Lehman et Cuvier et explique cette perception délicate des odeurs, car les bouches respiratoires sont grandes et nombreuses, et plus encore chez les insectes comme les abeilles et les papillons nocturnes, qui sont les plus sensibles aux odeurs. La rapidité avec laquelle les abeilles remarquent l'odeur d'une abeille ou d'une reine étrange, ou l'odeur particulière du venin. J'ai connu une abeille piquer un gant, et en un instant le gant devenait comme une pelote à épingles, avec des piqûres au lieu d'épingles. Parfois, les abeilles s'élancent sur plusieurs pieds, guidées par cette odeur. Pourtant, l'odeur est très piquante, car j'ai souvent senti le poison avant de ressentir la piqûre. J'ai essayé les expériences de Huber et Lubbock, et je sais que des insectes tels que les abeilles et les fourmis ne prêtent aucune attention à la nourriture après la perte de leurs antennes. Mais il ne faut pas oublier qu'il s'agit d'une opération capitale. Avec la perte des antennes, les insectes perdent le contrôle de leurs mouvements et, à bien des égards, manifestent de grandes perturbations. N'est-il pas probable donc que le fait de retirer les antennes détruit le désir de nourriture, comme le fait l'amputation chez nous ? Kirby croit avec Huber qu'il existe un organe olfactif. Les expériences de Huber sur lesquelles il fonde cette opinion sont, comme d'habitude, très intéressantes. Il présenta un poil grossier trempé dans de l'huile de térébenthine, une substance très répugnante pour les abeilles, à diverses parties d'une abeille absorbée par le miel. L'abeille ne fit aucune objection, même si elle touchait la ligula, jusqu'à ce qu'elle s'approche de la bouche au-dessus du menton, où elle fut très perturbée. Il remplit également la bouche d'une abeille de pâte, qui durcit bientôt, après quoi l'abeille ne prêta plus attention au miel placé à proximité. Ce n'était pas si concluant, car l'abeille aurait pu être dérangée au point de perdre l'appétit. J'ai beaucoup expérimenté et je suis enclin à l'opinion suivante : les antennes sont des organes tactiles ou palpeurs très délicats, et sont si importantes dans leur fonction et leur connexion que leur retrait produit un choc sévère, mais de plus, nous savons peu de choses sur leur fonction, s'ils en ont une autre, et, en raison de la nature même du problème, il nous sera très difficile de le résoudre.

Les yeux sont de deux sortes, les yeux composés, qui sont toujours présents chez les insectes matures, et les ocelles ou yeux simples, qui peuvent être présents ou non. Lorsqu'ils sont présents, il y en a généralement trois, qui, si nous les joignons par des lignes, nous décrirons un triangle, aux sommets duquel se trouvent les ocelles. Il n'y a rarement que deux ocelles, et très rarement qu'un seul.

Les yeux simples (Fig. 4, *fff*) sont circulaires et possèdent une cornée, un cristallin et une rétine qui reçoivent le nerf de la vue.

Des expériences de Réaumur et Swammerdam, qui consistaient à couvrir les yeux de vernis, ils ont conclu que la vision avec ces yeux simples est très indistincte, quoique par eux l'insecte puisse distinguer la lumière. Certains ont pensé que ces yeux simples étaient destinés à la vision à de légères distances. Les larves, comme les araignées et les myriapodes, n'ont que des yeux simples.

Les yeux composés (Fig. 2, *e*) sont simplement un groupe d'yeux simples, situés de chaque côté de la tête et varient beaucoup en forme et en taille. Entre ou au-dessous de ceux-ci sont insérées les antennes. Parfois ces derniers sont insérés dans une encoche des yeux, et dans quelques cas divisent même chaque œil en deux yeux.

Les yeux peuvent se rencontrer vers le haut comme chez les faux-bourdons (Fig. 4), la plupart des mouches à deux ailes et des libellules, ou ils peuvent être considérablement séparés, comme chez les ouvrières (Fig. 5). Les facettes séparées ou yeux simples de chaque œil composé sont hexagonales ou à six côtés et, au microscope, ressemblent assez à une section de nid d'abeilles. Le nombre d'entre eux est prodigieux : Leeuwenhoek en dénombrait en réalité 12 000 dans l'œil d'une libellule, tandis que certains papillons en dénombraient plus de 17 000. Les yeux composés sont immobiles, mais de par leur taille et leur forme subsphérique, ils offrent une vision assez large. Il est peu probable qu'ils soient capables de s'adapter à différentes distances, et on a supposé, depuis le vol direct des abeilles vers leurs ruches, et le travail pénible qu'elles accomplissent pour trouver une ruche lorsqu'elles ne sont déplacées que sur une courte distance. , que leurs yeux sont les mieux adaptés à une vision de longue durée.

Sir John Lubbock a prouvé, par quelques expériences intéressantes avec des bandes de papier coloré, que les abeilles peuvent distinguer les couleurs. Du miel était placé sur une bande bleue, à côté de plusieurs autres de différentes couleurs. En l'absence des abeilles, il changea la position de cette bande et, à leur retour, les abeilles se dirigèrent vers la bande bleue plutôt que vers l'ancienne position. Nos apiculteurs pratiques sont conscients depuis longtemps de ce fait, et ont conformé leur pratique à ces connaissances, en donnant une variété de couleurs à leurs ruches. Les apiculteurs ont souvent remarqué que les abeilles ont une rare faculté de marquer les positions, mais que, pour de faibles distances, leur sens de la couleur corrige les erreurs qui se produiraient si la position seule était un guide.

APPENDICES DU THORAX.

Les organes du vol sont les appendices les plus visibles du thorax. Les ailes sont généralement au nombre de quatre, bien que les diptères n'en aient que deux et que certains insectes, comme les fourmis ouvrières, n'en aient pas. Les ailes antérieures ou primaires (Fig. 3, *A*) sont généralement plus grandes que les ailes secondaires ou postérieures (Fig. 3, *B*), et donc l'anneau mésathoracique ou médian du thorax, auquel elles sont attachées, est généralement plus grand que le métathorax ou troisième anneau. Les ailes sont constituées d'un large réseau de nervures (Fig. 3), recouvert d'une membrane fine et résistante. Les nervures ou nervures principales sont en nombre variable, tandis que vers l'extrémité de l'aile se trouvent des nervures plus ou moins transversales, divisant cette partie des ailes en plus ou moins de cellules. Dans les groupes supérieurs, ces cellules sont peu nombreuses et très importantes pour la classification. Les cellules de la deuxième rangée, du bord frontal ou costal des ailes antérieures, appelées cellules sous-costales, sont particulièrement utiles. Ainsi, dans le genre Apis, il existe trois cellules de ce type (Fig. 3, *A* , 1, 2, 3), tandis que chez Melipona, il n'y en a que deux. Les côtes ou veines sont constituées d'un tube dans un tube. L'intérieur formant un tube à air, l'extérieur transportant le sang. Sur le bord costal des ailes secondaires, on trouve souvent des crochets, pour l'attacher aux ailes antérieures (Fig. 3, *B* , *a*).

FIGURE 7.

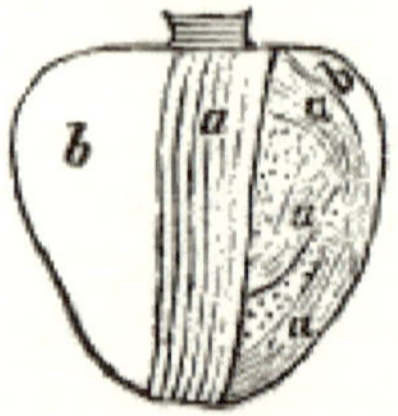

Thorax d'abeille agrandi trois fois.
a, a, a —Muscles. *b, b* —croûte.

Les ailes sont mues par des muscles puissants, situés de manière compacte dans le thorax (Fig. 7, *a, a, a*), dont la force, ainsi que la rapidité des vibrations des ailes lorsque le vol est rapide, dépassent réellement toute calcul. Pensez à une petite mouche dépassant le cheval le plus rapide dans la chasse, puis émerveillez-vous devant ce merveilleux mécanisme.

Les pattes (Fig. 2, *g, g, g*) sont au nombre de six chez tous les insectes matures, deux sur la face inférieure de chaque anneau du thorax. Celles-ci sont longues ou courtes, faibles ou fortes, selon l'habitude de l'insecte. Chaque jambe est constituée des articulations ou parties suivantes : Les coxæ (Fig. 24), qui se déplacent comme une rotule dans les cavités coxales bien ajustées des anneaux du corps. À côté de ceux-ci suivent dans l'ordre le large tracanter, le grand fémur large (Fig. 2, *g'*, 1), le tibia long et mince (Fig. 2, *g'*, 2), portant fréquemment de fortes épines au niveau ou à proximité de son extrémité, appelée éperons tibiaux, et suivie par les tarses à une à cinq articulations (Fig. 2, *g'*, 3, 3, 3, 3, 3). Toutes ces pièces se déplacent librement les unes sur les autres et varient en forme selon leur usage. À l'extrémité de la dernière articulation tarsienne se trouvent deux griffes crochues (Fig. 2, *g'*, 4), entre lesquelles se trouvent les pulvilli, qui ne sont pas des pompes à air comme on le décrit habituellement, mais plutôt des glandes, qui sécrètent une substance collante qui permet les insectes de se coller à un mur lisse, même si celui-ci se trouve au-dessus d'eux. Les pattes, en fait toute la croûte, sont plus ou moins denses et dures, en raison du dépôt dans la structure d'une substance dure appelée chitine.

ANATOMIE INTERNE DES INSECTES.

Les muscles des insectes sont généralement blanchâtres. Parfois j'ai remarqué une teinte assez rosée au niveau des muscles du thorax. Leur forme et leur position varient en fonction de leur utilisation. Le mécanisme de contraction est le même que chez les animaux supérieurs. Les fibres ultimes des muscles volontaires, lorsqu'elles sont fortement agrandies, présentent les mêmes stries ou lignes transversales que les muscles volontaires des vertébrés, et sont très belles comme objets microscopiques. Les muscles séparés ne sont pas liés entre eux par une membrane comme chez les animaux supérieurs. Chez les insectes, les muscles sont largement répartis, mais, comme on peut s'y attendre, ils sont concentrés dans le thorax et la tête. Chez les insectes au vol le plus rapide, comme l'abeille, le thorax (Fig. 7, *a, a, a*) est presque entièrement composé de muscles ; l'œsophage, qui transporte les aliments jusqu'à l'estomac, étant très petit. À la base des mâchoires également, les muscles sont gros et fermes. Le nombre de muscles est impressionnant. Lyonnet en a dénombré plus de 3 000 dans une seule chenille, soit près de huit fois plus que ce qu'on trouve dans le corps humain. La force des insectes est également prodigieuse. Il faut qu'il y ait de la qualité dans les muscles, car des muscles aussi gros que ceux de l'éléphant et aussi forts que ceux de la puce n'auraient pas besoin du point d'appui qu'exigeait le vieux philosophe pour mouvoir le monde. Les puces ont été créées pour tirer des canons miniatures, des chaînes et même des chariots plusieurs centaines de fois plus lourds qu'elles.

Les nerfs des insectes ne sont en aucune manière particuliers, autant que nous le savons, sauf par leur position. Comme dans notre corps, certains sont noués ou possèdent des ganglions, d'autres non.

Le cordon nerveux principal longe la face inférieure ou ventrale du corps (Fig. 8), se sépare près de la tête et, après avoir contourné l'œsophage, s'élargit pour former le plus gros des ganglions, qui sert de cerveau. Les minuscules nerfs s'étendent partout, et en les pressant, les viscères d'un insecte sont facilement visibles.

Les organes de circulation chez les insectes sont assez insignifiants. Le cœur est un long tube situé le long du dos et reçoit le sang par des ouvertures valvulaires le long de ses côtés qui ne permettent au liquide d'y passer que lorsque, par contraction, il est repoussé vers la tête et vidé dans la cavité générale. Le cœur ne sert donc qu'à maintenir le sang en mouvement. Selon les meilleures autorités, il n'existe pas de vaisseaux spéciaux pour transporter le sang vers les différents organes. Ils ne sont pas non plus nécessaires, car ce fluide nutritif baigne partout le tube digestif et reçoit ainsi facilement de la nourriture, ou donne des déchets par osmose, entoure partout les trachées ou les tubes aériens, les poumons de l'insecte, et reçoit ainsi la nourriture la plus nécessaire de toutes. l'oxygène, et donne l'acide carbonique funeste, touche partout les divers organes, et donne et prend selon les besoins des opérations vitales de l'animal.

Le sang est de couleur claire, et presque dépourvu de disques ou corpuscules, si nombreux dans le sang des animaux supérieurs, et qui donnent à notre sang sa couleur rouge. La fonction de ces disques est de transporter l'oxygène, et comme l'oxygène est transporté partout dans le corps par les tubes à air omniprésents des insectes, nous voyons que les disques ne sont pas nécessaires. Hormis ces disques semi-fluides, qui sont de véritables organes et nourris comme le sont les autres organes, le sang des animaux supérieurs est entièrement fluide, dans toutes les conditions normales, et ne contient pas les organes eux-mêmes ni aucune partie d'entre eux, mais seulement les éléments, qui sont absorbés par les tissus et transformés en organes ou, pour être scientifique, assimilés. Comme le sang des insectes est presque dépourvu de ces disques, il est presque entièrement fluide et presque entièrement constitué de substance nutritive.

FIGURE 8.

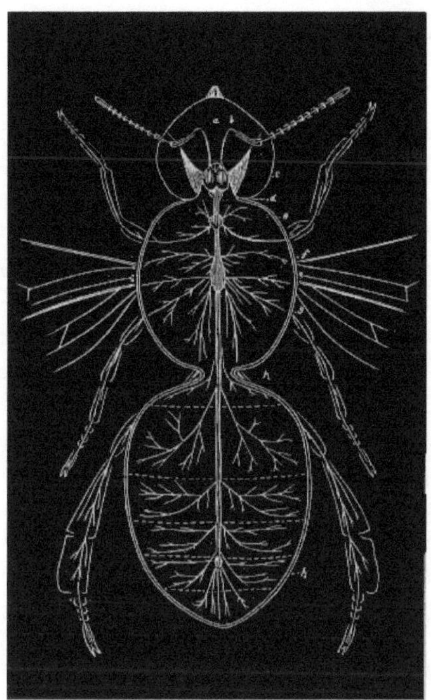

Système nerveux du drone agrandi quatre fois.

Le système respiratoire ou respiratoire des insectes a déjà été évoqué. Sur les côtés du corps se trouvent les stigmates ou bouches respiratoires, dont le nombre varie. Ceux-ci sont dotés d'un arrangement valvulaire complexe qui exclut la poussière ou d'autres particules nocives. Ces stigmates sont tapissés d'une membrane délicate qui regorge de nerfs, qu'on appelle en parlant d'eux organes odorants. De ceux-ci s'étend le labyrinthe de tubes à air (Fig. 2, *f, f'*), qui insufflent de l'oxygène vitalisant dans chaque partie de l'organisme de l'insecte. Chez les insectes les plus actifs, comme chez les abeilles, les trachées principales, une de chaque côté de l'abdomen, se dilatent en grands sacs d'air (Fig. 2, *f*). Les insectes présentent souvent un mouvement respiratoire, souvent très marqué chez les abeilles. Newport a montré que chez les abeilles la rapidité de la respiration mesure la chaleur dans la ruche, et nous voyons ainsi pourquoi les abeilles, dans les périodes de froid intense, qu'elles s'efforcent de tenir à distance par la respiration forcée, consomment beaucoup de nourriture, expirent beaucoup d'air vicié. et l'humidité, et sont sensibles aux maladies. Newport a découvert qu'en cas de froid intense, il y aurait une forte augmentation du mercure dans un thermomètre qu'il suspendait dans la ruche au milieu de la grappe. À l'état larvaire, de nombreux insectes respirent par des branchies en forme de franges. La larve de moustique a des branchies en forme de touffes de poils, tandis que chez la larve de libellule, les branchies se trouvent à l'intérieur du rectum, ou dernière partie de l'intestin. Cet insecte, par un effort musculaire, aspire lentement l'eau par l'anus, lorsqu'il baigne ces branchies singulièrement placées, puis lui fait faire un tour supplémentaire en l'expulsant avec force, lorsque l'insecte est envoyé en avant. Ainsi ce curieux appareil fournit non-seulement de l'oxygène, mais encore un mode de mouvement. Dans la chrysalide ; Chez les insectes, il y a peu ou pas de mouvement, mais d'importants changements organiques ont lieu : la larve ressemblant à un ver, ignoble, rampante, souvent répugnante, va bientôt apparaître comme une imago aérienne, belle, active, presque éthérée. L'oxygène, la condition la plus essentielle – la *condition sine qua non* – de toute alimentation animale, est donc toujours nécessaire. Les abeilles sont trop sages pour sceller la cellule à couvain avec de la cire imperméable, mais plutôt ajouter un capuchon poreux, composé de cire et de pollen. Les pupes, tout comme les larves de certaines mouches à deux ailes, qui vivent dans l'eau, ont de longs tubes qui s'étendent au loin vers l'air vivifiant, et sont ainsi appelées queues de rat. Même les pupes du moustique, attendant dans leur demeure liquide le moment heureux où ils déploieront leurs petites ailes et siffleront leur note de guerre, disposent d'un dispositif similaire pour retenir le pabulum gazeux.

L'appareil digestif des insectes est très intéressant et, comme dans notre propre classe d'animaux, il varie beaucoup en longueur et en complexité, à mesure que les hôtes d'insectes varient dans leurs habitudes. Comme chez les mammifères et les oiseaux, la longueur, à quelques exceptions frappantes près, varie en fonction de la nourriture. Les insectes carnivores ou carnivores ont un tube digestif court, tandis que chez ceux qui se nourrissent de nourriture végétale, il est beaucoup plus long.

FIGURE 9.

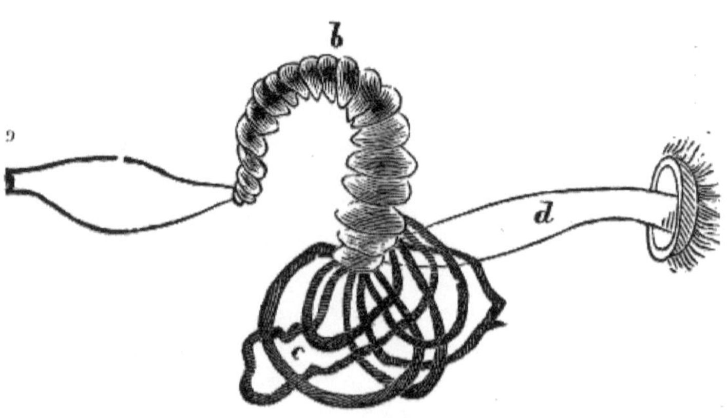

Tube digestif.

| *o* —Estomac de miel. | *b* —Vrai estomac. |
| *c* —Tubes urinaires. | *d* —Intestin. |

La bouche que j'ai déjà décrite. Viennent ensuite la gorge ou le pharynx, puis l'œsophage ou l'œsophage, qui peut se dilater, comme chez l'abeille, pour former un estomac de miel ou de succion (Fig. 9, *o*), peut avoir un jabot attaché comme le poulet, ou peut couler. comme un tube uniforme comme dans notre corps, jusqu'au véritable estomac (Fig. 9, *b*). Vient ensuite l'intestin, séparé par certains en un iléon et un rectum, qui se termine par un évent ou un anus. Dans la bouche se trouvent les glandes salivaires qui, chez les larves qui forment des cocons, sont la source de la soie. Dans les glandes, c'est un liquide visqueux, mais lorsqu'il quitte le conduit, il se transforme instantanément en fil arachnéen. Les abeilles et les guêpes utilisent cette salive pour construire leurs structures. Avec de la boue et de la boue, certaines guêpes font du mortier ; avec lui et du bois, d'autres avec ses alvéoles de papier et de la cire, l'abeille façonne les rubans qui formeront le beau rayon.

Tout le tube digestif est recouvert de glandes muqueuses qui sécrètent un liquide visqueux qui maintient le tube mou et favorise le passage des aliments.

Le véritable estomac (Fig. 9, *b*) est très musclé, et souvent un gésier, comme chez les grillons, où son intérieur est tapissé de dents. L'intérieur de l'estomac est glandulaire, pour sécréter le suc gastrique qui doit liquéfier la nourriture, afin qu'elle puisse être absorbée ou passer à travers les parois du canal dans le sang. De nombreux tubes urinaires (Fig. 9, *c*) sont attachés à la partie inférieure de l'estomac, bien que Cuvier et même Kirby appellent ces tubes biliaires. Siebold pense que certaines glandes muqueuses sécrètent de la bile et que d'autres agissent comme un pancréas.

L'intestin lorsqu'il est court, comme chez la larve et la plupart des carnivores, est droit et peu ou pas plus long que l'abdomen, tandis que chez la plupart des herbivores, il est long et zigzague donc dans son parcours. Aussi étrange que cela puisse paraître, les boulettes fécales de certains insectes sont de belle forme et d'autres agréables au goût. Chez certaines chenilles, elles sont en forme de tonneau, artistiquement cannelées, d'une teinte brillante et, si elles étaient fossilisées, elles seraient grandement admirées, tout comme les coprolites - excréments fossiles de quadrupèdes - si elles étaient serties comme pierres précieuses dans des bijoux. Dans l'état actuel des choses, ils ne constitueraient pas un simple ornement de salon. Chez d'autres insectes, comme les pucerons ou les poux des plantes, les excréments, ainsi que le liquide qui s'échappe chez certaines espèces par des tubes spéciaux appelés nectaires, sont très sucrés et, en l'absence de nectar floral, seront souvent appropriés par les abeilles et transmis aux ruches. L'imagination en ferait une boisson amère, alors ici, comme ailleurs dans la vie, l'amer et le doux se mêlent. Chez les insectes qui sucent leur nourriture, comme les abeilles, les papillons, les mites, les mouches à deux ailes et les punaises, les excréments sont aqueux ou liquides, tandis que dans le cas d'aliments solides, les excréments sont solides.

ORGANES SECRÉTOIRES DES INSECTES.

J'ai déjà parlé des glandes salivaires, que Kirby distingue des véritables tubes sécrétant de la soie, bien que Newport les présente comme une seule et même chose. . Chez de nombreux insectes, ceux-ci semblent absents. J'ai aussi parlé des glandes muqueuses, des tubules urinaires, etc. En outre, il existe d'autres sécrétions qui servent à la défense : chez la reine et les ouvrières des abeilles, chez les fourmis et les guêpes, le venin introduit par la piqûre est un exemple. Celle-ci est sécrétée par les glandes situées à l'arrière de l'abdomen, stockée dans des sacs (Fig. 25, c) et extrudée à travers l'aiguillon, selon les besoins. Je ne connais aucun insecte qui s'empoisonne en piquant, sauf les moustiques, les moucherons, etc., et dans ces cas aucun organe sécrétant spécial n'a été découvert. Peut-être que le bec lui-même sécrète une substance irritante. Quelques chenilles extrêmement belles sont couvertes d'épines ramifiées qui piquent comme une ortie. Nous avons deux de ces espèces. Ils sont verts et d'une rare attraction, de sorte que les capturer vaut le léger inconvénient résultant de leurs piqûres irritantes. Certains insectes, comme les punaises, sécrètent un fluide ou un gaz répugnant qui offre une protection, car par sa puanteur, il rend ces punaises immondes si offensantes que même un oiseau affamé ou un insecte à moitié affamé les croise de l'autre côté. Certains insectes sécrètent un gaz qui est stocké dans un sac à l'extrémité postérieure du corps, et qui est projeté avec une explosion au cas où un danger le menacerait ainsi, par le bruit et la fumée, il surprend son ennemi, qui bat en retraite. J'ai entendu le petit scarabée bombardier à de tels moments, même à des distances considérables. Les rapports effrayants sur la terrible corne de la larve du ver de la tomate ne sont que des absurdités. Il n'existe pas d'animal plus inoffensif. Mon petit garçon de quatre ans et ma fille de deux ans seulement me les apportaient l'été dernier et les caressaient avec autant d'admiration que le ferait leur père en les recevant des enfants ravis.

Si l'on excepte les abeilles et les guêpes, il n'y a pas de véritables insectes à craindre ; nous n'avons pas besoin non plus de les excepter, car même eux, avec un bon usage, sont rarement incités à utiliser leur arme cruelle.

ORGANES SEXUELS DES INSECTES.

Les organes mâles sont constitués d'abord des testicules (Fig. 10, a) qui sont des organes doubles. Il peut y en avoir un, comme chez le faux-bourdon, ou plusieurs, comme chez certains coléoptères, de chaque côté de la cavité abdominale. Dans ces vésicules se développent les spermatozoïdes ou spermatozoïdes qui, une fois libérés, traversent un long tube contourné, le canal déférent (Fig. 10, b, b), dans le sac séminal (Fig. 10, c, c), où, en relation avec les muqueuses, ils sont stockés. Chez la plupart des insectes, des sacs glandulaires (Fig. 10, d) sont reliés à ces réceptacles séminaux qui, chez l'abeille mâle ou le faux-bourdon, sont très grands. Les spermatozoïdes mêlés à ces sécrétions visqueuses, tels qu'ils apparaissent dans le réceptacle séminal, prêts à l'emploi, forment le liquide séminal. À partir de ces réceptacles séminaux s'étend le canal éjaculateur (Fig. 10, e, f, g) qui, lors de la copulation, transporte le liquide masculin jusqu'au pénis (Fig. 10, d), à travers lequel il passe jusqu'à la spermathèque de la femelle. À côté de ce dernier organe se trouvent la gaine, les fermoirs lorsqu'ils sont présents, et chez l'abeille mâle ces grands sacs jaunes (Fig. 10, i), que l'on voit souvent s'élancer lorsque le faux-bourdon est tenu dans la main chaude.

FIGURE 10.

Organes masculins de Drone, très agrandis.

un —Testicules.	*e* —Conduit commun.
b, b —Vasa déférentiel.	*f, g* —sac éjaculatoire.
c, c —sacs séminaux.	*h* —Pénis.
d —sacs glandulaires.	*je* —saccules jaunes.

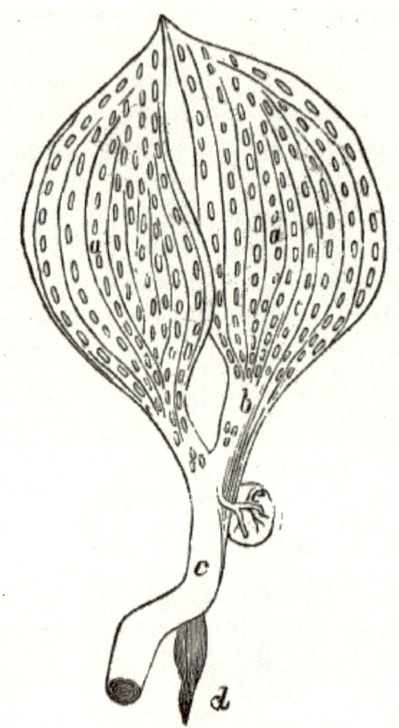

Orgues royales, grandement agrandies.

un, un —Ovaires. *b* —Oviductes. *c* —Oviducte.	*d* — Piqûre. *e* —Spermathèque.

Les organes féminins (Fig. 11) sont constitués des ovaires (Fig. 11, *a, a*), situés de chaque côté de la cavité abdominale. De ceux-ci s'étendent les deux oviductes (Fig. 11, *b*), qui s'unissent dans l'oviducte commun (Fig. 11, *c*) à travers lequel passent les œufs en déposition. Chez beaucoup d'insectes, il y a à côté de cet oviducte, et relié à lui, un sac (Fig. 11, *e*) appelé spermathèque, qui reçoit le liquide mâle lors de la copulation, et qui, en extrudant son contenu, doit toujours faire le travail de imprégnation.

Ce sac a été découvert et son utilisation suggérée par Malpighi dès 1686, mais sa fonction n'a été pleinement démontrée qu'en 1792, lorsque le grand anatomiste John Hunter a montré que lors de la copulation, il était rempli. Les ovaires sont des organes multitubulaires. Chez certains insectes, il n'y a que très peu de tubes : deux ou trois ; tandis que chez la reine des abeilles, il y en a plus d'une centaine. Dans ces tubes *se développent* les ovules ou les ovules , tout comme les spermatozoïdes dans les vésicules des testicules. Le nombre d'œufs est variable. Certains insectes, comme les guêpes de boue, en produisent très peu, tandis que la reine des fourmis blanches en produit des millions. L'extrémité de l'oviducte, appelée ovipositeur, est merveilleuse dans ses variations. Parfois, il s'agit d'anneaux concentriques, comme une longue-vue qui peut être repoussé ou rentré ; tantôt d'un long tube armé de tarières ou de scies d'un fini merveilleux, pour préparer les œufs ; ou encore d'un tube qui peut aussi servir de dard.

La plupart des auteurs affirment que les insectes ne s'accouplent qu'une seule fois, ou du moins que la femelle ne rencontre le mâle qu'une seule fois. Mon élève, Clement S. Strang, qui a fait une étude spéciale de la structure et des habitudes des punaises au cours de la saison écoulée, a remarqué que les punaises des courges s'accouplent plusieurs fois. Il serait intéressant de savoir si ces femelles possédaient la spermathèque. Dans certains cas, comme nous le verrons dans la suite, le mâle est tué par l'acte copulatoire. Je pense que cette curieuse fatalité est limitée à quelques espèces.

Pour étudier les viscères, ce qui nécessite bien sûr une dissection très minutieuse, nous avons besoin de plus d'appareils que ceux décrits jusqu'à présent. Ici, un bon objectif est indispensable. Un petit couteau à dissection, une pince délicate et quelques petits ciseaux à dissection pointus – ceux du célèbre Swammerdam étaient si fins à la pointe qu'il fallait une lentille pour les aiguiser – qui peuvent également servir à couper les ailes de les reines sont nécessaires à un travail satisfaisant. Les spécimens mis dans l'alcool seront améliorés, car l'huile sera dissoute et le muscle durcira. Les placer dans de l'eau chaude fera presque aussi bien l'affaire, auquel cas l'huile de térébenthine se dissoudra de la graisse. Celui-ci peut être appliqué avec un pinceau en poil de chameau. En disséquant sous l'eau, les parties détachées flotteront et rendront un travail efficace plus facile. Swammerdam, qui avait ce qu'il y a de plus précieux pour un naturaliste, une patience illimitée, non seulement disséqua les parties, mais avec de petits tubes de verre, fins comme un cheveu, il injecta les différents tubes comme le tube digestif et les tubes à air. Mon lecteur, pourquoi ne pourriez-vous pas jeter un œil à ces merveilleuses beautés et merveilles créées par Dieu lui-même – la grande exposition de la nature ? Père, pourquoi un ensemble d'instruments de dissection ne serait-il pas le cadeau le plus approprié pour votre fils ? Vous pourriez ainsi semer la graine qui germerait dans un Swammerdam, et cela sur votre propre pierre de foyer. Messieurs les rédacteurs, pourquoi ne gardez-vous pas, parmi vos fournitures apicoles, des boîtes de ces instruments, et contribuer ainsi à allumer le flambeau du génie et à accélérer les recherches apicoles ?

TRANSFORMATIONS D'INSECTES.

Qu'est-ce qui, dans tout le domaine de la nature, est plus digne d'éveiller le plaisir et l'admiration que les changements étonnants que subissent les insectes ? Il suffit de penser à la chenille paresseuse et répugnante, traînant sa forme lourde sur une motte ou un buisson, ou minant la terre et la crasse, transformée, par la baguette du grand magicien de la nature, d'abord en chrysalide immobile, ornée de vert et d'or, et belle comme la pierre précieuse qui scintille au doigt de la beauté, puis éclate comme un papillon gracieux et magnifique ; qui, par ses teintes brillantes et son équilibre élégant, surpasse même les oiseaux parmi les joyaux de la nature, et est fait pour se délecter de toute sa richesse décorative. La petite mouche aussi, aux ailes teintes dans les couleurs de l'arc-en-ciel, voltigeant comme une fée de feuille en fleur, n'était qu'hier l'asticot répugnant, se délectant de la plus grande saleté de la nature en décomposition. Le ver traîne aujourd'hui sa forme visqueuse à travers les taudis de terre, sur lesquels il s'engraisse ; demain, il brillera comme la monture brillante des bracelets et des boucles d'oreilles de la belle gaie et irréfléchie.

Il y a quatre étapes distinctes dans le développement des insectes : l'œuf, la larve, la chrysalide et l'imago.

L'ŒUF.

Ce n'est pas sans rappeler la même chose chez les animaux supérieurs. Il a son jaune et son blanc ou albumen qui l'entoure, comme les œufs de tous les mammifères, et plus loin, la coquille délicate, familière aux œufs des oiseaux et des reptiles. Les œufs d'insectes sont souvent beaux en forme et en couleur, et il n'est pas rare qu'ils soient nervurés et cannelés comme par une main de maître. La forme des œufs est très variée : sphérique, ovale, cylindrique, oblongue, droite et courbe (Fig. 26, *b*). Tous les insectes semblent être guidés par une merveilleuse connaissance, ou un instinct, ou une intelligence, dans le placement des œufs sur ou à proximité de la nourriture particulière de la larve. Même si dans de nombreux cas, cette nourriture ne fait pas partie de l'alimentation de l'insecte imago. La mouche a les habitudes raffinées de l'épicurien, dans la coupe duquel elle sirote délicatement, mais ses œufs sont déposés dans les crottes de cheval de l'écurie et des pâturages.

À l'intérieur de l'œuf, de merveilleux changements commencent bientôt et leur consommation est une minuscule larve. Des changements quelque peu similaires peuvent être étudiés facilement et de la manière la plus rentable en cassant et en examinant un œuf de poule chaque jour d'incubation successif. Comme l'œuf de notre espèce et celui de tous les animaux supérieurs, de même l'œuf d'insecte, ou le jaune, dont la partie essentielle — le blanc n'est pour ainsi dire qu'un aliment — se segmente ou se divise bientôt en un grand nombre de cellules. , ceux-ci s'unissent bientôt en une membrane - le blastoderme - et c'est l'animal initial. Ce blastoderme forme bientôt un seul sac, et non un double sac, l'un au-dessus de l'autre, comme dans notre propre branche vertébrée. Ce sac, semblable à un sac miniature de grain, grandit, par absorption, s'articule, et par bourgeonnement est bientôt pourvu de ses divers membres. Comme chez les animaux supérieurs, ces changements sont consécutifs à la chaleur et, habituellement, mais pas toujours, à l'incorporation dans les œufs des cellules germinales du mâle, qui pénètrent dans les œufs par des ouvertures appelées micropyles. Le temps nécessaire à l'embryon à l'intérieur de l'œuf pour se développer est mesuré par la chaleur et varie donc en fonction de la saison et de la température, bien que chez différentes espèces, cela varie de quelques jours à quelques mois. Le nombre d'œufs qu'un insecte peut produire est également sujet à de grandes variations. Certains insectes n'en produisent qu'un, deux ou trois, tandis que d'autres, comme la reine des abeilles et la fourmi blanche, en pondent par milliers, et dans le cas de la fourmi, par millions.

FIGURE 12.

Larve d'abeille.

LA LARVE D'INSECTES.

De l'œuf naît la larve, également appelée larve, asticot, chenille et, à tort, ver. Ceux-ci sont en forme de ver (Fig. 12), ont généralement des mâchoires fortes, des yeux simples et un corps clairement divisé en divisions annulaires. Souvent, comme dans le cas de certains larves, larves d'abeilles et asticots, il n'y a pas de pattes. Chez la plupart des larves, il y a six pattes, deux pour chacun des trois anneaux qui succèdent à la tête. En plus de cela, les chenilles ont généralement dix pattes plus en arrière sur le corps, bien que quelques-unes, les arpenteuses ou chenilles de mesure, n'en aient que quatre ou six, tandis que les larves des mouches à scie ont de douze à seize des fausses ou accessoires. -jambes. Le tube digestif des larves d'insectes est généralement court, direct et assez simple, tandis que les organes sexuels sont peu voire pas du tout développés. Les larves d'insectes sont des mangeurs voraces ; en effet, leur seul travail semble être de manger et de grossir. Comme toute la croissance se produit à ce stade, leurs habitudes gourmandes sont d'autant plus excusables. J'ai souvent été étonné de la quantité de nourriture que consommaient les insectes dans mes cas de reproduction. La durée pendant laquelle les insectes restent sous forme de larves est très variable. L'asticot ne se délecte de la viande en décomposition que pendant deux ou trois jours ; la larve d'abeille mange son riche pabulum pendant près d'une semaine ; le foreur du pommier ronge pendant trois ans ; tandis que la cigale de dix-sept ans reste une larve pendant plus de seize ans, tâtonnant dans l'obscurité et se nourrissant de racines, pour ensuite sortir pendant quelques jours d'hilarité, de soleil et de cour. Il est certain que la patience dépasse même celle de Swammerdam. Le nom de larve, qui signifie masqué, a été donné à ce stade par Linné, car la forme mature de l'insecte est cachée et ne peut même pas être devinée par les ignorants.

LA PUPE D'INSECTES.

A ce stade, l'insecte est dans un profond repos, comme s'il se reposait après un long repas, pour mieux profiter de ses journées actives et sportives – la joyeuse lune de miel – à venir. À ce stade, l'insecte peut ressembler à une graine ; comme dans la chrysalide coarctée des diptères, si familière dans l'état "graine de lin" de la mouche de Hesse, ou dans la chrysalide de la mouche du fromage ou de la mouche de la viande. Cette même forme, avec plus ou moins de modifications, prédomine chez les pupes de papillons, appelées chrysalides à cause de leurs taches dorées, et chez les pupes de papillons de nuit. D'autres nymphes, comme dans le cas des abeilles (Fig. 13, g) et des coléoptères, ressemblent assez à l'insecte adulte avec ses antennes, ses pattes et ses ailes étroitement liées au corps par une fine membrane, d'où le nom que Linné a donné, faisant référence à à cet état - car l'insecte semble enveloppé dans des langes, l'ancienne manière cruelle de torturer l'enfant, comme s'il avait besoin de le tenir ensemble. Aristote appelait les pupes nymphes – nom maintenant donné à ce stade chez les abeilles – nom adopté par de nombreux entomologistes des XVIIe et XVIIIe siècles. À l'intérieur de la peau de la nymphe, de grands changements sont en cours, car soit en modifiant les organes larvaires, soit en développant des parties entièrement nouvelles, grâce à l'utilisation du matériel accumulé par la larve au cours de son banquet prolongé, la merveilleuse transformation de la larve paresseuse et vermiforme en l'imago active, semblable à un oiseau, est accomplie.

FIGURE 13.

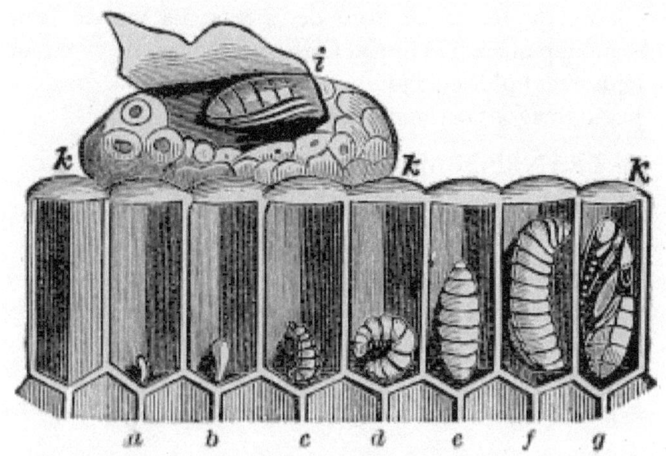

Pupe ou Nymphe d'Abeille, légèrement agrandie.

Parfois, la chrysalide est entourée d'un cocon de soie, soit épais, comme le cocon de certains papillons, soit mince, comme le sont les cocons des abeilles. Ces cocons sont filés par les larves comme leur dernier labeur avant de prendre l'état de pupe au repos. La durée du stade nymphal est très variable, allant de quelques jours à autant de mois. Parfois, les insectes à deux couvées ne restent sous forme de chrysalide que quelques jours en été, tandis qu'en hiver, la période de repos passe plusieurs mois. Notre chou-papillon illustre cette particularité. D'autres, comme la mouche de Hesse et le carpocapse de la pomme, restent sous forme de larves pendant les longs mois froids. Comme c'est merveilleux ! La première couvée de larves se transforme immédiatement en pupes, la dernière couvée, même si le temps est tout aussi chaud, attend à l'intérieur du cocon jusqu'aux journées chaudes du printemps prochain.

LA SCÈNE IMAGO.

Ce terme fait référence à la forme dernière ou ailée, et a été donné par Linné car l'image de l'insecte est désormais réelle et non masquée comme à l'état de larve. L'insecte a désormais ses pattes et ses ailes pleinement formées, ses yeux composés, ses pièces buccales complexes et ses organes sexuels pleinement développés. En fait, le seul but de l'insecte semble désormais être de se reproduire. De nombreux insectes ne mangent même pas, se contentant de voler dans un joyeux mariage pendant un bref espace, lorsque le mâle fuit cette vie pour être rapidement suivi par la femelle, qui n'attend que de placer ses œufs là où les futurs nourrissons pourront trouver de la nourriture appropriée. Certains insectes non seulement pondent leurs œufs, mais se nourrissent et prennent soin de leurs petits, comme c'est le cas des fourmis, des guêpes et des abeilles. Encore une fois, comme dans le cas de certaines espèces de fourmis et d'abeilles, les femelles avortées effectuent la totalité ou la majeure partie du travail de soin des petits. La vie de l'imago varie également beaucoup quant à sa durée. Certaines espèces ne vivent qu'un jour, d'autres se réjouissent plusieurs jours, tandis que quelques espèces vivent des mois. Très peu d'imagos survivent toute l'année.

TRANSFORMATIONS INCOMPLÈTES.

Certains insectes, comme les punaises, les poux, les sauterelles et les criquets, se ressemblent à tous les stades de leur croissance, après avoir quitté l'œuf. La seule différence apparente est la plus petite taille et l'absence ou le développement incomplet des ailes chez les larves et les nymphes. Les habitudes et la structure du début à la fin semblent être sensiblement les mêmes. Ici comme auparavant, le développement complet des organes sexuels ne se produit que dans l'imago.

ANATOMIE ET PHYSIOLOGIE DE L'ABEILLE.

Avec une connaissance de l'anatomie et quelques aperçus de la physiologie des insectes en général, il nous sera maintenant facile d'apprendre l'anatomie et la physiologie particulières des insectes les plus élevés de l'ordre.

TROIS TYPES D'ABEILLES DANS CHAQUE FAMILLE.

Comme nous l'avons déjà vu, un trait très remarquable dans l'économie de l'abeille domestique, décrit même par Aristote, et qui est vrai de beaucoup d'autres abeilles, ainsi que des fourmis et de nombreuses guêpes, est la présence dans chaque famille de trois espèces distinctes. , qui diffèrent par leur forme, leur couleur, leur structure, leur taille, leurs habitudes et leur fonction. Nous avons ainsi la reine, un certain nombre de faux-bourdons et un nombre bien plus important d'ouvrières. Huber, Bevan, Munn et Kirby parlent aussi d'une quatrième espèce plus noire que les ouvriers habituels. Celles-ci sont accidentelles et, comme l'a montré de façon concluante Von Berlepsch, il s'agit d'ouvriers ordinaires, plus profondément colorés par la perte de cheveux, l'humidité ou quelque autre condition atmosphérique. Les apiculteurs américains connaissent trop bien ces abeilles noires, car après nos hivers rigoureux, elles prédominent dans la colonie et, comme le remarque le célèbre baron, « *elles disparaissent rapidement* ». Munn parle également d'une cinquième espèce, avec un nœud supérieur, qui apparaît lors des saisons d'essaimage. Je suis bien incapable de savoir de quoi il parle, à moins qu'il ne s'agisse des masses de pollen des asclépias ou des asclépiades, qui s'attachent parfois à nos abeilles et deviennent un lourd fardeau.

LA REINE DES ABEILLES.

La reine (Fig. 14), bien qu'on l'appelle la mère abeille, était appelée le roi par Virgile, Pline et par des écrivains jusqu'au siècle dernier, bien que dans l'ancien "Bee Master's Farewell", de John Hall, publié à Londres, en 1796, je trouve une admirable description de la reine des abeilles, avec sa fonction correctement exposée. Réaumur cité par "Wildman on Bees", publié à Londres en 1770, dit que "cette troisième espèce a une démarche grave et calme, est armée d'un aiguillon et est la mère de toutes les autres".

Huber, à qui tout apiculteur doit tant et qui, bien qu'aveugle, grâce à l'aide de sa dévouée épouse et de son intelligente servante Frances Burnens, a développé tant de faits intéressants, a démontré la maternité de la reine. L'ouvrage de cet auteur, deuxième édition, publié à Édimbourg en 1808, donne un historique complet de ses merveilleuses observations et expériences, et doit toujours être classé avec Langstroth comme un classique digne d'être étudié par tous.

FIGURE 14.

Reine des abeilles, agrandie.

La reine est donc la mère abeille, c'est-à-dire une femelle pleinement développée. Ses ovaires (Fig. 11, *a, a*) sont très gros et remplissent presque son long abdomen. Les tubes déjà décrits comme les composant sont très nombreux, tandis que la spermathèque (fig. 11, *e*) est bien visible. Celui-ci est musclé, reçoit des nerfs abondants et peut donc, sans aucun doute, être comprimé ou non pour forcer les spermatozoïdes à entrer en contact avec les ovules lors de leur passage dans le duo. Leuckart estime que la spermathèque contiendra plus de 25 000 000 de spermatozoïdes.

La possession des ovaires et des organes qui les accompagnent est la principale particularité structurelle qui caractérise la reine, car ce sont les marques caractéristiques des femelles parmi tous les animaux. Mais elle a d'autres particularités dignes de mention. Elle est plus longue que les drones ou les ouvriers, mesurant plus de sept huitièmes de pouce de longueur, et, avec son long abdomen effilé, n'est pas sans grâce et beauté réelles. Les organes buccaux de la reine sont également moins développés que ceux des abeilles ouvrières. Ses mâchoires (Fig. 21, *b*) ou mandibules sont plus faibles, avec une dent rudimentaire, et sa langue ou ligula (Fig. 15, *a*), ainsi que les palpes labiaux (Fig. 15, *b*) et les maxillaires sont considérablement plus courts. Ses yeux, comme ceux de l'abeille ouvrière (Fig. 5), sont plus petits que ceux des faux-bourdons et ne se rejoignent pas au-dessus. Les trois ocelles sont donc situés au-dessus et entre les deux. Les ailes de la reine aussi (fig. 14) sont relativement plus courtes que celles des ouvrières ou des faux-bourdons, car au lieu d'atteindre l'extrémité du corps, elles ne dépassent guère la troisième articulation de l'abdomen. La reine, bien qu'elle ait le tibia postérieur et le tarse basal caractéristiques (Fig. 16, *p*), en ce qui concerne la largeur, n'a pas la cavité et les poils environnants, qui forment les corbeilles à pollen des ouvrières.

FIGURE 15.

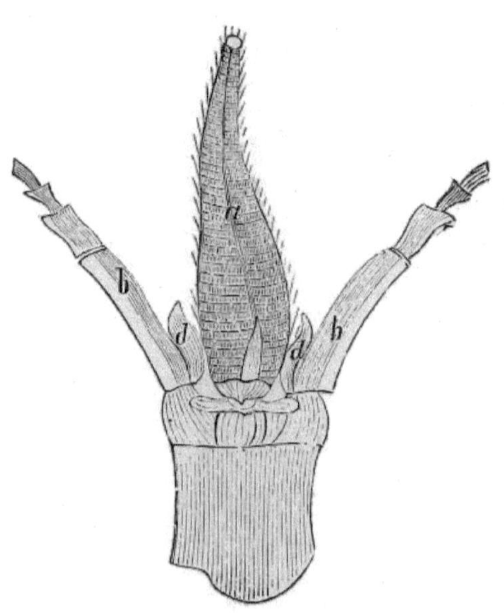

Labium de la Reine.

une -Ligula. *d, d* —Paraglossæ.	*b* — Palpes labiales.

La reine possède un aiguillon (Fig. 11, d) qui est plus long que celui des ouvrières, et ressemble à celui des bourdons en étant courbé, et à celui des bourdons et des guêpes en ayant peu de barbes courtes - le petit des saillies qui pointent vers l'arrière comme l'ardillon d'un hameçon, et qui, dans le cas des ouvriers, empêchent le retrait de l'instrument, une fois qu'il est correctement inséré. Tandis qu'il y a sept barbes bien saillantes sur chaque tige de l'aiguillon de l'ouvrière, il n'y en a que trois sur celles de la reine, et celles-ci sont très courtes, et, comme dans l'aiguillon de l'ouvrière, elles sont successivement plus courtes à mesure que l'on s'éloigne du point de l'arme. Aristote dit que la reine utilise rarement son aiguillon, ce que j'ai trouvé vrai. J'ai souvent essayé de provoquer la colère d'une reine, mais jamais avec la moindre preuve de succès. Neighbour (page 14, note) donne trois cas où des reines ont utilisé leurs dards, dans l'un de ces cas elle a été empêchée de pondre plus loin. Elle pique avec un léger effet.

FIGURE 16.

Partie de Leg of Queen, agrandie.

t —Tibia.
p —Tibia élargi et tarse basal.
ts —Articulations tarsiennes.

La reine, comme les neutres, est issue d'un œuf fécondé qui, bien entendu, ne peut provenir que d'une reine préalablement accouplée. Ces œufs ne sont pas placés dans une cellule horizontale, mais dans une cellule spécialement préparée pour leur réception (Fig. 26, i). Ces cellules royales sont généralement construites sur le bord du rayon, ou autour d'une ouverture dans celui-ci, ce qui est rendu nécessaire par leur taille et leur forme, car généralement les rayons sont trop rapprochés pour permettre leur emplacement ailleurs. Ces cellules s'étendent soit verticalement, soit en diagonale vers le bas, sont composées de pollen mélangé et ressemblent beaucoup en taille et en forme à une noix. Les œufs doivent être déposés dans ces alvéoles, soit par la reine, soit par les ouvrières. Huber, qui, bien qu'aveugle, avait des yeux merveilleux, fut également témoin de l'acte. J'ai vu fréquemment des œufs dans ces alvéoles, et sans exception dans la position exacte où la reine place toujours ses œufs dans les autres alvéoles. John Hall, dans le vieil ouvrage déjà mentionné, dont les descriptions, bien qu'écrites il y a si longtemps, sont merveilleusement précises et témoignent d'un grand soin, d'une grande franchise et d'une véracité consciencieuse, affirme que la reine met cinq fois plus de temps à pondre un œuf royal qu'elle. ce sont les autres. D'après le caractère de son œuvre et sa première publication, je ne peux que penser qu'il a été témoin de ce spectacle rare. Quelques apiculteurs francs de notre époque et de notre pays—E. Gallup parmi les autres, prétendent avoir été témoins de l'acte. Les œufs sont si bien collés et si délicats que, avec Voisin, je doute de la possibilité d'un retrait. Les opposants à ce point de vue fondent leur croyance sur une prétendue discorde entre la reine et les neutres. Cet antagonisme est inféré, et je n'ai que peu de confiance dans cette inférence ou dans l'argument qui en découle. Je sais que lorsque les cellules royales doivent être démolies et les reines naissantes détruites, les ouvriers aident la reine dans cette destruction. J'ai aussi vu des reines passer devant des cellules royales non gardées, et pourtant les respecter. J'ai aussi vu plusieurs jeunes reines demeurer amicalement ensemble dans la même ruche. N'est-il pas probable que les abeilles sont unies dans tout ce qui doit être accompli, et que lorsque les reines doivent être détruites, toutes se mettent au travail, et lorsqu'elles doivent vivre, toutes les considèrent comme sacrées ? Il est vrai que les actions des abeilles sont contrôlées et influencées par les conditions ou circonstances environnantes, mais je n'ai pas encore vu de preuves satisfaisantes de la vieille théorie selon laquelle ces conditions impressionnent différemment la reine et les ouvrières. Les conditions qui conduisent à la construction de cellules royales et à leur peuplement sont les suivantes : perte de la reine, lorsqu'une larve ouvrière âgée de un à quatre jours sera entourée d'une cellule, incapacité d'une reine à pondre des œufs imprégnés, sa spermathèque s'étant vidé; grand nombre d'abeilles ouvrières dans la ruche ; quartiers restreints; la reine n'ayant pas de place pour déposer ses œufs, ou les ouvrières peu ou pas de place pour stocker le miel et le manque de ventilation, de sorte que la ruche devient trop proche. Ces trois dernières conditions sont plus susceptibles de se produire en période de forte sécrétion de miel.

Une reine peut être développée à partir d'un œuf ou d'une larve ouvrière âgée de moins de trois jours. M. Doolittle a connu des reines élevées à partir de larves d'ouvrières prélevées quatre jours et demi après l'éclosion. Dans ce dernier cas, les cellules adjacentes à celle contenant la larve sélectionnée sont supprimées, et la larve entourée d'une cellule royale. Le développement de la larve de la reine ressemble beaucoup à celui de l'ouvrière, qui sera bientôt détaillé, sauf qu'elle est plus rapide et qu'elle est nourrie d'une nourriture plus riche et plus abondante, appelée gelée royale. Cette nourriture particulière, ainsi que son utilisation et son abondance dans la cellule, ont été décrites pour la première fois par Schirach, un ecclésiastique saxon, qui a écrit un ouvrage sur les abeilles en 1771. Selon Hunter, cette pabulum royale est plus riche en azote que celle des larves communes. . C'est épais, comme une crème riche ; légèrement jaune, et si abondante que la larve de la reine non seulement y flotte pendant toute sa période de croissance, mais qu'il en reste une assez grande quantité après que sa reine ait quitté la cellule. On retrouve souvent cette gelée royale dans des cellules royales incomplètes, sans larves. M. Quinby suggère que ces informations soient stockées pour une utilisation future.

Quelle circonstance mystérieuse est celle-ci : ces descendants royaux reçoivent simplement un régime alimentaire plus abondant et plus somptueux, et occupent une habitation plus vaste — car j'ai plus d'une fois confirmé la déclaration de M. Quinby, selon laquelle la direction de la cellule est sans importance — et mais quelle merveilleuse transformation. Non seulement les ovaires sont développés et remplis d'œufs, mais les organes buccaux, les ailes, les pattes et l'aiguillon, oui, et la taille, la forme et les habitudes sont tous merveilleusement modifiés. Que le développement des parties soit accéléré et que leur taille augmente n'est pas si surprenant - comme dans l'élevage d'autres insectes, j'ai souvent constaté que le genre et la quantité de nourriture accéléreraient ou retarderaient la croissance, et pourraient même provoquer une imago naine - mais cela cela devrait modifier si essentiellement la structure, c'est certainement une circonstance rare et unique, que l'on ne trouve guère que chez nous et chez les animaux apparentés. Bevan a suggéré que les ouvrières fertiles, alors qu'elles étaient larves, avaient reçu un peu de cette gelée royale, de leur position près d'une reine en développement. Langstroth suppose qu'ils reçoivent de la gelée royale, volontairement donnée par les ouvriers, et j'avais auparavant pensé que cela était raisonnable et probablement vrai. Mais ces parasites de l'apiculteur, et surtout de l'éleveur, font presque toujours, autant que je l'ai observé, leur apparition dans des colonies longtemps sans reine, et j'ai remarqué un cas semblable à celui rapporté par Quinby, où ces parasites se produisaient dans un noyau où aucune reine n'avait été développée. Il se peut qu'il ne soit pas vrai que le désir d'ovules stimule la croissance des ovaires, la croissance des ovules dans les trompes ovariennes et, par conséquent, leur capacité à se déposer. Le grand porteur commun, Colaptes auratus, un oiseau appartenant à la famille des pics, pond généralement cinq œufs, et seulement cinq ; mais laissez des mains cruelles lui voler ces promesses de futurs proches – et, chose merveilleuse à raconter, elle continue d'en déposer plus d'une vingtaine. Une personne ainsi traitée, ici sur le campus du Collège, a en réalité pondu plus de trente œufs. Nous voyons donc que les désirs animaux peuvent influencer et faire bouger des organes généralement indépendants de la volonté.

La reine larvaire est plus longue et de développement plus rapide que les autres larves. Lorsqu'elle se développe à partir de l'œuf, comme dans le cas d'un essaimage normal, la larve se nourrit pendant cinq jours, lorsque la cellule est coiffée par les ouvrières. La jeune reine fait ensuite tourner son cocon, qui occupe environ une journée. Le bout du cocon reste ouvert. Quelqu'un a suggéré qu'il s'agissait d'un acte de générosité réfléchie de la part de la larve de la reine, afin de rendre ainsi sa propre destruction plus facile, si le bien-être de la colonie l'exigeait, car maintenant une reine sœur peut en toute sécurité donner l'aiguillon mortel. La reine passe maintenant près de trois jours dans un repos absolu. Ce repos est commun à toutes les larves qui tournent des cocons. Le filage, qui s'effectue par un mouvement rapide de va-et-vient de la tête, portant toujours le fil délicat, un peu comme la navette mobile du tisserand, semble apporter l'épuisement et le besoin de repos. Elle assume maintenant l'état de nymphe ou de chrysalide (Fig, 26, *i*). A la fin du seizième jour, elle enfante une reine. Huber affirme que lorsqu'une reine émerge, les abeilles sont plongées dans une joyeuse excitation, de sorte qu'il a noté une augmentation de la température de la ruche de 92° F. à 104° F. Je n'ai jamais testé cette question avec précision, mais j'ai n'a remarqué aucune manifestation marquée le jour de la naissance de sa dame la reine, ni aucun respect supplémentaire lui a été accordé en tant que vierge. Lorsque les reines sont issues de larves ouvrières, elles émettront sous forme d'images dix ou douze jours à compter de la date de leurs nouvelles perspectives. M. Doolittle m'écrit qu'il les a vu émettre en huit jours et demi.

Comme le développement de la reine est probablement dû à une qualité supérieure et à une quantité accrue de nourriture, il va de soi que les reines issues d'œufs sont préférables ; d'autant plus que, dans des circonstances normales, je crois, elles démarrent presque toujours ainsi. La meilleure expérience soutient cette position. Comme la nourriture et la température adéquates pourraient être mieux assurées dans une colonie complète – et ici encore l'économie naturelle de la ruche ajoute à notre argument – nous devrions en déduire que les meilleures reines seraient élevées dans des colonies fortes, ou du moins gardées dans de telles colonies. jusqu'à ce que les cellules soient bouchées. L'expérience confirme également ce point de vue. Comme la quantité et la qualité de la nourriture et l'activité générale des abeilles sont directement liées à la pleine alimentation de la reine-larve, et comme celles-ci ne sont maximales que dans les périodes de cueillette active, le moment où l'élevage des reines est naturellement commencé par les abeilles – nous devrions également conclure que les reines élevées à de telles saisons sont supérieures. Mon expérience – et j'ai soigneusement observé à cet égard – conforte avec force ce point de vue.

Cinq ou six jours après sa sortie de cellule — le voisin dit le troisième jour — si la journée est agréable, la reine part pour son « vol nuptial », sinon elle améliorera à cet effet le premier jour agréable suivant. Huber a été le premier à prouver que l'imprégnation s'effectue toujours sur l'aile. Bonnet a également prouvé qu'il en va de même pour les fourmis, même si dans ce cas, des millions de reines et de faux-bourdons se précipitent souvent en même temps. J'ai moi-même été témoin de plusieurs de ces grandes excursions matrimoniales chez les fourmis. J'ai aussi fréquemment pris des bourdons en copulo en vol. J'ai également remarqué que des fourmis et des bourdons tombaient alors qu'ils étaient unis, probablement portés par les mâles expirants. Que des papillons ! papillons de nuit, libellules, etc., l'accouplement en vol est un sujet d'observation courant. Qu'il soit possible de féconder des reines confinées, je pense que c'est très douteux. Les reines caressent les faux-bourdons, mais ces derniers ne semblent pas tenir compte de leurs avances. Je doute également que cela ait jamais été fait, même si beaucoup pensent avoir des preuves positives que cela s'est produit. Cependant, comme il y a tant de chances de se tromper, et que l'expérience et l'observation sont si excessives par rapport à cette possibilité, je pense qu'il peut s'agir de cas de jugement hâtif ou inexact. Beaucoup, très nombreux, dont moi-même, ont suivi Huber en coupant l'aile de la reine, pour ensuite produire une reine stérile ou pondeuse de faux-bourdons. Le professeur Leuckart estime qu'un accouplement réussi nécessite que les grands sacs aériens (Fig. 2, f) des faux-bourdons soient remplis, ce qui, selon lui, n'est possible que pendant le vol. Le comportement des drones m'amène à penser que l'excitation du vol, comme la chaleur de la main, est nécessaire pour provoquer l'impulsion sexuelle.

Je présume que dans le futur, la déclaration de Huber selon laquelle la reine doit prendre son envol pour être fécondée restera irréfutée. Pourtant, cela ne fera aucun mal de continuer à essayer. Le succès peut venir. L'accouplement dans des serres ou des chambres est également impraticable. J'ai fait cet essai approfondi. Les drones sont des lâches incorrigibles, et leur peur démesurée semble même vaincre les désirs sexuels.

Si la reine ne parvient pas à trouver un admirateur le premier jour, elle repartira encore et encore jusqu'à ce qu'elle réussisse. Huber a déclaré qu'après vingt et un jours, l'affaire était sans espoir. Bevan déclare que si elle est fécondée du quinzième au vingt et unième, elle sera en grande partie une reine pondeuse de faux-bourdons. Que de telles dates absolues puissent être fixées dans l'un ou l'autre des cas ci-dessus est très discutable. Pourtant, tous les éleveurs expérimentés savent que les reines gardées vierges tout l'hiver le resteront certainement. Il est fort probable que la longue inactivité de la spermathèque la paralyse en tout ou en partie, de sorte que les reines qui tardent à s'accoupler ne peuvent pas féconder les œufs comme elles le désirent. Cela serait conforme à ce que nous savons des organes musculaires. Berlepsch croyait qu'une reine qui commençait à pondre vierge ne pourrait jamais pondre d'œufs fécondés, même si elle s'accouplait ensuite. Langstroth pensait avoir observé le contraire.

Si la reine est observée après une « tournée de mariage » réussie, elle portera les marques de succès dans les appendices pendants du bourdon, constitués du pénis, des impasses jaunes et des conduits filiformes pendants.

Il est peu probable qu'une reine, après avoir rencontré un faux-bourdon, quitte la ruche à nouveau, sauf si elle part avec un essaim. Certains apiculteurs observateurs pensent qu'une vieille reine peut être à nouveau fécondée. Le fait que les reines, aux ailes coupées, soient aussi longtemps fertiles que les autres, me fait penser que les cas qui ont conduit à de telles conclusions sont susceptibles d'une autre explication.

Si la reine pond des œufs avant de rencontrer les faux-bourdons, ou si, pour une raison quelconque, elle ne parvient pas à s'accoupler, ses œufs ne produiront que des abeilles mâles. Cette étrange anomalie – développement des œufs sans imprégnation – a été découverte et prouvée par Dzierzon, en 1845. Le Dr Dzierzon, qui, en tant qu'étudiant en apiculture pratique et scientifique, doit se classer parmi le grand Huber, est un prêtre catholique romain de Carlesmarkt. , Allemagne. Cette doctrine, appelée parthénogenèse, ce qui signifie produit à partir d'une vierge, est encore mise en doute par quelques apiculteurs très habiles, bien que les preuves soient irréfragables : 1°. Les reines non accouplées pondront des œufs qui se développeront, mais il en résultera toujours des faux-bourdons. 2d. Les vieilles reines deviennent souvent des pondeuses de faux-bourdons, mais l'examen montre que la spermathèque est vide de liquide séminal. Un tel examen fut réalisé pour la première fois par le professeur Siebold, le grand anatomiste allemand, en 1813, puis par Leuckart et Leidy. J'ai moi-même procédé à plusieurs examens de ce type. La spermathèque est facilement visible à la vision nue, et en l'écrasant sur une lame de verre, en la comprimant avec une fine couverture de verre, la différence entre le fluide contenu dans la reine vierge et la reine imprégnée est très évidente, même avec une faible puissance. Dans ce dernier cas, elle est plus visqueuse et jaune, et la vésicule plus distendue. En utilisant une puissance élevée, les spermatozoïdes actifs ou les cellules germinales deviennent visibles. 3d. Le microscopiste constate que les œufs contenus dans les cellules de faux-bourdons sont dépourvus de spermatozoïdes, qui se trouvent toujours dans tous les autres œufs fraîchement pondus. Cette observation très convaincante et intéressante a été faite pour la première fois par Von Siebold, à la suggestion de Berlepsch. Il est assez difficile de le montrer. Leuckart essaya avant Von Siebold, au rucher de Berlepsch, mais échoua. J'ai également essayé de découvrir ces cellules germinales dans les œufs d'ouvrières, mais sans succès jusqu'à présent. Siebold a constaté les mêmes faits dans des œufs de guêpes. 4ème. Le Dr Dönhoff, d'Allemagne, préleva en 1855 un œuf d'une cellule de faux-bourdon et, par imprégnation artificielle, produisit une abeille ouvrière. Une telle opération, pour réussir, doit être réalisée dès la ponte de l'œuf.

La parthénogenèse, dans la production de mâles, a également été constatée par Siebold pour d'autres abeilles et guêpes, ainsi que pour certains papillons nocturnes inférieurs, dans la production à la fois de mâles et de femelles. Tandis que le grand Bonnet a découvert pour la première fois ce que l'on peut remarquer n'importe quel jour d'été, tout autour de nous, même sur les plantes d'intérieur à nos fenêtres, que la parthénogenèse est mieux illustrée par les pucerons ou les poux des plantes. À l'automne apparaissent des mâles et des femelles qui s'accouplent lorsque la femelle pond des œufs qui, au printemps, ne produisent que des femelles ; ceux-ci ne produisent à nouveau que des femelles, et ainsi de suite pendant plusieurs générations, jusqu'à ce que, avec le froid de l'automne, reviennent les mâles et les femelles. Bonnet a observé sept générations successives de vierges productives. Duval a noté neuf générations en sept mois, tandis que Kyber a observé la production exclusivement par parthénogenèse dans une pièce chauffée pendant quatre ans. Nous voyons donc que cette méthode d'augmentation étrange et presque incroyable n'est pas rare dans le grand monde des insectes.

Environ deux jours après sa fécondation, la reine, dans des circonstances normales, commence à pondre, généralement des œufs d'ouvrières, et comme l'état de la ruche pousse rarement à essaimer le même été, de sorte qu'aucun faux-bourdon n'est nécessaire, elle ne pond généralement pas d'autres la première saison.

On remarque fréquemment que la jeune reine pond d'abord un certain nombre d'œufs de faux-bourdons. Les éleveurs de reines l'observent souvent dans leurs noyaux. Cela ne dure que quelques jours. Cela ne semble pas étrange. L'acte de forcer les spermatozoïdes à sortir de la spermathèque est musculaire et volontaire, et le fait que ces muscles n'agissent pas toujours rapidement au début n'est ni étrange ni sans précédent. M. Wagner a suggéré que la taille de la cellule déterminait le sexe, car dans les petites cellules, la pression exercée sur l'abdomen chassait le liquide de la spermathèque. M. Quinby était également favorable à ce point de vue. Je remets grandement en question cette théorie. Tous les apiculteurs observateurs ont connu la ponte des œufs dans les cellules d'ouvrières, avant même que la cellule soit à peine commencée, lorsqu'il ne pouvait y avoir aucune pression. Dans le cas des cellules royales également, si la reine pond des œufs, comme je le crois, ceux-ci ne seront pas fécondés, car la cellule est très grande. Je sais que la reine passe parfois très brusquement des cellules de faux-bourdons aux cellules d'ouvrières pendant la ponte, car j'ai été témoin d'un tel procédé - le même qui réjouissait tant le défunt baron de Berlepsch, après de longues heures de surveillance - mais qu'elle peut ainsi contrôler à tout moment. à l'instant où ce processus d'ajout ou de retrait de spermatozoïdes ne semble certainement pas si étrange que le fait que la spermathèque, à peine plus grosse qu'une tête d'épingle, puisse fournir ces cellules pendant des mois, oui, et pendant des années. Quiconque a vu le robot voler s'élancer contre les pattes du cheval, et tout aussi sûrement quitter le minuscule œuf jaune, peut douter que les insectes possèdent des oviductes très sensibles et puissent expulser les minuscules œufs à leur guise. Qu'une reine puisse forcer à volonté des œufs isolés à passer par l'embouchure de la spermathèque, et en même temps ajouter ou retenir des spermatozoïdes, est, je pense, sans aucun doute vrai. Ce qui donne encore plus de force à cette opinion, c'est le fait que les autres abeilles, guêpes et fourmis exercent la même volonté et ne peuvent bénéficier de l'aide de la pression cellulaire, puisque tous les œufs sont pondus dans des réceptacles de même taille. Mais le baron de Berlepsch, digne d'être l'ami de Dzierzon, a bien tranché. Il a montré que les anciennes cellules de faux-bourdons sont aussi petites que les nouvelles cellules d'ouvrières, et pourtant chacune abrite sa propre couvée. Les très petites reines ne font également aucune erreur. En l'absence de cellules de faux-bourdons, la reine pond parfois des œufs de faux-bourdons dans des cellules d'ouvrières, dans lesquelles les faux-bourdons seront ensuite élevés. Et, si elle le doit, bien qu'à contrecœur, elle pondra des œufs d'ouvrières dans des cellules de faux-bourdons.

Avant de pondre un œuf, la reine jette un œil dans la cellule, probablement pour voir si tout va bien. Si la cellule contient du miel, du pollen ou un œuf, elle la laisse généralement passer, mais lorsqu'elle est bondée, une reine va parfois, *surtout si elle est jeune*, insérer deux ou trois œufs dans une cellule, et parfois, dans de tels cas, elle laisse tomber eux, lorsque les abeilles montrent leur aversion pour le gaspillage et leur appréciation du bien-vivre, en en faisant un petit-déjeuner. Si la reine trouve la cellule à son goût, elle se retourne, insère son abdomen, et en un instant le petit œuf est collé, en position (Fig. 26, *b*) au fond de la cellule.

La reine, comparée aux autres abeilles de la colonie, possède une longévité surprenante. Il n'est pas surprenant qu'elle atteigne l'âge de trois ans en pleine possession de ses pouvoirs, alors qu'ils sont connus pour faire du bon travail depuis cinq ans. Les reines, souvent au bout d'un, deux, trois ou quatre ans, selon leur vigueur et leur excellence, ou bien cessent d'être fertiles, ou bien deviennent impuissantes à pondre des œufs fécondés, la spermathèque étant vidée de ses spermatozoïdes. Dans de tels cas, les ouvrières remplacent généralement la reine ; c'est-à-dire qu'ils détruisent la vieille reine, avant que tous les œufs d'ouvrières ne soient partis, et prennent les quelques œufs restants pour créer des cellules royales et élever ainsi de jeunes reines fertiles et vigoureuses.

Il arrive parfois, quoique rarement, qu'une belle reine, avec des ovaires bien formés et une grande spermathèque, bien remplie de liquide mâle, dépose librement, mais aucun des œufs n'éclore. Les lecteurs des publications sur les abeilles savent que j'en ai fréquemment reçu pour la dissection. Le premier que j'ai reçu était un Italien remarquablement beau, reçu de feu le Dr Hamlin, du Tennessee. Toutes ces reines que j'ai examinées semblent parfaites, même si elles sont scrutées avec un objectif de grande puissance. Nous pouvons seulement dire que l'œuf est en faute, comme cela arrive fréquemment chez les animaux supérieurs, même les plus élevés. Ces femelles sont stériles ; par quelque défaut des ovaires, les œufs qui y poussent sont stériles. Détecter exactement quel est le problème de l'œuf est un problème très difficile, voire capable d'une solution. J'ai essayé de déterminer la cause ultime, mais sans succès.

La fonction de la reine est simplement de pondre des œufs, et ainsi de maintenir la colonie peuplée ; et cela, elle le fait avec une énergie assez surprenante. Une bonne reine dans son meilleur domaine pondra deux ou trois mille œufs par jour. J'ai vu une reine dans ma ruche d'observation pondre pendant un certain temps à raison de quatre œufs par minute, et j'ai prouvé par le calcul réel des cellules du couvain qu'une reine peut pondre plus de trois mille œufs par jour. Langstroth et Berlepsch ont tous deux vu des reines pondre au rythme de six œufs par minute.

Cette dernière avait une reine qui pondait trois mille vingt et un œufs en 24 heures, selon le décompte réel, et en 20 jours elle en pondait cinquante-sept mille. Cette reine resta prolifique pendant cinq ans, et dut pondre, dit le baron, selon une estimation basse, plus de 1,300,000 œufs. Dzierzon dit que les reines peuvent pondre 1 000 000 d'œufs, et je pense que ces auteurs n'ont pas exagéré. Pourtant, même avec ces chiffres comme publicité, la reine des abeilles ne peut pas se vanter d'une fécondité superlative, comme la reine des fourmis blanches - un insecte étroitement apparenté aux abeilles par ses habitudes, mais pas par sa structure, car les fourmis blanches ont des ailes de dentelle. et appartiennent au sous-ordre des neuroptères, qui comprend nos mouches diurnes, libellules , etc., et on sait qu'ils pondent plus de 80 000 œufs par jour. Cependant cette pauvre créature sans défense, dont l'abdomen a la grosseur d'un pouce d'homme et est composé presque entièrement d'œufs, tandis que le reste de son corps n'est pas plus gros que celui de nos fourmis communes, n'a pas d'autre amusement ; elle ne peut pas marcher ;

elle ne peut même pas se nourrir ou prendre soin de ses œufs. Comment s'étonner alors qu'elle tente de grandes choses en matière de ponte ? Elle n'a rien d'autre à faire ni dont elle peut être fière.

Les différentes reines varient autant en termes de fécondité que les différentes races de volailles. Certaines reines sont si prolifiques qu'elles exigent à juste titre des ruches de caoutchouc indien pour les accueillir, gardant leurs ruches débordantes d'abeilles et d'activités rentables tandis que d'autres sont si inférieures, que les colonies font un effort médiocre et maladif pour survivre et succombent généralement tôt. , avant ces circonstances défavorables qui attendent toujours de confronter toute vie sur le globe. L'activité de la reine est également largement régie par l'activité des ouvrières. La reine pondra avec parcimonie, ou s'arrêtera complètement, pendant qu'elle stocke le miel, tandis que, d'un autre côté, elle est incitée à pondre au maximum de ses capacités, lorsque tout est vie et activité dans la ruche.

Il semblerait que la reine soit raisonne à partir des conditions, soit instruite par l'instinct, soit que sans sa volonté, l'activité générale des abeilles ouvrières stimule les ovaires, comment, nous l'ignorons, produire davantage d'œufs. Nous savons qu'un tel stimulus naît du désir, chez le détenteur élevé, déjà évoqué. Que la reine puisse contrôler l'activité de ses ovaires, soit directement, soit indirectement, par une action nerveuse réflexe induite par l'excitation générale des abeilles, qui suit toujours un stockage actif, est non seulement possible, mais tout à fait probable.

La vieille notion poétique selon laquelle la reine est la souveraine vénérée et admirée de la colonie, dont le chemin est toujours bordé par des courtisans obséquieux, dont la personne est toujours le destinataire de caresses amoureuses et dont la volonté fait loi dans ce royaume de ruche, contrôlant tout les activités à l'intérieur de la ruche et conduire la colonie là où elle va, n'est incontestablement que de la fiction. Dans la ruche, comme dans le monde, les individus sont valorisés pour ce qu'ils valent. La reine, en tant qu'individu le plus important, est considérée avec sollicitude, et son éloignement ou sa perte est noté avec consternation, car le bien-être de la colonie est menacé ; cependant, que la reine devienne inutile, et elle est expédiée avec la même absence d'émotion qui caractérise la destruction des drones devenus surnuméraires. Il est très douteux que l'émotion ou la sentimentalité soient jamais des forces motrices parmi les animaux inférieurs. Il y a probablement certains principes naturels qui gouvernent l'économie de la ruche, et tout ce qui conspire contre ou tend à intercepter l'action de ces principes, devient un ennemi des abeilles. Tous sont intéressés, et sans doute plus unis qu'on ne le croit généralement, au désir de promouvoir la libre action de ces principes. Sans doute le principe de l'antagonisme entre les différentes abeilles a-t-il été surfait. Même les drones, lorsqu'on les tue à l'automne, font une démonstration maladive de défense, au point de dire que le bien-être de la colonie exige que ces vagabonds sans valeur soient exterminés ; "qu'il en soit ainsi ;" poursuivre. L'affirmation selon laquelle il existe souvent un antagonisme sérieux entre la reine et les ouvrières, quant à la destruction ou à la préservation des reines naissantes, encore dans la cellule, est une question qui pourrait bien faire l'objet d'une enquête. Il est très probable que ce qui tend le plus à la prospérité de la colonie est bien compris par tous, et sans aucun doute il y a une action harmonieuse entre tous les habitants de la ruche, pour favoriser ce qui favorisera le bien-être général, ou pour faire la guerre aux autres. tout ce qui peut tendre à l'interférer. Si le parcours de l'une des abeilles semble vacillant et incohérent, nous pouvons être assurés que les circonstances ont changé et que si nous percevions l'orientation de toutes les conditions environnantes, tout semblerait cohérent et harmonieux.

FIGURE 17.

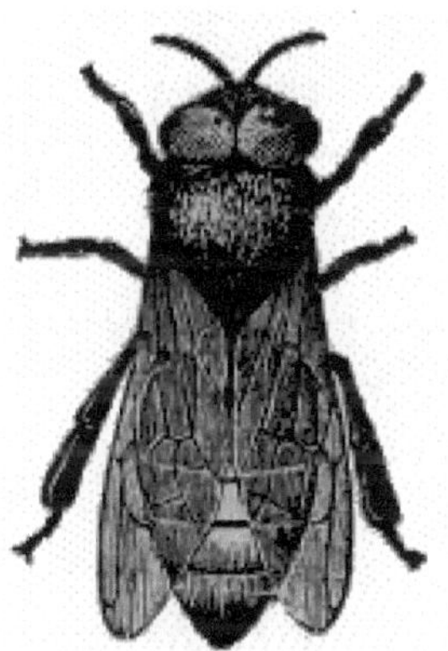

Drone Bee, agrandi.

LES DRONES.

Ce sont les abeilles mâles, et on ne les trouve généralement dans la ruche que de mai à novembre : bien qu'elles puissent y rester tout l'hiver, et qu'elles soient assez souvent absentes pendant l'été. Leur présence ou leur absence dépend de l'état actuel et futur de la colonie. S'ils sont nécessaires, ou susceptibles de l'être, alors ils sont présents. Il y en a dans la nature plusieurs centaines dans chaque colonie. Ce nombre peut et doit être considérablement réduit par l'apiculteur. Celles-ci (Fig. 17) sont plus courtes que la reine, mesurant moins de trois quarts de pouce de longueur, sont plus robustes et plus volumineuses que la reine ou les ouvrières, et sont facilement reconnaissables en vol grâce à leur bourdonnement fort et surprenant. Comme dans d'autres sociétés, les moins utiles font le plus de bruit. Ce bourdonnement fort est causé par la vibration moins rapide de leurs grandes et lourdes ailes. Leur fuite est plus lourde et plus lourde que celle des ouvriers. Leur ligula, leurs palpi labiaux et leurs maxillaires, comme ceux de la reine des abeilles, sont courts, tandis que leurs mâchoires (Fig. 21, *a*) possèdent la dent rudimentaire et ont à peu près la même forme que celles de la reine, mais sont plus lourds, mais pas aussi solides que ceux des ouvriers. Leurs yeux (Fig. 4) sont très proéminents, se rejoignent en haut, et ainsi les yeux simples sont projetés en avant. Leurs pattes postérieures sont convexes à l'extérieur (Fig. 18), elles n'ont donc pas de corbeille à pollen, comme les reines. Les faux-bourdons sont dépourvus d'organe défensif, n'ont pas d'aiguillon, tandis que leurs organes sexuels spéciaux (fig. 10) ne sont pas sans rappeler ceux des autres insectes et ont déjà été suffisamment décrits.

FIGURE 18.

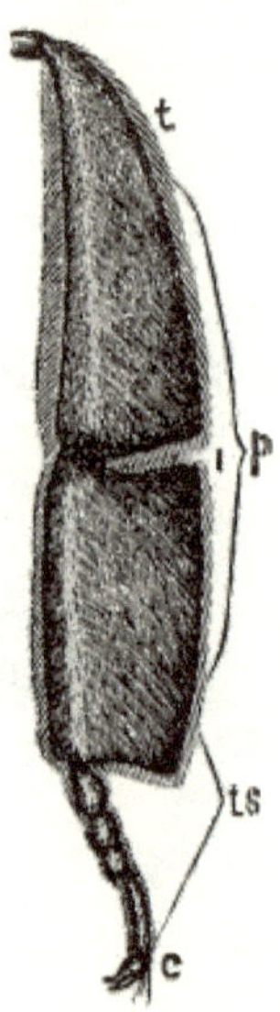

Partie de Leg of Drone, agrandie.

t —Tibia.
p —Tibia élargi et tarse basal.
ts —Articulations du tarse,
c —Griffes.

Dzierzon a découvert en 1845 que les faux-bourdons éclosent à partir d'œufs non fécondés. Ce phénomène étrange, en apparence si incroyable, est, comme on l'a montré en parlant de la reine, facile à prouver et hors de doute. Ces œufs peuvent provenir d'une reine non fécondée, d'une ouvrière fertile - qui sera bientôt décrite plus en détail - ou d'une reine fécondée, qui peut volontairement empêcher la fécondation. Ces œufs peuvent être placés dans les cellules horizontales plus grandes (Fig. 28, *a*), de la manière déjà décrite.

Comme l'a déclaré Bevan, le drone se nourrit pendant six jours et demi sous forme de larve, avant que la cellule ne soit bouchée. Le coiffage des cellules de faux-bourdons est très convexe et fait saillie au-delà du plan de celui-ci dans les cellules d'ouvrières, de sorte que le couvain de faux-bourdons se distingue facilement de l'ouvrière, et de la couleur plus foncée - la cire étant plus épaisse et moins pure - le Le coiffage des cellules de couvain de faux-bourdons et d'ouvrières nous permet de les distinguer facilement des cellules de miel. Vingt-quatre jours après la ponte, les faux-bourdons sortent des cellules. Bien sûr, la variation de température et d'autres conditions, comme la quantité variable de nourriture, peuvent légèrement retarder ou avancer le développement de n'importe quel couvain, aux différents stades. Les faux-bourdons – en fait toutes les abeilles – lorsqu'ils émergent des cellules, sont gris, mous et semblent généralement peu sophistiqués.

Quelle est la longévité de l'abeille mâle, je suis incapable de l'indiquer. Il est probable, à en juger par analogie, qu'elles vivent jusqu'à ce que l'accident des abeilles ouvrières ou l'accomplissement de leur fonction naturelle provoque leur mort. Les abeilles ouvrières sont susceptibles de tuer les faux-bourdons, ce qu'elles font en les mordant et en les inquiétant constamment. Ils peuvent également détruire le couvain de faux-bourdons. Il n'est pas très rare de voir des ouvriers réaliser des drones immatures, même en plein été. En même temps, ils peuvent aussi détruire des reines naissantes. Une telle action est provoquée par une diminution soudaine de la production de miel et, dans le cas des faux-bourdons, elle est plus courante à la fin de la saison. Les abeilles semblent très prudentes et prévoyantes. Si les signes des temps présagent une famine, ils suspendent toute démarche visant à l'augmentation des colonies. D'un autre côté, un miel illimité, une augmentation rapide du couvain, des locaux surpeuplés - quel que soit l'âge de la reine - attireront certainement un grand nombre d'abeilles mâles. Cependant, toutes les circonstances indiquant un besoin futur de drones empêcheront leur destruction même à la fin de l'automne.

La fonction des faux-bourdons est uniquement de féconder la reine, mais lorsqu'ils sont présents, ils peuvent ajouter de la chaleur animale. Que leur alimentation soit active, cela est suggéré par le fait qu'à la dissection, on trouve toujours leurs estomacs volumineux remplis de miel.

La fécondation de la reine a toujours lieu, comme indiqué précédemment, lorsqu'elle est en vol, à l'extérieur de la ruche, généralement pendant la chaleur des journées chaudes et ensoleillées. Après l'accouplement, les organes du faux-bourdon adhèrent à la reine et peuvent être vus pendu à elle pendant quelques heures. L'acte copulatoire est fatal aux faux-bourdons. En tenant un drone dans la main, l'éjection des organes sexuels se produit souvent, et toujours suivie de la mort immédiate. Comme la reine ne rencontre qu'un seul faux-bourdon, et cela une seule fois, on pourrait se demander pourquoi la nature a eu l'imprévoyance de décréter des centaines de faux-bourdons dans un rucher ou une colonie, alors qu'une vingtaine suffirait aussi. La nature prend conscience de l'importance de la reine, et tandis qu'elle avance au milieu des myriades de dangers du monde extérieur, il est plus sûr et préférable que son séjour à l'étranger ne soit pas prolongé ; que l'expérience ne se reproduise pas, et surtout, que sa rencontre avec un drone ne soit *pas retardée* . C'est pourquoi la surabondance de drones – surtout dans des conditions naturelles, isolés dans des maisons forestières, où les oiseaux voraces sont toujours à l'affût du gibier des insectes – est des plus sages et prévoyants. La nature n'est jamais « sage et insensée ». Dans nos ruchers, le besoin fait défaut et la condition, telle qu'elle existe dans la nature, n'est pas respectée.

Le fait que la parthénogenèse prédomine dans la production des faux-bourdons a conduit à la théorie selon laquelle d'une reine pure, quelle que soit la manière dont elle s'est accouplée, doit toujours naître un pur faux-bourdon. Ma propre expérience et mes observations, qui, je crois, sont celles de tous les apiculteurs, ont confirmé cette théorie. Pourtant, si l'accouplement impur de nos vaches, de nos chevaux et de nos poules rend les femelles de sang mêlé pour toujours, comme le croient et l'enseignent beaucoup de ceux qui semblent les plus compétents pour en juger - même si je dois dire que je suis quelque peu sceptique à ce sujet. — alors nous devons examiner de près nos abeilles, car certainement, si un mammifère, et en particulier une volaille, est souillé par un accouplement impur, alors nous pouvons nous attendre à la même chose pour les insectes. Chez les volailles, une telle influence, si elle existe, doit provenir simplement de la présence dans les organes génitaux femelles des cellules germinales, ou spermatozoïdes, et chez les mammifères également, il n'y a guère plus que cela, car bien qu'ils soient vivipares, de sorte que l'union et le contact de la progéniture et de la mère semblent très intimes, au cours du développement fœtal, pourtant il n'y a pas de mélange du sang, car une membrane sépare toujours celui de la mère de celui du fœtus, et seuls les éléments nutritifs et les déchets passent de l'un à l'autre. Prétendre que la mère est contaminée par la circulation, c'est comme prétendre que le même résultat la suivrait en inhalant le souffle de sa progéniture après la naissance. Je peux seulement dire que je crois que toute cette question est encore entourée de doutes et nécessite encore une observation plus minutieuse, scientifique et prolongée.

LES NEUTRES, OU OUVRIÈRES-ABEILLES.

Celles-ci, appelées « les abeilles » par Aristote, et même par Wildman et Bevan, sont de loin les individus les plus nombreux de la ruche : il y en a de 15 000 à 40 000 dans chaque bonne colonie. Il est possible qu'une colonie soit encore plus peuplée que cela. Ce sont aussi les plus petites abeilles de la colonie, car elles ne mesurent qu'un peu plus d'un demi-pouce de longueur (Fig. 19).

FIGURE 19.

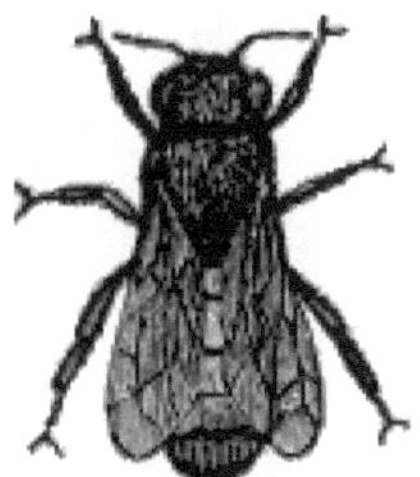

Ouvrière-abeille, agrandie.

Les ouvriers, enseignés par Schirach et prouvés par Mlle. Jurine, de Genève, Suisse, qui, à la demande de Huber, a cherché et trouvé, à l'aide de son microscope, les ovaires avortés, sont des femelles sous-développées. Rarement, et probablement très rarement, sauf dans le cas d'une colonie longue ou souvent sans reine, comme c'est souvent le cas de nos noyaux, ces abeilles sont suffisamment développées pour produire des œufs qui, bien sûr, seraient toujours des œufs de faux-bourdons. De telles ouvrières, dites fertiles, ont été remarquées pour la première fois par Riem, tandis que Huber en a effectivement vu une en train de pondre. Sauf qu'ils ont le pouvoir de produire des œufs, ils ne sont pas sans rappeler les autres travailleurs. Huber supposait que ceux-ci étaient élevés dans des cellules contiguës aux cellules royales et recevaient donc de la nourriture royale par accident. Le fait, comme l'a déclaré M. Quinby, que ces phénomènes se produisent dans des colonies où les reines-larves n'ont jamais été élevées, est fatal à la théorie ci-dessus. Langstroth et Berlepsch pensaient que ces abeilles, bien que larvées, étaient nourries, bien que trop parcimonieusement, avec l'aliment royal, par des abeilles ayant besoin d'une reine, d'où leur développement accéléré. Telle est peut-être la véritable explication. Cependant, si, comme le prétendent certains apiculteurs, ceux-ci apparaissent là où aucun couvain n'a été nourri, et doivent donc être des ouvrières ordinaires, changées après avoir quitté la cellule, comme résultat d'un besoin ressenti, alors nous devons conclure que le développement et la croissance - comme pour le détenteur élevé — ressort du désir. Les organes générateurs sont très sensibles et extrêmement sensibles aux impressions, et nous avons peut-être encore beaucoup à apprendre quant aux forces délicates qui les pousseront à croître et à fonctionner. Bien que ces ouvrières fertiles soient un piètre substitut à une reine, car elles sont incapables de produire autre chose que des faux-bourdons et sont sûrement les signes avant-coureurs de la mort et de l'extinction de la colonie, elles semblent néanmoins satisfaire les ouvrières, car elles ne toléreront pas la présence d'une reine. d'une reine lorsqu'une ouvrière fertile est dans la ruche, et ils ne souffriront pas non plus de l'existence dans la ruche d'une cellule royale, même coiffée. Ils semblent satisfaits, même s'ils ont de très légères raisons de l'être. Ces ouvrières fertiles pondent indifféremment dans des cellules grandes ou petites ; elles placent souvent plusieurs œufs dans une seule cellule et manifestent leur incapacité de diverses manières.

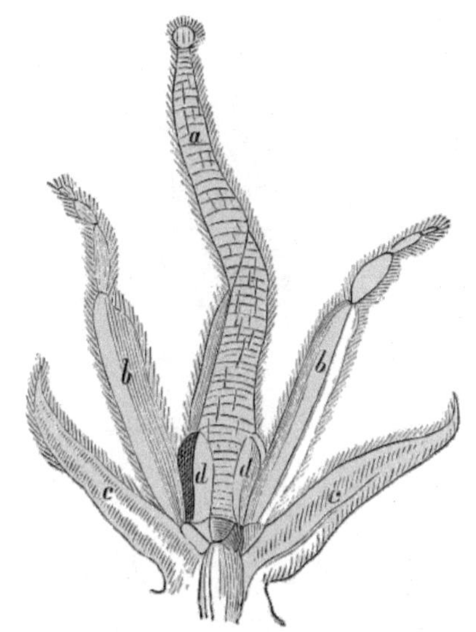

Langue d'une abeille ouvrière, très agrandie.

une -Ligula.	*c, c* —Maxilles.
b, b —palpes labiales.	*d* —Paraglossæ.

[La longueur moyenne de la langue d'un travailleur noir, comparée
à celle d'un Italien, serait de la base *à* .]

Les travailleurs, comme on pourrait le supposer par l'importance et la
variété de leurs fonctions, sont structurellement très particuliers. Leurs
langues (Fig. 20, *a*), palpes labiales (Fig. 20, *b, b*), et maxillæ (Fig. 20, *c , c*
), sont très allongés, tandis que le premier est très poilu et se double sous la
gorge lorsqu'il n'est pas utilisé. La longueur de la ligula leur permet d'atteindre
les fleurs à longs tubes et d'en aspirer le nectar à l'aide de leurs poils. Lorsque
la langue est grosse avec sa charge adhérente de sucré, elle se replie en arrière,
est entourée par les palpes labiaux et les maxillaires, puis s'étend, perdant
ainsi sa charge de nectar, qui en même temps est aspirée dans le gros estomac
de miel. Les abeilles peuvent, à volonté, expulser le miel de l'estomac de miel,
lorsqu'il est stocké dans les cellules de miel ou donné aux autres abeilles.

FIGURE 21.

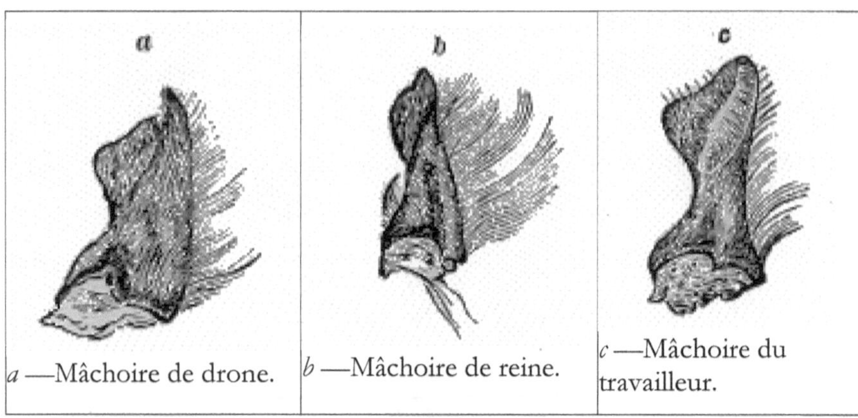

a —Mâchoire de drone.　*b* —Mâchoire de reine.　*c* —Mâchoire du travailleur.

Les mâchoires (Fig. 21, *c*) sont très fortes, sans dent rudimentaire, tandis que le tranchant est semi-conique, de sorte que lorsque les mâchoires sont fermées, elles forment un cône imparfait. Ainsi ceux-ci sont bien formés pour couper le peigne, pétrir la cire et remplir leurs diverses fonctions. Leurs yeux (Fig. 5) sont comme ceux de la reine, tandis que leurs ailes, comme celles des faux-bourdons, atteignent l'extrémité du corps. Ces organes (fig. 3), comme chez tous les insectes à vol rapide, sont minces et forts, et, par leurs vibrations plus ou moins rapides, donnent la variété de ton qui caractérise leur bourdonnement. Ainsi, nous avons les mouvements rapides et le ton aigu de la colère, ainsi que le mouvement lent et la note douce du contentement et de la joie.

FIGURE 22.

Partie de la jambe postérieure du travailleur, à l'extérieur, très agrandie.

t —Tibia.	*ts* —articulation des tarses,
b — Bordure de poils.	*c* — griffes.
p —Panier à pollen.	

À l'extérieur du tibia postérieur et du tarse basal se trouve une cavité, rendue plus profonde par son bord de poils, connue sous le nom de corbeille à pollen (Fig. 22, *p*). Dans ces corbeilles à pollen est compacté le pollen, qui est collecté par les organes buccaux et ramené par les quatre pattes antérieures. En face des paniers à pollen se trouvent des rangées régulières de poils dorés (Fig. 23, *e*), qui facilitent probablement le stockage et le compactage des boules de pollen.

Sur les pattes antérieures des ouvriers, entre le fémur et le tibia, se trouve une curieuse échancrure (Fig. 24, *C*), recouverte par un éperon (Fig. 24, *B*). Depuis plusieurs années, cela a suscité des spéculations parmi mes étudiants et a attiré l'attention des apiculteurs observateurs. Certains ont supposé qu'il aidait les abeilles à pénétrer plus profondément dans les fleurs tubulaires, d'autres qu'il était utilisé pour gratter le pollen, et d'autres encore qu'il permettait aux abeilles de s'accrocher lorsqu'elles se regroupent. Les deux premières fonctions peuvent en faire partie, bien que d'autres abeilles mellifères et butineuses ne les possèdent pas. Cette dernière fonction est assurée par les griffes situées au bout des tarses.

FIGURE 23.

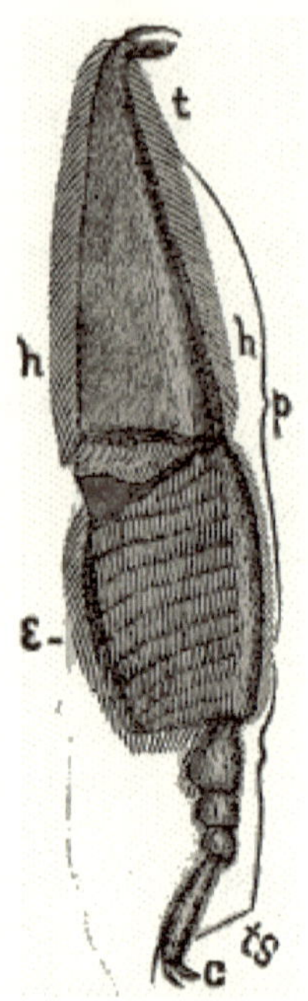

*Partie de la jambe postérieure du travailleur, à l'intérieur,
très agrandie.*

e —Rangées de poils.
t —Tibia.
c —Griffes.

FIGURE 24.

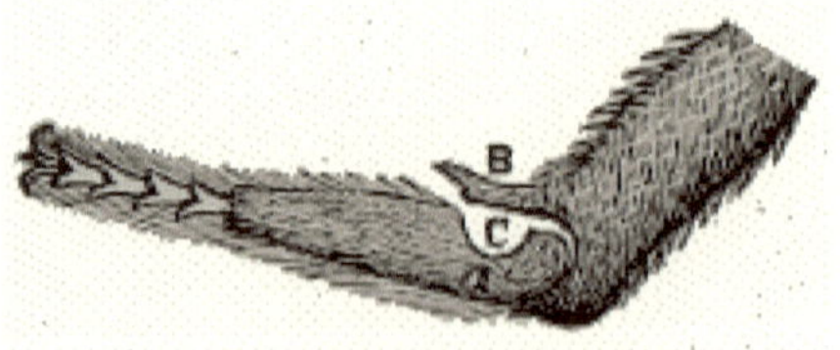

Jambe antérieure du travailleur, agrandie.

FIGURE 25.

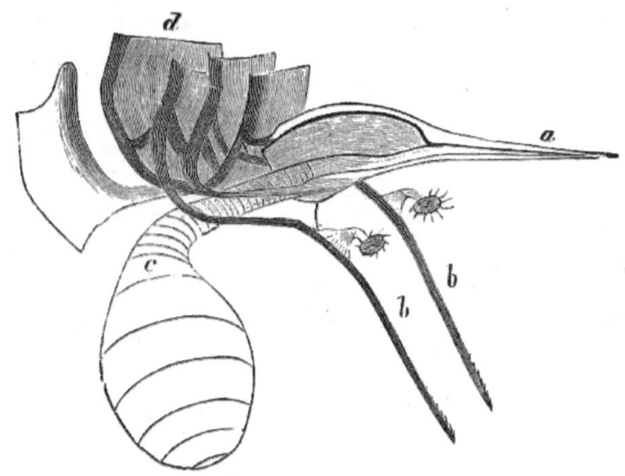

Dard du travailleur, agrandi.

un tube.
bb — Lances barbelées sorties du tube et retournées,
c — Sac de poison.
d —Muscles.

Les ouvriers possèdent eux aussi un organe de défense (Fig. 25) qu'ils n'hésitent pas à utiliser si l'occasion l'exige. Celui-ci n'est pas courbé comme chez la reine, mais droit. La glande qui sécrète le poison est double, et le sac (Fig. 25, c) dans lequel il est stocké est gros comme une graine de lin. L'aiguillon proprement dit est un organe triple, composé de trois lances acérées, très lisses et d'un poli exquis. Les instruments en acier les plus travaillés, sous une forte loupe, semblent bruts et inachevés, tandis que les parties de l'aiguillon ne présentent pas de telles inégalités. L'une de ces lances (Fig. 25, a) est canaliculée, c'est-à-dire qu'elle forme un tube imparfait, et dans ce canal travaillent les deux autres (Fig. 25, b, b), qui remplissent l'espace vacant, et donc le trois forment un tube complet, et par ce tube, qui se connecte au sac à poison, passe le poison. Les fines lances qui travaillent dans le tube sont merveilleusement tranchantes et dépassent lorsqu'elles sont utilisées, et sont actionnées alternativement par des muscles petits mais puissants (Fig. 25, d), de sorte qu'elles peuvent traverser la peau de daim, ou même l'épaisse peau du foulard. de la main. Ceux-ci sont également barbelés à leur extrémité avec des dents, dont sept sont proéminentes, qui s'étendent vers l'extérieur et vers l'arrière comme l'ardillon d'un hameçon. C'est pourquoi l'aiguillon ne peut être retiré s'il pénètre dans une substance ferme, et ainsi, lorsqu'on l'utilise, il est retiré de l'abeille et entraîne avec lui une partie du tube digestif, coûtant ainsi la vie à la pauvre abeille. Darwin suggère que les abeilles et les guêpes ont été développées à partir des mouches à scie et que les barbes sur la piqûre sont les scies d'autrefois, transformées en barbes en forme de lance. Il n'explique pas pourquoi ceux-ci sont tellement plus courts et plus obscurs chez la reine et chez les autres abeilles et guêpes. L'estomac de miel ou récolte des ouvrières (Fig. 9, *o*) est bien développé, bien qu'il ne soit pas plus grand que celui des faux-bourdons. Je ne sais pas si sa structure est plus complexe.

Les ouvrières naissent d'un œuf fécondé, qui ne peut provenir que d'une reine ayant rencontré un faux-bourdon, et est toujours pondu dans la petite cellule horizontale. Ces œufs ne diffèrent en rien, autant que nous pouvons le constater, de ceux qui sont pondus dans les cellules des faux-bourdons ou des cellules royales. Tous sont cylindriques et légèrement courbés (Fig. 26, *b, c*) et sont fixés par une extrémité au fond de la cellule et un peu à un côté du centre. Comme nous l'avons déjà montré, ceux-ci sont volontairement fécondés par la reine au fur et à mesure qu'elle les extrude, en préparation de leur fixation dans les alvéoles. Ces œufs, bien que si petits – un seizième de pouce de long – peuvent être facilement vus en tenant le peigne de manière à ce que la lumière pénètre dans les cellules. Avec l'expérience, on les détecte presque immédiatement, mais j'ai souvent trouvé assez difficile de les faire voir au novice, pourtant très clairement visibles à mon œil expérimenté.

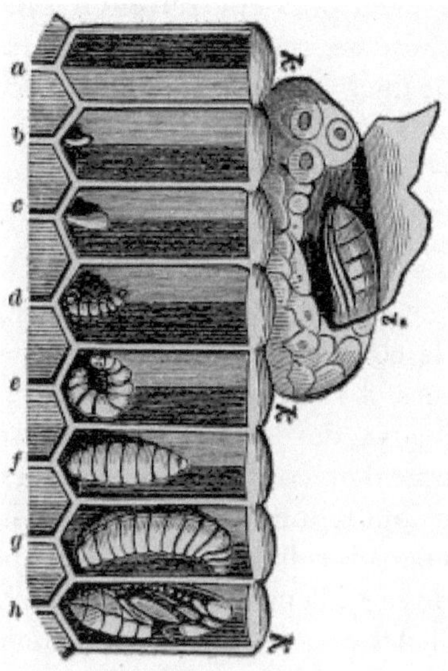

Oeuf et couvain.

b et *c* —Œufs.
d, e, f et *g* —Différentes tailles de larves.
h —Pupe.
je —Pupa de reine, dans la cellule royale.
k, k —Caps.

L'œuf éclot au bout de trois jours. La larve (Fig. 26, *d, e, f, g*), appelée à tort larve, asticot — et même chenille, par Hunter — est blanche, sans pattes et reste enroulée dans la cellule jusqu'à sa maturité proche. On lui donne un liquide blanchâtre, bien que cela semble lui être administré à contrecœur, car il ne semble jamais en avoir plus que ce qu'il souhaite manger, c'est pourquoi il est nourri assez fréquemment par les ouvrières matures. Il semblerait que les ouvriers craignent un développement excessif, qui, comme nous l'avons vu, est des plus nuisibles et des plus ruineux, et s'efforcent de l'empêcher par une alimentation mesquine et maigre. La nourriture est composée de pollen et de miel. Certainement du pollen, car, comme je l'ai prouvé à plusieurs reprises, sans pollen, aucune couvée ne peut être élevée. Il est probable qu'une certaine quantité de miel soit incorporée, car le sucre est un élément essentiel à l'alimentation de tous les animaux, et nous pourrions difficilement expliquer la quantité excessive de miel consommée lors de l'élevage par la quantité supplémentaire consommée par les abeilles, consécutive à l'exercice supplémentaire requis dans l'élevage. prendre soin du couvain. M. Quinby,

Doolittle et d'autres affirment que l'eau est également un élément de cet aliment. Mais les abeilles se reproduisent souvent très rapidement lorsqu'elles ne quittent pas du tout la ruche, et on ne peut donc pas ajouter d'eau autre que celle contenue dans le miel, etc. Cela pose la question de savoir si de l'eau est jamais ajoutée. Le moment où les abeilles semblent avoir besoin d'eau, et donc se rendre au ruisseau et à l'étang, est pendant la chaleur de l'été, lorsqu'elles sont le plus occupées. Ne peut-on pas en boire pour étancher leur propre soif ?

En six jours, la cellule est recouverte par les ouvrières. Ce chapeau est composé de pollen et de cire, il est donc plus foncé, plus poreux et plus facilement cassable que les chapeaux des cellules de miel ; il est aussi plus convexe (_Fig. 26, k_). La larve, devenue adulte, ayant lapé toute la nourriture placée devant elle, s'entoure d'un cocon soyeux, si excessivement mince qu'il en faut un grand nombre pour réduire sensiblement la dimension des cellules. Ceux-ci restent toujours dans la cellule, après que les abeilles s'en échappent, et donnent au vieux rayon sa couleur sombre et sa grande force. Pourtant, ils sont si minces que les cellules utilisées même pendant une douzaine d'années semblent aussi bien servir au couvain que lors de leur première utilisation. En trois jours, l'insecte prend l'état de pupe (_Fig. 26, h_). Chez tous les insectes, la filature du cocon semble un processus exhaustif, car, autant que je l'ai observé, et c'est assez long, cet acte est suivi d'une période de repos variable. La chrysalide est aussi appelée nymphe. En coupant les cellules ouvertes, il est facile de déterminer la date de formation du cocon et de passage à l'état de pupe. La chrysalide ressemble à une abeille adulte avec tous ses appendices étroitement liés, bien que la couleur soit encore blanchâtre :

Au bout de vingt et un jours, l'abeille sort de la cellule. Les auteurs anciens se trompaient en pensant que leur apparition était une occasion de joie et d'excitation parmi les abeilles. Tous les apiculteurs ont remarqué à quel point les abeilles sont absolument impassibles, lorsqu'elles se bousculent et se pressent autour de ces nouvelles venues de la manière la plus insouciante et la plus discourtoise qu'on puisse imaginer. Wildman raconte avoir vu les ouvrières récolter du pollen et du miel le jour même où elles sortaient des cellules. Cette idée est rapidement réfutée si l'on Italianise les abeilles noires. On sait que pendant quelques jours ces jeunes abeilles ne quittent pas du tout la ruche, sauf en cas d'essaimage, lorsque des abeilles même trop jeunes pour voler tenteront de suivre la foule. Ces jeunes abeilles, comme les jeunes faux-bourdons et les reines, sont beaucoup plus légères les premiers jours.

Les abeilles ouvrières n'atteignent jamais un grand âge. Ceux élevés en automne peuvent vivre huit ou neuf mois, et même plus longtemps s'ils sont élevés dans des troupeaux sans reine, où peu de travail est effectué ; tandis que ceux élevés au printemps s'épuisent en trois jours, et lorsqu'ils sont les plus occupés, ils meurent souvent au bout de trente à quarante-cinq jours. Aucune de ces abeilles ne survit toute l'année, il y a donc une limite au nombre qui peut exister dans une colonie. Comme une bonne reine pond, lorsqu'elle est dans son meilleur domaine, trois mille œufs par jour, et que les ouvrières vivent de un à trois mois, il pourrait sembler que quarante mille soit un chiffre trop petit pour le nombre des ouvrières. Sans aucun doute, un plus grand nombre est possible. Que cela soit rare n'est pas surprenant, si l'on pense aux nombreux accidents et vicissitudes qui doivent jamais arriver aux individus de ces communautés peuplées.

La fonction des abeilles ouvrières est d'effectuer tout le travail manuel des ruches. Ils sécrètent la cire, qui se forme en petites boulettes (Fig. 27, a, a) sous les anneaux superposés situés sous l'abdomen. J'ai trouvé ces écailles de cire sur des personnes âgées et jeunes. Selon Fritz Müller, l'admirable observateur allemand, si longtemps voyageur en Amérique du Sud, les abeilles du genre melipona sécrètent la cire sur le dos.

Les jeunes abeilles construisent les rayons, aèrent la ruche, nourrissent les larves et bouchent les alvéoles. Les abeilles plus âgées — car, comme on le voit facilement dans l'italianisation, les jeunes abeilles ne sortent pas avant une ou deux semaines — récoltent le miel, récoltent le pollen, ou le pain d'abeille, comme on l'appelle généralement, apportent la propolis. ou de la colle d'abeille, qui sert à fermer les ouvertures, et comme ciment, à alimenter la ruche en eau (?), à défendre la ruche de toute intrusion inappropriée, à détruire les faux-bourdons lorsque leur jour de grâce est passé, à tuer et à faire remplacer les reines sans valeur. , détruisez les reines inchoates, les faux-bourdons ou même les ouvrières, si les circonstances l'exigent, et faites sortir une partie des abeilles lorsque les conditions les poussent à essaimer.

Lorsqu'il n'y a pas de jeunes abeilles, les vieilles abeilles jouent le rôle de ménagères et de nourrices, ce qu'elles refusent autrement de faire. Les jeunes abeilles, en revanche, n'iront pas glaner, même s'il n'y a pas de vieilles abeilles pour accomplir cette partie nécessaire du travail des abeilles. Une fonction indirecte de toutes les abeilles est de fournir de la chaleur animale, car la vie même des abeilles exige que la température à l'intérieur de la ruche soit maintenue à un niveau considérablement supérieur au point de congélation. Dans les processus chimiques qui accompagnent la nutrition, il se produit beaucoup de chaleur qui, comme Newport l'a montré pour la première fois, peut être considérablement augmentée, au gré des abeilles, par la respiration forcée. Les abeilles aussi, par une vibration rapide de leurs ailes, ont le pouvoir d'aérer leurs ruches, et d'en abaisser ainsi la température, lorsqu'il fait chaud. Ainsi ils tempèrent la chaleur de l'été et tempèrent le froid de l'hiver.

Sous la surface de l'abeille, montrant la cire entre les segments.

CHAPITRE III.
ESSAISAGE OU MÉTHODE NATURELLE D'AUGMENTATION.

La méthode naturelle par laquelle on assure l'augmentation des colonies parmi les abeilles est d'un grand intérêt, et bien qu'elle ait été étroitement observée et assidûment étudiée pendant une longue période et qu'elle ait donné lieu à des théories aussi souvent absurdes que valables, pourtant, même à présent, c'est un champ fertile pour l'investigation, et il récompensera tous ceux qui viendront avec le véritable esprit d'investigation, car il y a beaucoup de choses à ce sujet qui sont impliquées dans le mystère. Pourquoi les abeilles pullulent-elles à des moments inconvenants ? Pourquoi l'esprit de fourmillement est-il parfois si excessif et si retenu à d'autres saisons ? Nous sommes trop enclins à référer à ces questions et à d'autres encore aux tendances erratiques des abeilles, alors qu'il ne fait aucun doute qu'elles découlent naturellement de certaines conditions, peut-être complexes et obscures, qu'il appartient au chercheur de découvrir. Qui sera le premier à dévoiler les principes qui régissent ces actions, comme toutes les autres actions des abeilles ?

Au printemps ou au début de l'été, lorsque la ruche est devenue peuplée et qu'elle stocke très activement, la reine, comme si elle était consciente qu'une maison pourrait être surpeuplée et prévoyant un tel danger, commence à déposer les œufs de faux-bourdons dans des cellules à faux-bourdons, que le les abeilles ouvrières, peut-être mues par des considérations similaires, commencent à construire, si elles n'existent pas déjà. En fait, le peigne à drones est presque sûr d'être construit dans de tels moments. A peine le mâle couve-t-il bien commencé, que les grandes et maladroites cellules royales commencent, souvent au nombre de dix ou quinze, bien qu'il puisse n'y en avoir pas plus de trois ou quatre. Dans celles-ci, les œufs sont placés et la riche gelée royale ajoutée, et ce, peu de temps après, souvent avant même que les cellules ne soient fermées - et *très rarement* avant qu'une cellule soit construite, si les abeilles sont bondées, les ruches sans ombre, la ventilation insuffisante ou l'absence d'ombre. rendement en miel très abondant - un jour clair, généralement vers dix heures, après une inquiétude inhabituelle à l'intérieur et à l'extérieur de la ruche, une grande partie des abeilles ouvrières étant en congé pour la journée et ayant préalablement chargé leur miel -des sacs - se précipitent hors de la ruche comme alarmés par le cri du feu, la reine parmi le nombre, bien qu'elle ne soit en aucun cas parmi les premières, et qu'elle soit souvent assez tardive dans sa sortie. Les abeilles, ainsi lancées dans leur quête d'un nouveau foyer, après de nombreuses girations bruyantes autour de l'ancien, s'élancent pour se poser sur un buisson, une branche ou une clôture, bien que dans un cas j'aie connu le premier essaim d'abeilles à partir à une seule fois, pour des parties inconnues, sans même attendre de regrouper. Après avoir ainsi médité pendant une à trois heures sur un parcours futur, ils reprennent leur envol et partent pour leur nouvelle demeure, qu'ils ont probablement déjà recherchée.

Certains supposent que les abeilles recherchent une maison avant de quitter la ruche, tandis que d'autres affirment que les éclaireurs en recherchent une pendant que les abeilles sont regroupées. Le fait que les abeilles se dirigent en ligne droite vers leur nouvelle demeure et volent trop rapidement pour pouvoir regarder pendant qu'elles s'en vont, suggère qu'une demeure est préemptée, au moins, avant que l'amas ne soit dissous. Le fait que l'amas persiste parfois pendant des heures, voire toute la nuit, et à d'autres moments pendant une brève période, nous amènerait à déduire que les abeilles se regroupent en attendant qu'un nouveau foyer leur soit trouvé. Pourtant, pourquoi les abeilles se posent-elles parfois après avoir parcouru une longue distance, comme ce fut le cas pour un premier essaim la saison dernière, sur le terrain de notre Collège ? Leur voyage était-il long, de sorte qu'ils étaient obligés de s'arrêter pour se reposer, ou volaient-ils au hasard, sans savoir où ils allaient ?

Si, pour une raison quelconque, la reine ne parvient pas à rejoindre les abeilles, et peut-être rarement, lorsqu'elle est parmi elles, elles, après s'être regroupées, retournent à leur ancienne demeure. Les plus jeunes abeilles resteront dans la vieille ruche, où retourneront les abeilles, s'il y en a, qui sont à l'étranger en quête de provisions. La présence de jeunes abeilles au sol, celles dont le vol est trop faible pour rejoindre les rovers, marquera toujours l'ancienne demeure des émigrants. Bientôt, dans sept ou huit jours, peut-être rarement un peu plus tard, la première reine sortira de sa cellule, et dans deux ou trois jours elle dirigera ou pourra diriger une nouvelle colonie, mais avant de le faire, la note particulière : connue sous le nom de cornemuse de la reine, peut être entendue. Ce sifflement ressemble à un bip, un bip, est strident et clair, et peut être clairement entendu en plaçant l'oreille contre la ruche, et on ne peut pas non plus se tromper. Elle est suivie d'une note plus grave et plus rauque, émise par une reine toujours dans la cellule.

Certains ont supposé que le cri de la reine libérée était celui de la haine, tandis que celui de la reine encore emprisonnée était soit d'inimitié, soit de peur. Jamais un essaim ne partira, s'il n'est précédé de cette note particulière.

Par périodes successives d'un ou deux jours, une, deux ou même trois colonies supplémentaires peuvent sortir de l'ancienne demeure. Ces derniers essaims seront tous annoncés par la cornemuse de la reine. Ils seront moins précis quant à l'heure de la journée à laquelle ils émettent, car on sait qu'ils partent avant le lever du soleil, et même après le coucher du soleil. L'apiculteur bien connu, MAF Moon, connaissait autrefois un essaim qui émettait au clair de lune. En règle générale, ils se regrouperont également plus loin de la ruche. Les essaims suivants sont précédés par la reine et, dans le cas où l'essaimage est retardé, peuvent être suivis par une pluralité de reines. Berlepsch et Langstroth ont tous deux vu huit reines émettre un essaim, tandis que d'autres en rapportent encore plus. Ces reines vierges volent très rapidement, de sorte que l'essaim semblera plus actif et plus précis dans sa trajectoire que les premiers essaims.

L'interruption des préparatifs d'essaimage avant le deuxième, le troisième, voire le premier essaim, n'est en aucun cas un phénomène rare. Ceci se produit par la destruction des cellules royales par les abeilles, et quelquefois par une extermination générale des faux-bourdons, et s'explique généralement par une cessation de la production de miel. Les cellules ainsi détruites sont facilement reconnaissables, car elles sont déchirées sur le côté et non coupées par l'extrémité.

Des essaims à d'autres moments, notamment à la fin de l'hiver et au printemps, sont parfois remarqués par les apiculteurs. Cela est dû à la famine, aux souris ou à quelque autre circonstance perturbante qui rend la ruche intolérable aux abeilles.

CHAPITRE IV.

PRODUITS DES ABEILLES ; LEUR ORIGINE ET FONCTION.

Parmi tous les insectes, les abeilles sont les premières par la variété des produits utiles qu'elles nous donnent ; et à côté des papillons de nuit dans l'importance de ces produits. Ils semblent d'autant plus remarquables et importants que si peu d'insectes produisent des articles de valeur commerciale. Il est vrai que la cochenille, espèce de pou de l'écorce, nous fournit une matière colorante importante ; l'insecte lac, de la même famille, nous donne l'élément important de notre meilleure colle : la gomme-laque ; les coléoptères fournissent un article prisé par le médecin, tandis que nous devons à l'une des mouches biliaires un élément précieux d'encre. Mais l'abeille offre non seulement un article de nourriture délicieux, mais aussi un autre article sans importance. rang commercial, à savoir cire. Nous allons procéder à l'examen des différents produits issus des abeilles.

CHÉRI.

Bien entendu, le premier produit des abeilles, non seulement pour attirer l'attention, mais aussi pour son importance, est le miel. Et qu'est-ce que le miel ? Nous pouvons seulement dire que c'est une substance sucrée récoltée à partir de fleurs et d'autres sources par les abeilles. On ne peut donc pas donner sa composition chimique, qui serait aussi variée que les sources dont elle est issue. Nous ne pouvons même pas l'appeler un sucre, car il peut l'être et est toujours composé de divers sucres, et il est donc facile de comprendre pourquoi le miel varie tant en richesse, en couleur, en saveur et en effets sur la digestion. En fait, il est très douteux que le miel soit un article manufacturé. Il semble très probable que les abeilles ne le collectent que lorsqu'il est distillé par une myriade de feuilles et de fleurs, et le stockent afin qu'il puisse subvenir à leurs besoins et aux nôtres. Certes, certains auteurs affirment qu'il subit certaines modifications lorsqu'il se trouve dans l'estomac de l'abeille ; mais la rapidité avec laquelle ils emmagasinent, et la similitude apparente entre le miel et le sucre qui leur sont donnés, et ceux-ci immédiatement extraits du rayon, m'ont amené à croire que le pouvoir de transformation de l'estomac est très faible, si, en effet, ça existe du tout. Certes, j'ai nourri du sucre, en donnant aux abeilles des rayons vides à la tombée de la nuit, et j'ai retrouvé le goût du miel tôt le lendemain matin. Dans ce cas, le miel pouvait déjà se trouver dans l'estomac des abeilles ou provenir d'autres parties de la ruche. La méthode de récolte du miel a déjà été décrite. Les principes de rodage et d'aspiration interviennent tous deux dans l'opération.

Lorsque l'estomac est plein, l'abeille se rend à la ruche et régurgite sa précieuse charge, soit en la donnant aux abeilles, soit en la stockant dans les alvéoles. M. Doolittle prétend que les abeilles qui rassemblent donnent tout leur miel aux autres abeilles, qui le stockent dans les cellules. Ce miel reste quelque temps ouvert afin qu'il puisse mûrir, procédé par lequel l'eau est partiellement évaporée et le miel rendu plus épais. Si le miel reste ouvert ou est retiré des cellules, il se granulera généralement si la température descend en dessous de 70°. Ceci est probablement dû à la présence du sucre de canne, et c'est une bonne indication car cela dénote une qualité supérieure. Certains miels, comme ceux du Sud et ceux de Californie, semblent rester liquides indéfiniment. Certaines sortes de notre miel cristallisent beaucoup plus facilement que d'autres. Mais cette granulation est un test de pureté du miel, ce qui est faux ; que c'est un signe d'excellence supérieure, je pense que c'est tout à fait probable.

Lorsqu'il n'y a pas de fleurs, ou lorsque les fleurs ne produisent pas de sucreries, les abeilles, toujours désireuses d'en ajouter à leurs réserves, tentent fréquemment de voler d'autres colonies et visitent souvent les déchets des moulins à cidre, ou aspirent les sucreries suintantes de diverses plantes. ou les poux de l'écorce, ajoutant ainsi, peut-être, une nourriture malsaine à leurs réserves habituellement délicieuses et raffinées. Il est curieux que la reine ne ponde jamais son nombre maximum d'œufs, sauf en période de stockage. En fait, entre la récolte du miel, il n'est pas rare que la ponte cesse complètement. La reine semble discrète, jaugeant la taille de sa famille aux moyens probables de subsistance.

De plus, dans les périodes de rendements extraordinaires en miel, le stockage est si rapide que la ruche devient si remplie que la reine est incapable de pondre la totalité de son quota d'œufs ; en fait, j'ai vu le couvain considérablement réduit de cette manière, ce qui, bien sûr, a grandement épuisé la colonie. On pourrait appeler cela une prospérité ruineuse. L'utilisation naturelle du miel est de fournir de la nourriture aux abeilles matures et, lorsqu'il est mélangé avec du pollen, de constituer le régime alimentaire des jeunes abeilles.

FIGURE 27.

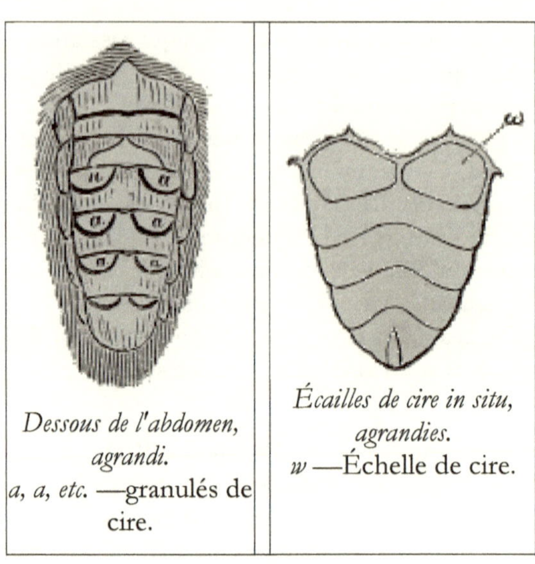

*Dessous de l'abdomen,
agrandi.*

a, a, etc. —granulés de
cire.

*Écailles de cire in situ,
agrandies.*

w —Échelle de cire.

LA CIRE.

Le produit des abeilles, le deuxième en importance, est la cire. C'est une substance solide et onctueuse et, comme le montre sa composition chimique, une matière semblable à de la graisse, bien qu'elle ne soit pas, comme l'affirment certains auteurs, la graisse des abeilles. Comme déjà observé, il s'agit d'une sécrétion formée de boulettes, en forme de pentagone irrégulier (Fig. 27, w , sous l'abdomen. Ces boulettes sont de couleur claire, très fines et fragiles, et sont sécrétées et moulées sur la membrane vers le corps depuis les poches de cire. Le voisin parle de la cire suintant à travers les pores de l'estomac. Ce n'est pas le cas, mais, comme pour le liquide synovial autour de nos propres articulations, il est formé par la membrane sécrétrice et ne passe pas à travers des trous, comme l'eau passe à travers un tamis. Il y a quatre de ces poches de cire de chaque côté, et ainsi il peut y avoir huit écailles de cire sur une abeille à la fois. Cette cire peut être sécrétée par les abeilles, lorsqu'elles se nourrissent de pur sucre, comme l'a montré Huber, expérience que j'ai vérifiée. J'ai retiré tout le miel et les rayons de ma ruche d'observation, j'ai laissé les abeilles pendant vingt-quatre heures digérer toute la nourriture qui pourrait être dans leur estomac, puis je leur ai donné du sucre pur, qui était meilleur que le miel, car le professeur RF Kedzie a montré par analyse que non seulement le miel filtré, mais même le nectar qu'il récoltait directement sur les fleurs elles-mêmes, contiennent de l'azote. Les abeilles commencèrent immédiatement à construire des rayons et continuèrent pendant plusieurs jours, tant que je les gardais confinées. C'est, comme nous devrions le supposer; le sucre contient de l'hydrogène et de l'oxygène en proportion de la forme de l'eau, tandis que le troisième élément, le carbone, est dans la même ou à peu près la même proportion que l'oxygène. Or, les graisses contiennent généralement peu d'oxygène et beaucoup de carbone et d'hydrogène. Ainsi, le sucre en perdant une partie de son oxygène contiendrait les éléments nécessaires aux graisses. On a constaté qu'à l'époque de l'esclavage dans le Sud, les nègres de la Louisiane devenaient très gros pendant la cueillette de la canne. Ils mangeaient beaucoup de sucre ; ils ont pris beaucoup de graisse. Or, la cire est une substance semblable à de la graisse, non pas qu'elle soit la graisse animale des abeilles, comme on l'affirme souvent ; en fait, elle contient beaucoup moins d'hydrogène, comme le montre la formule suivante de Hess :

Oxygène	7h50
Carbone	79h30
Hydrogène	13h20

- mais c'est une sécrétion spéciale destinée à un but spécial, et de sa composition, nous devrions conclure qu'elle pourrait être sécrétée par un régime purement sucré, et l'expérience confirme cette conclusion. Il a été constaté que les abeilles ont besoin d'environ vingt livres de miel pour sécréter une quantité de cire.

Il est faux de prétendre que la nourriture azotée est nécessaire, comme le prétendent Langstroth et Neighbour. Or, dans la saison active, où l'effort musculaire est important, une alimentation azotée doit être impérativement nécessaire pour fournir les déchets et donner du tonus à l'organisme. Certains peuvent être souhaitables même dans le calme de l'hiver. Or, comme la sécrétion de cire exige une bonne santé de l'abeille, elle nécessite indirectement un peu de nourriture azotée.

On affirme que pour sécréter de la cire, les abeilles doivent rester suspendues en grappes compactes ou en festons, dans un repos absolu. Un tel calme semblerait certainement propice à une sécrétion plus active. La même nourriture ne pourrait pas servir à former de la cire, et en même temps fournir les déchets de tissus qui suivent toujours l'activité musculaire. La vache, mise à rude épreuve, ne pouvait pas donner autant de lait. Mais je constate, après examen, que les abeilles, même les plus âgées, en récoltant pendant la saison du miel, cèdent les écailles de cire, les mêmes que celles de la ruche. Au cours du stockage actif de la saison écoulée, en particulier lorsque la construction des rayons était en progrès rapide, j'ai constaté que presque toutes les abeilles prélevées sur les fleurs contenaient des écailles de cire de différentes tailles dans les poches de cire. Par l'activité des abeilles, il n'est pas rare que celles-ci se détachent de leur position et tombent au fond de la ruche.

Il est probable que la sécrétion de cire n'est pas imposée aux abeilles, mais n'a lieu que lorsque cela est nécessaire. Ainsi, les abeilles, à moins que de la cire ne soit exigée, peuvent accomplir d'autres tâches. Que cette sécrétion soit une question de volonté de l'abeille, ou si elle est excitée par les conditions environnantes sans aucune réflexion, ce sont des questions qui restent à trancher.

Ces écailles de cire sont détachées par les griffes et portées à la bouche par les pattes antérieures, où elles sont mélangées à la salive, et après un pétrissage approprié par les mâchoires, processus au cours duquel elles prennent une teinte jaune vif, mais ne perdent rien de leur couleur. sa translucidité – elle forme cette structure merveilleuse et exquise qu'est le peigne.

Le nid d'abeilles est merveilleusement délicat, la paroi d'une nouvelle cellule n'ayant qu'environ 1,180 pouce d'épaisseur, et formée de manière à combiner la plus grande résistance avec le moins de dépenses de matériau et d'espace. C'est un sujet d'admiration depuis la nuit des temps. Que la forme soit une question de nécessité, comme certains le prétendent – le résultat de la pression – et non du savoir-faire des abeilles, n'est pas vrai. La forme hexagonale est prise au tout début des cellules, lorsqu'il ne peut y avoir de pression. La guêpe construit la même forme, mais sans aide. L'affirmation selon laquelle les cellules, même celles des drones et des travailleurs, sont absolument uniformes et parfaites, est également fausse, car une petite inspection suffira à convaincre n'importe qui. Le regretté professeur Wyman a prouvé qu'il n'existe pas de cellule hexagonale exacte. Il a montré que la taille varie ; de sorte que dans une distance de dix cellules ouvrières, il peut y avoir une variation d'un diamètre. Et cela dans des cellules naturelles et non déformées. Cette variation d'un cinquième de pouce dans dix cellules est extrême, mais une variation d'un dixième de pouce est courante. Les côtés, ainsi que les angles, ne sont pas constants. Les faces rhombiques formant la base des cellules varient également.

Les abeilles passent d'ouvrières (Fig. 28, *c*) à des cellules de faux-bourdons (Fig. 28, *a*), qui sont un cinquième plus grandes, et vice versa, non par aucun système (Fig. 28, *b*), mais simplement par s'agrandissant ou se contractant. Il faut généralement environ quatre lignes pour terminer la transformation, bien que le nombre de cellules déformées varie de deux à huit.

FIGURE 28.

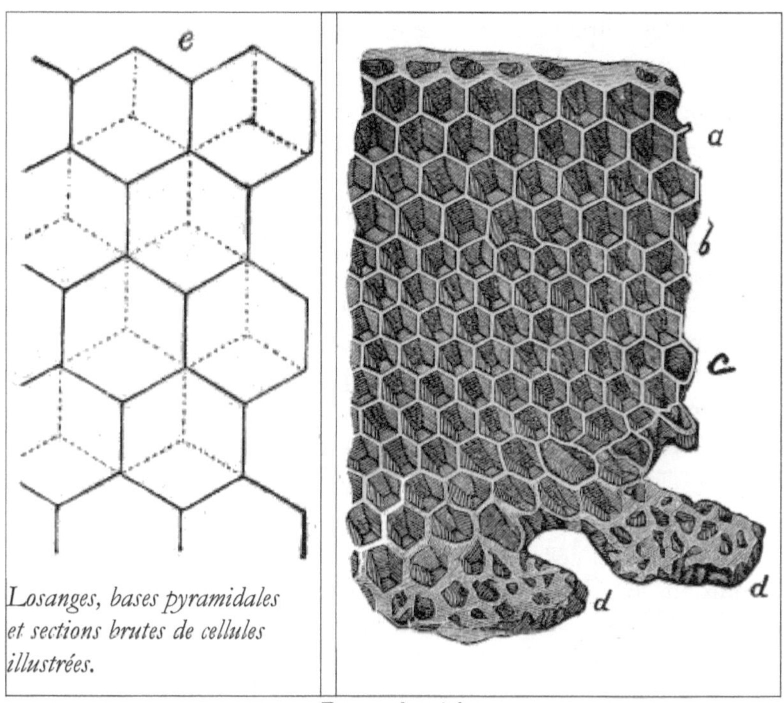

Losanges, bases pyramidales et sections brutes de cellules illustrées.

Rayon de miel.

a —Cellules de drone,	*c* —Cellules ouvrières.
b —Cellules déformées.	*dd* —Reine-cellules.

La structure de chaque cellule est assez complexe, mais pleine d'intérêt. La base est une pyramide triangulaire (Fig. 28, *e*) dont les trois faces sont des losanges, et dont le sommet forme le centre même du plancher de la cellule. A partir des six bords libres ou non adjacents des trois losanges s'étendent les parois latérales ou faces de la cellule. Le sommet de cette pyramide basale est un point où les faces contiguës de trois cellules du côté opposé se rencontrent et forment les angles des bases de trois cellules du côté opposé du peigne. Ainsi, la base de chaque cellule forme un tiers de la base de chacune des trois cellules opposées. Un côté renforce ainsi l'autre et ajoute beaucoup à la solidité du peigne. Chaque cellule se présente donc sous la forme d'un prisme hexagonal se terminant par une pyramide triangulaire aplatie.

Les abeilles construisent habituellement plusieurs rayons à la fois et transportent plusieurs cellules de chaque côté de chaque rayon, en augmentant constamment le nombre, en ajoutant au bord. Huber a d'abord observé le processus de construction des rayons, remarquant que les abeilles extrayaient les écailles de cire, les portaient à la bouche, ajoutaient la salive mousseuse, puis pétrissaient et tiraient les rubans jaunes attachés au sommet de la ruche, ou ajouté au peigne déjà commencé.

Le diamètre des cellules ouvrières (Fig. 28, *c*) est en moyenne d'un peu plus d'un cinquième de pouce ; Réaumur dit deux lignes et trois cinquièmes ou douzièmes de pouce. Tandis que les cellules-bourdons (fig. 28, *a*) font un peu plus d'un quart de pouce, ou, d'après Réaumur, trois lignes et un tiers. Mais cet auteur distingué avait tout à fait tort lorsqu'il disait : « Ce sont les dimensions invariables de toutes les cellules qui ont jamais existé ou qui seront jamais créées. » La profondeur des cellules ouvrières est d'un peu moins d'un demi-pouce ; les cellules du drone sont légèrement étendues de manière à avoir une profondeur d'un peu plus d'un demi-pouce. Ces cellules sont souvent étirées de manière à mesurer un pouce de long lorsqu'elles sont utilisées uniquement comme réceptacles à miel. Le revêtement des cellules du couvain est sombre, poreux et convexe, tandis que celui du miel est blanc et concave.

Le caractère des cellules, quant à leur taille, c'est-à-dire si elles sont des faux-bourdons ou des ouvrières, semble être déterminé par l'abondance relative des abeilles et du miel. Si les abeilles sont abondantes et qu'il faut du miel, ou s'il n'y a pas de reine pour pondre, un rayon de faux-bourdons (Fig. 28, *a*) est invariablement construit, tandis que s'il y a peu d'abeilles et bien sûr peu de miel, alors des ouvrières sont construites. peigne (Fig. 28, *c*) est presque aussi invariablement formé.

Tous les peignes une fois formés sont clairs et transparents. Le fait qu'il soit souvent sombre et opaque implique qu'il a longtemps été utilisé comme rayon à couvain, et son opacité est due aux innombrables cocons minces qui tapissent les cellules. Ceux-ci peuvent être séparés en dissolvant la cire ; ce qui peut être fait en le mettant dans de l'alcool bouillant. Un tel rayon n'a pas besoin d'être jeté, car s'il est composé de cellules ouvrières, il est toujours très précieux à des fins de reproduction et ne devrait pas être détruit jusqu'à ce que les cellules soient trop petites pour un service plus long, ce qui ne se produira qu'après de nombreuses années d'utilisation. . La fonction de la cire est donc de fabriquer des rayons et des coiffes pour les cellules de miel, et, combinée avec le pollen, de former des cellules royales (Fig. 28, *d*) et des coiffes pour les cellules de couvain. (Voir Annexe, page 301).

POLLEN OU PAIN D'ABEILLE.

Un auteur grec ancien raconte qu'à Hymette, les abeilles attachaient de petits cailloux à leurs pattes pour les maintenir au sol. Cette conjecture fantaisiste est probablement née de la vue des boules de pollen sur les pattes des abeilles.

Même des savants comme Réaumur, Bonnet, Swammerdam et de nombreux apiculteurs du siècle dernier crurent voir dans ces boules de pollen la source de la cire. Mais Huber, John Hunter, Duchet, Wildman et d'autres remarquèrent la présence et la fonction des pastilles de cire déjà décrites et savaient que le pollen remplissait un objectif différent.

Cette substance, comme le miel, n'est ni sécrétée, ni fabriquée par les abeilles, seulement récoltée. Les abeilles l'obtiennent généralement des étamines des fleurs. Mais s'ils ont accès à de la farine alors qu'il n'y a pas de floraison, ils la prendront à la place du pollen, auquel cas le premier terme utilisé ci-dessus devient un abus de langage, bien qu'habituellement le pain d'abeille soit presque entièrement constitué de pollen.

Comme nous l'avons déjà indiqué, le pollen est transporté dans les corbeilles à pollen (Fig. 22, p) des pattes postérieures, vers lesquelles il est transporté par les autres pattes, et comprimé en petites masses ovales. Les mouvements dans ce véhicule sont extrêmement rapides. Il n'est pas rare que les abeilles viennent aux ruches, non seulement avec des corbeilles à pollen remplies, mais avec toute leur surface inférieure soigneusement époussetée. La dissection montrera également que la même abeille peut avoir le ventre de succion distendu avec du miel. Ainsi, les abeilles profitent au maximum de leurs opportunités. C'est un fait curieux, remarqué même par Aristote, que les abeilles, au cours d'un voyage, ne récoltent qu'une seule sorte de pollen, ou ne récoltent qu'une seule espèce de fleur. Par conséquent, même si différentes abeilles peuvent avoir des couleurs de pollen différentes, les boulettes de pain d'abeille d'une seule abeille seront de couleur uniforme partout. Il est possible que le matériau soit plus facilement collecté et compacté lorsqu'il est homogène.

Le pollen est généralement déposé dans les petites cellules ou cellules ouvrières et est déchargé par un mouvement de grattage des pattes postérieures, les paniers à pollen étant d'abord abaissés dans les cellules. L'abeille ainsi libérée laisse les masses semblables à du blé ainsi déposées pour être emballées par d'autres abeilles. Les cellules, qui peuvent ou non avoir la même couleur de pollen partout, ne sont jamais remplies jusqu'au sommet, et il n'est pas rare que la même cellule puisse contenir à la fois du pollen et du miel. Une telle condition est facilement constatée en tenant le peigne entre l'œil et le soleil. S'il n'y a pas de pollen, il sera entièrement translucide ; sinon il y aura des taches opaques. Un peu d'expérience facilitera cette détermination, même si le peigne est vieux. On dit souvent que les colonies sans reine ne récoltent pas de pollen, mais ce n'est pas vrai, même s'il est très probable qu'elles en récoltent moins qu'elles ne le feraient autrement. Il est probable que le pollen, du moins lorsqu'on y ajoute du miel, contient tous les éléments essentiels de l'alimentation animale. Il contient certainement le principe très important que l'on ne trouve pas dans le miel : la matière azotée.

La fonction du pain d'abeille est d'aider à fournir au couvain une nourriture appropriée. En fait, l'élevage de couvains serait impossible sans cela. Et bien qu'il ne soit certainement pas essentiel à l'alimentation des abeilles au repos, il peut néanmoins l'être, et l'est incontestablement, en période de travail actif.

PROPOLIS.

Cette substance, également appelée colle d'abeille, est collectée au fur et à mesure que les abeilles collectent le pollen, et n'est ni fabriquée ni sécrétée. C'est le produit de divers bourgeons résineux et on peut le voir briller sur les bourgeons qui s'ouvrent du caryer et du marronnier d'Inde, où il sert fréquemment à l'entomologiste en capturant de petits insectes. C'est à partir de ces sources, de la gomme suintante de divers arbres, des meubles vernis et de la vieille propolis des ruches inutilisées, qui ont déjà été utilisées, que les abeilles obtiennent leur colle. Il est probable que le rassemblement des abeilles autour des cercueils pour récupérer la colle du vernis ait conduit à l'habitude de frapper sur les ruches pour informer les abeilles, en cas de décès dans la famille, qu'elles pourraient se joindre aux pleureuses. Cette coutume prévaut encore, si je comprends bien, dans certaines régions du Sud. Cette substance a une grande force adhésive et, bien que douce et malléable lorsqu'elle est chaude, elle devient très dure et inflexible lorsqu'elle est froide.

L'usage de cette substance est de cimenter les rayons à leurs supports, de combler toutes les aspérités à l'intérieur de la ruche, de colmater toutes les crevasses sauf le lieu de sortie, qu'ils contractent souvent, et même de recouvrir toute substance étrangère qui ne peut être supprimé. Les escargots intrus ont ainsi été emprisonnés à l'intérieur de la ruche. Réaumur trouva un escargot ainsi enfermé ; Maraldi, une limace également ensevelie ; tandis que j'ai moi-même observé un bombus, qui avait été dépouillé par les abeilles de leurs ailes, de leurs poils, etc., dans leurs vaines tentatives de les enlever, également enfermé dans ce style unique de sarcophage, façonné par les abeilles.

BIBLIOGRAPHIE.

Pour ceux qui souhaitent approfondir ces sujets intéressants, je recommanderais les auteurs suivants comme particulièrement souhaitables : Kirby et Spence, Introduction to Entomology ; Les transformations des insectes de Duncan ; Guide Packard pour l'étude des insectes (américain); Les nouvelles observations de F. Huber sur l'histoire naturelle des abeilles ; Bevan sur l'abeille à miel ; Langstroth sur l'abeille domestique (américain) ; Voisin du rucher.

On m'a souvent demandé de recommander de tels traités, et je salue chaleureusement tout ce qui précède. Le premier et le quatrième sont désormais épuisés, mais peuvent être obtenus en passant commande dans les librairies d'occasion.

DEUXIÈME PARTIE.
LE rucher

Ses soins et sa gestion.

Devise : « Gardez toutes les colonies fortes ! »

INTRODUCTION À LA PARTIE II.
DÉMARRER UN rucher.

En apiculture, comme dans toute autre activité, il est primordial de prendre un bon départ. Cela exige une préparation de la part de l'apiculteur, l'achat d'abeilles et l'emplacement de son rucher.

PRÉPARATION.

Avant de se lancer dans l'activité, le futur apiculteur doit s'informer dans cet art.

LISEZ UN BON MANUEL.

Pour ce faire, il devra se procurer un bon manuel et étudier à fond, surtout la partie pratique du métier ; et s'il est habitué à lire, à réfléchir et à étudier, il doit lire attentivement l'ensemble de l'ouvrage. Sinon, il évitera la confusion en étudiant uniquement les méthodes de pratique, laissant les principes et la science pour renforcer et se renforcer par son expérience. À moins d'être étudiant, il ferait mieux de ne pas prendre de journal avant d'avoir commencé le travail proprement dit, car tant d'informations non classifiées, sans aucune expérience pour les corriger, les organiser et les sélectionner, ne feront que mystifier. Pour la même raison, il peut très bien se contenter de lire un seul ouvrage, jusqu'à ce que l'expérience et une étude approfondie de celui-ci le rendent plus capable de discerner ; et le même raisonnement l'empêchera de prendre plus d'un périodique apicole, jusqu'à ce qu'il ait eu au moins une année d'expérience réelle.

VISITEZ QUELQUES APIARISTE.

Dans ce travail d'auto-préparation, il trouvera une grande aide en visitant l'apiculteur intelligent et compétent le plus proche. En cas de succès, celui-ci aura une réputation ; s'il est intelligent, il prendra les journaux et montrera par sa conversation qu'il connaît les méthodes et les vues de ses frères apiculteurs, et surtout, il ne pensera pas qu'il sait tout, et que c'est le seul moyen de réussir. . Apprenez tout ce que vous pouvez à ce sujet, mais laissez toujours votre propre jugement et votre bon sens servir d'arbitre, afin de ne pas faire de plans ou de décisions que votre jugement ne soutient pas pleinement.

SUIVEZ UN COURS COLLÉGIAL.

Il serait *très sage* de suivre, si cela est possible, un cours dans un collège où l'apiculture est discutée à fond. Ici, vous obtiendrez non seulement la meilleure formation concernant l'entreprise que vous avez choisie, car vous étudierez, verrez et manipulerez, et disposerez ainsi des meilleures aides pour décider des méthodes, des systèmes et des appareils, mais vous recevrez également cette culture générale, ce qui augmentera grandement les plaisirs et l'utilité de la vie, et qui s'avérera toujours le meilleur capital dans toute vocation.

DÉCIDEZ D'UN PLAN.

Après avoir suivi le cours suggéré ci-dessus, il sera facile de décider de l'emplacement, des ruches, du style de miel à cultiver et du système général de gestion. Mais ici, comme dans tous les arts, tout notre travail doit être précédé d'un plan d'opérations bien digéré. Comme pour le fermier et le jardinier, seul celui qui travaille selon un plan peut espérer le meilleur succès. Bien entendu, ces plans varieront à mesure que nous grandirons en sagesse et en expérience. Une bonne maxime qui régit tous les plans est « allez-y doucement ». Une bonne règle, qui garantira ce qui précède : « Payez au fur et à mesure ». Faites payer au rucher toutes les améliorations à l'avance. Exiger que les crédits de chaque année dépassent les débits ; et pour que vous puissiez sûrement y parvenir, tenez un compte précis de toutes vos recettes et dépenses. Cela sera d'une grande aide pour organiser les plans des opérations de chaque année successive.

Surtout, évitez les passe-temps et soyez lent à adopter des changements radicaux. « Prouvez toutes choses et retenez ce qui est bon. »

COMMENT PROCURER NOS PREMIÈRES COLONIES.

Pour se procurer des colonies à partir desquelles former un rucher, il est toujours préférable de les avoir à portée de main. Nous évitons ainsi le choc du transport, pouvons voir les abeilles avant d'acheter et, en cas d'erreur apparente, pouvons facilement obtenir une explication personnelle et garantir une correction rapide de tout problème réel.

GENRE D'ABEILLES À ACHETER.

Au même prix, prenez toujours les Italiens, car ce sont sans aucun doute les meilleurs. Si les abeilles noires peuvent être achetées pour trois, ou même pour deux dollars de moins par colonie, prenez-les par tous les moyens, car elles peuvent être italiennes avec profit pour la différence de prix, et, dans l'opération, le jeune apiculteur gagnera de précieux expérience.

Notre devise exigera également que nous n'achetions que des colonies fortes. Si, comme recommandé, l'acheteur voit les colonies avant la conclusion de la transaction, il sera facile de savoir que les colonies sont fortes. Si les abeilles, en se précipitant, vous rappellent le Vésuve sous son meilleur jour, ou vous rappellent le jaillissement et la précipitation vers le bec du tuyau d'arrosage des pompiers, alors achetez. Dans les ruches de ces colonies, tous les rayons seront couverts d'abeilles et pendant la saison du miel, le couvain sera abondant.

DANS QUEL TYPE DE RUCHES.

Comme les plans sont déjà faits, il est bien entendu décidé du style de ruche à utiliser. Or, si l'on peut se procurer des abeilles dans de telles ruches, elles vaudront d'autant plus que dans n'importe quelle autre ruche, car il en coûte pour fabriquer la ruche et transférer les abeilles. Cela représentera certainement jusqu'à trois dollars. *Aucun apiculteur ne tolérera, sauf à titre expérimental, deux styles de ruches dans son rucher.* Par conséquent, à moins que vous ne trouviez des abeilles dans les ruches que vous allez utiliser, il sera préférable de les acheter dans des ruches-boîtes et de les transférer (voir chapitre VII) dans vos propres ruches, car ces abeilles peuvent toujours être achetées à des tarifs réduits. Dans le cas où la personne auprès de laquelle vous achetez reprendrait les ruches à un prix équitable, après avoir transféré les abeilles dans vos propres ruches, achetez dans n'importe quel style de ruche à rayons mobiles, car il est plus facile de transférer à partir d'une ruche à rayons mobiles. , que d'une ruche-boîte.

QUAND ACHETER.

Il est sécuritaire d'acheter à tout moment de l'été. En avril ou en mai — bien sûr, vous n'achetez que des stocks solides — si vous êtes à la latitude de New York ou de Chicago — ce sera plus tôt plus au sud — vous pouvez vous permettre de payer plus, car vous assurerez l'augmentation à la fois du miel et des abeilles. Si vous désirez acheter en automne, afin de gagner par l'expérience de l'hivernage, soit exigez que celui chez qui vous achetez assure l'hivernage sécuritaire des abeilles, soit qu'il réduise le prix de vente d'au moins un tiers, de ses tarifs en avril prochain. Sinon, le novice ferait mieux d'attendre et d'acheter au printemps. Si vous devez transférer immédiatement, il est presque impératif d'acheter au printemps, car il est vexatoire, surtout pour le novice, de transférer lorsque les ruches sont remplies de couvain et de miel.

COMBIEN PAYER.

Bien entendu, le marché, qui sera toujours régi par l'offre et la demande, doit vous guider. Mais pour vous aider, je joindrai ce qui serait actuellement un barème de prix raisonnable presque partout aux États-Unis : pour les ruches en forme de buis, remplies d'abeilles noires - on trouverait rarement des Italiens dans de telles ruches - cinq dollars par colonie est un juste prix. prix. Pour les abeilles noires dans les ruches telles que celles que vous désirez utiliser, huit dollars seraient raisonnables. Pour de purs Italiens vivant dans de telles ruches, dix dollars, ce n'est pas trop.

Si la personne à qui vous achetez reprend les ruches mobiles après le transfert des abeilles, vous pouvez vous permettre de payer cinq dollars pour les abeilles noires et sept dollars pour les pures italiennes. Si vous achetez à l'automne, exigez 33 ⅓ pour cent de réduction sur ces tarifs.

OÙ SE TROUVER.

Si l'apiculture est une activité, votre emplacement sera déterminé par votre activité ou profession principale. Et ici, je peux déclarer que, si nous pouvons en juger par les rapports qui proviennent de presque toutes les régions des États-Unis, du Maine au Texas et de la Floride à l'Oregon, vous ne pouvez guère vous tromper nulle part dans notre beau pays.

Si vous devez vous engager en tant que spécialiste, vous pouvez d'abord sélectionner en fonction de la société et du climat, après quoi il sera bon de vous procurer une succession de plantes mellifères naturelles (Chap. XVI.), en fonction de votre localité. Il serait également judicieux de rechercher des perspectives raisonnables d'existence d'un bon marché intérieur, car les bons marchés intérieurs sont et doivent toujours être les plus souhaitables. Il serait également souhaitable que votre quartier ne soit pas surpeuplé en abeilles. C'est un fait bien établi que les apiculteurs possédant peu de colonies reçoivent des bénéfices relativement plus importants que ceux possédant de grands ruchers. Bien que cela puisse être dû en partie à de meilleurs soins, cela dépend sans aucun doute du fait qu'il n'y a pas une proportion excessive d'abeilles par rapport au nombre de plantes mellifères, et la sécrétion de nectar qui en résulte. Avoir le monopole incontesté d'une superficie s'étendant au moins à quatre milles dans toutes les directions de votre rucher est incontestablement un grand avantage.

Si vous désirez démarrer deux sortes d'entreprises, afin de réduire les dangers d'un éventuel malheur, alors une petite ferme, en particulier une ferme fruitière, dans une localité où la culture fruitière est pratiquée avec succès, sera très souhaitable. Vous ajoutez ainsi d'autres luxes de la vie aux produits de votre entreprise, et en même temps vous pouvez créer des pâturages supplémentaires pour vos abeilles en vous occupant simplement de vos autres affaires. Dans ce cas, votre localisation devient une question plus complexe et exigera encore plus de réflexion et d'attention. Certains des apiculteurs les plus prospères du Michigan sont également considérés comme des pomologues à succès.

Pour la position et la disposition du rucher, voir le chapitre VI .

CHAPITRE V.
RUCHES ET BOÎTES

Un choix précoce parmi les innombrables ruches est bien entendu exigé ; et permettez-moi ici de souligner *qu'aucune des ruches standards n'est désormais couverte par des brevets, donc que personne n'achète de droits* . Le succès d'un apiculteur habile avec presque toutes les ruches est possible. Pourtant, il ne fait aucun doute que certaines ruches sont de loin supérieures à d'autres, et pour certains usages et chez certaines personnes, certaines ruches sont de loin préférables à d'autres, même si toutes peuvent être méritoires. Comme un changement de ruche, une fois qu'on s'est engagé dans l'apiculture, implique beaucoup de temps, de travail et de dépenses, cela devient une question importante et mérite une considération sérieuse de la part du futur apiculteur. Je lui accorderai une première place et une considération approfondie dans cette discussion de l'apiculture pratique.

Fort-RUCHES.

Je me sens libre de dire qu'aucune personne qui lit, réfléchit et étudie — et le succès en apiculture ne peut être promis à personne d'autre — ne se contentera jamais d'utiliser les vieilles ruches. En effet, la pensée et l'intelligence, qui impliquent un désir de recherche, sont des éléments essentiels du caractère de l'apiculteur. Et pour celui-là, une ruche-buis aurait une valeur juste en proportion de la quantité de bois d'allumage qu'elle contenait. Un défaut très grave de l'un de nos principaux livres sur les abeilles, qui par ailleurs est excellent dans son sujet et dans son traitement, est le fait qu'il présume que ses lecteurs sont des hommes de la ruche. Nous faisons également des empereurs, des rois et de la chevalerie la base d'un bon gouvernement, dans un essai écrit pour les lecteurs américains. J'ignorerai entièrement les ruches dans les discussions suivantes, car je crois qu'aucun apiculteur sensé et intelligent, comme celui qui lit des livres, ne les tolérera, et que, à supposer qu'ils le fassent, ce serait une erreur coûteuse, que je n'ai pas le droit de faire. En fait, encourager est voué à décourager, non seulement pour le bien des individus, mais aussi pour l'art lui-même.

Pour être sûr de son succès, l'apiculteur doit pouvoir inspecter à sa guise tout l'intérieur de la ruche, pouvoir échanger les rayons d'une ruche à l'autre, régler les mouvements des abeilles: en détruisant les cellules royales, en donnant ou en retenant des rayons de faux-bourdons, en extrayant le miel, en introduisant des reines, et par bien d'autres manipulations à expliquer, qui ne sont praticables qu'avec une ruche à cadre mobile.

RUCHES À PEIGNES MOBILES.

Il existe actuellement deux types de ruches à rayons mobiles en usage parmi nous, dont chacune est incontestablement précieuse, car chacune a des défenseurs parmi nos apiculteurs les plus intelligents, les plus prospères et les plus étendus. Chacun a également été remplacé par l'autre, à la satisfaction de celui qui opère le changement. Le type le plus utilisé consiste en une boîte dans laquelle sont suspendus les cadres qui maintiennent les peignes. Les cadres adjacents sont si éloignés que les peignes, qui viennent de les remplir, doivent être espacés d'une distance appropriée. Dans l'autre espèce, les cadres sont plus larges que le peigne, et lorsqu'ils sont en position, ils sont rapprochés et forment à eux seuls les deux côtés d'une boîte. Lors de leur utilisation, ces cadres sont entourés d'un deuxième caisson, sans fond, qui, avec eux, repose sur une planche de fond. Chacun de ces types est représenté par diverses formes, tailles, etc., où les détails varient selon la conception de l'apiculteur. Cependant, je crois que toutes les ruches actuellement utilisées, dignes de recommandation, appartiennent à l'un ou l'autre des types mentionnés ci-dessus.

La Ruche Langstroth.

C'est (Fig. 29) la ruche la plus utilisée par les Américains et les Britanniques, sinon par tous ceux qui pratiquent l'apiculture améliorée. On dit que feu le major Munn fut le premier à inventer ce style de ruche. Il déclare (voir Bevan, p. 37) qu'il l'a utilisé pour la première fois en 1834. Mais, comme le suggère Neighbour dans son précieux manuel, l'invention n'a été d'aucune utilité pour les apiculteurs, car elle était soit inconnue, soit ignorée par les apiculteurs. des hommes pratiques. Cette invention est également née indépendamment du révérend LL Langstroth, qui l'a présentée en 1851, si parfaite qu'elle n'avait pratiquement besoin d'aucune amélioration ; et pour ce don, ainsi que pour ses recherches approfondies en apiculture, telles qu'elles sont exposées dans son livre inestimable "L'Abeille", il a conféré à notre art un bénéfice qui ne peut être surestimé et pour lequel nous, en tant qu'apiculteurs , je ne peux pas être trop reconnaissant. C'est son livre – celui de l'un de mes anciens professeurs, pour lequel je n'ai aucun mot de reproche – qui m'a conduit à certaines des enquêtes les plus délicieuses de ma vie. C'est son invention, la ruche Langstroth, qui m'a permis de mener ces investigations. D'une part, je vénérerai toujours le nom de Langstroth, en tant que grand leader de l'apiculture scientifique, tant en Amérique que dans le monde entier. Son nom doit toujours figurer à côté de celui de Dzierzon et de l'aîné Huber. Cette ruche, qui a laissé les mains du grand maître dans une forme si parfaite, que même les détails restent inchangés par beaucoup de nos premiers apiculteurs, devrait sûrement toujours porter son nom. Ainsi, bien que je préfère et utilise la taille du cadre utilisée pour la première fois, je crois, par M. Gallup, j'utilise toujours la ruche Langstroth. (Voir Annexe, page 287).

CARACTÈRE DE LA Ruche.

La principale caractéristique de la ruche devrait être la simplicité, ce qui exclurait les portes, les tiroirs et les pièges de toutes sortes. Le corps doit être fait de bon bois de pin ou de bois blanc, d'un pouce d'épaisseur, soigneusement séché et raboté des deux côtés. Il doit s'agir simplement d'une simple boîte (Fig. 30), sans haut ni fond, et d'une taille et d'une forme convenant à l'apiculteur. La taille dépendra de notre objectif. Si nous ne désirons pas de miel en rayon, ou si nous désirons du miel en rayon dans des cadres, la ruche peut contenir 4 000 pouces cubes. Si nous désirons du miel en boîtes, il ne devrait pas en contenir plus de 2 000, et peut être même plus petit. Si la ruche doit être à deux étages, c'est-à-dire une ruche au-dessus d'une ruche similaire en dessous (Fig. 29), je préfère qu'elle mesure dix-huit pouces de long, douze pouces de large et douze pouces de profondeur, mesure intérieure. Si de petits cadres ou boîtes devaient être utilisés au-dessus, j'aurais la ruche au moins deux pieds de long. Une feuillure de trois quarts de pouce doit être coupée du haut des côtés ou des extrémités, comme le préfère l'apiculteur, à l'intérieur (Fig. 30, c).

FIGURE 30

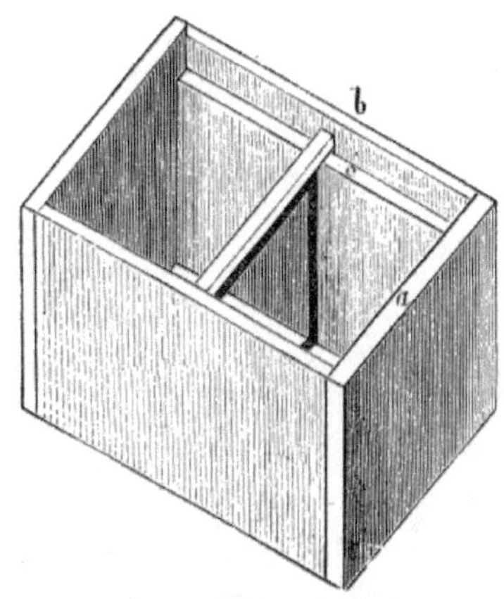

La feuillure peut correspondre à un peu plus de la moitié de l'épaisseur de la planche. De lourdes bandes d'étain (Fig. 33), larges de trois quarts de pouce, doivent être clouées sur le côté au-dessous de la feuillure, de manière à atteindre un quart de pouce au-dessus de l'épaule. Ceux-ci doivent supporter les cadres et sont pratiques car ils empêchent les cadres de rester collés à la ruche. On peut ainsi desserrer les cadres sans heurter les abeilles. Je n'aurais pas de ruches sans de telles feuillures en étain, bien que certains apiculteurs, parmi lesquels se trouve M. James Heddon, de cet État, dont le rang d'apiculteur prospère est très élevé, ne les aiment pas. L'objection à leur égard est le coût et la difficulté des cadres à bouger lorsque la ruche est déplacée. Mais avec leur utilisation, nous ne sommes pas obligés de détacher les cadres, et nous ne sommes pas susceptibles d'irriter les abeilles, tout en examinant le contenu de la ruche, arguments qui sont concluants pour moi.

Quiconque n'est pas un mécanicien qualifié, surtout s'il n'a pas de scie circulaire, ferait mieux de joindre les côtés de ses ruches à la manière de fabriquer des boîtes de marchandises sèches ordinaires (Fig. 30). Dans ce cas, les côtés non feuillurés devront dépasser, sinon il faudra boucher les coins là où ils ont été feuillurés.

FIGURE 31.

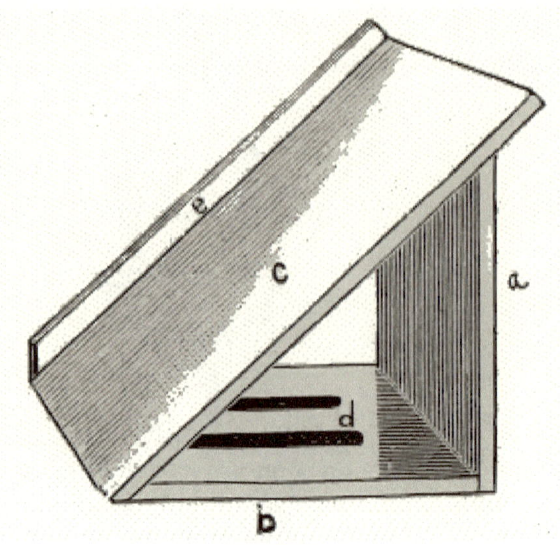

Jauge de biseau.

Le mécanicien préférera peut-être biseauter les extrémités des planches et les réunir par un joint à onglet (Fig. 33). Cela semble un peu mieux, sinon ce n'est pas supérieur à l'autre méthode. Il est difficile de former des joints précis, *et comme tout ce qui concerne la ruche devrait être* PRÉCIS *et* UNIFORME — ce style n'est pas à recommander à l'apiculteur général. Pour réaliser des onglets avec une scie à main, à moins d'être très habile, il faut une boîte à onglets parfaite et, même dans ce cas, il faut beaucoup de soin pour assurer des joints parfaits. Avec une scie circulaire, c'est plus facile. Nous n'avons qu'à fabriquer un support comme suit : prenez deux planches (Fig. 31. *a, b*), chacune d'un pied de longueur, et attachez-les ensemble en queue d'aronde, comme si avec deux autres vous vouliez faire une boîte carrée. Assurez-vous qu'ils forment un angle droit parfait. Biseautez ensuite les extrémités opposées à l'angle, et réunissez-les avec une troisième planche (Fig. 31, *c*) solidement clouée aux autres. Nous avons donc une pyramide triangulaire. À travers l'une des faces les plus courtes, faites des fentes longitudinales (Fig. 31, *d*) afin que celle-ci puisse être solidement boulonnée à la table de scie. Lors de l'utilisation, la face la plus longue atteindra la scie et, de là, s'inclinera vers le haut et vers l'arrière. Le long du bord arrière de celui-ci, une planche étroite (Fig. 31, *e*) doit être clouée, qui dépassera d'un pouce au-dessus. Cela permettra à la planche d'être biseautée dans l'alignement du support et conservera les angles droits. Bien entendu, les planches de la ruche doivent être des rectangles parfaits, et avoir juste la bonne longueur et la bonne largeur, avant que les biseaux ne soient coupés.

Un tel support (_Fig. 31_) que j'ai commandé pour ma scie de Barnes, chez un ébéniste. Il était fait de bois dur, les trois joints étaient en queue d'aronde et joliment fini, au coût de 1,50 $.

En sciant les extrémités et les côtés de la ruche, que ce soit à la main ou avec une scie circulaire, il faut utiliser un guide, afin d' assurer une _parfaite uniformité_ .

LE PLANCHE INFÉRIEURE.

Pour une planche inférieure ou un support (_Fig. 32_), nous devrions avoir une seule planche d'un pouce (_Fig. 32, b_) aussi large que la ruche et quatre pouces de plus, si les abeilles doivent entrer à la fin de la ruche. la ruche, et aussi longue et quatre pouces plus large, si les abeilles doivent entrer par le côté. Celui-ci est cloué en deux morceaux de deux par quatre, ou de deux par deux (_Fig. 32, a, a_). Ainsi la ruche repose à deux ou quatre pouces du sol. Ces échantillonnages doivent s'étendre à une extrémité de huit pouces au-delà de la planche, et ces saillies doivent être biseautées à partir du bord de la planche jusqu'au coin extérieur inférieur de l'échantillonnage. Sur ces bords biseautés, clouez une planche (_Fig. 32>, d_) qui s'étendra du bord de la planche inférieure jusqu'au sol. Nous avons ainsi la planche de descente, dont le bord supérieur doit être biseauté, de façon à épouser étroitement la planche inférieure. Si les ruches doivent être transportées dans une cave pour l'hiver, il vaut mieux que cette planche de descente (_Fig. 31, d_) soit séparée, sinon il est plus pratique de la fixer. Il peut être séparé au début, ou peut être facilement séparé en sciant la partie biseautée des échantillons.

Si l'apiculteur désire que ses abeilles entrent sur le côté de la ruche, l'échantillon (_Fig. 32, a, a_) doit fonctionner dans l'autre sens, et la planche de descente (_Fig. 32, d_) doit être plus longue et changée. sur le côté. J'ai essayé les deux et je ne vois aucune différence, donc la question peut être contrôlée par le goût de l'apiculteur.

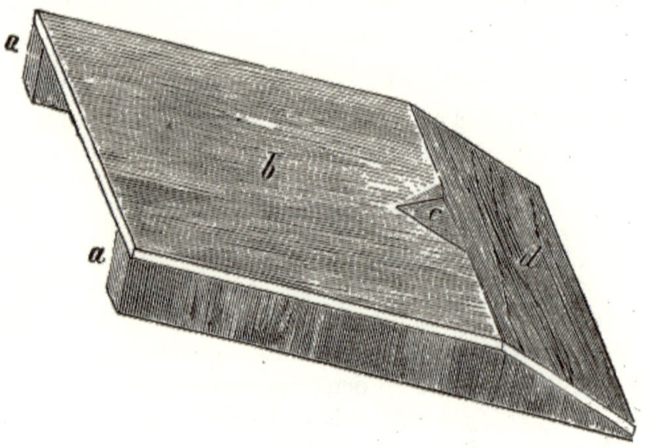

Pour une ouverture vers la ruche (Fig. 32, *c*), je biseauterais le milieu du bord de la planche inférieure, à côté de la planche inclinée. Au bord, ce biseau doit avoir trois quarts de pouce de profondeur et quatre pouces de largeur. Il peut diminuer à la fois en largeur et en profondeur à mesure qu'il recule, jusqu'à ce qu'à une distance de quatre pouces, il atteigne un demi-pouce de large et cinq trente secondes de pouce de profondeur. Cela peut terminer l'ouverture, bien que l'épaulement à l'extrémité puisse être biseauté, si vous le souhaitez.

Avec ce plateau inférieur, les abeilles sont près du sol, et avec le plateau incliné devant, même les plus fatiguées et les plus chargées ne manqueront pas de gagner la ruche, car elles entreront avec leur chargement de provisions. Au printemps également, de nombreuses abeilles sont sauvées, lorsqu'elles arrivent les jours venteux, grâce à des ruches basses et à une planche de pose. *Aucune ruche ne devrait être située à plus de quatre pouces du sol*, et aucune ruche ne devrait être dépourvue d'une planche de descente inclinée. Avec cette ouverture également, l'entrée peut être rétrécie en cas de vol, ou entièrement fermée si on le souhaite, en reculant simplement la ruche.

Certains apiculteurs pratiquent une ouverture sur le côté de la ruche et en règlent les dimensions au moyen de glissières en étain ou de blocs triangulaires (fig. 29) ; d'autres forment une ouverture en faisant glisser la ruche vers l'avant au-delà du panneau inférieur - ce que je ferais avec celle du dessus par temps chaud lorsque le stockage était très rapide - mais pour des raisons de simplicité, de bon marché et de commodité, je n'ai pas encore vu d'ouverture supérieure à celle du dessus. Je pense aussi que je suis un juge compétent, car j'ai au moins une demi-douzaine de styles actuellement utilisés.

J'insiste également pour que seule cette ouverture soit utilisée. Les trous de tarière autour de la ruche et les entrées des deux côtés sont pire qu'inutiles. En agrandissant cette ouverture, nous garantissons une ventilation suffisante, même en août étouffant, et lorsque nous contractons l'entrée, aucune abeille n'est perdue en trouvant la porte habituelle fermée.

Certains de nos meilleurs apiculteurs, comme MM. Heddon, Baldridge, etc., préfèrent que la planche inférieure soit clouée à la ruche (Fig. 39). J'ai de telles ruches ; depuis des années, mais nous nous y opposons fermement. Ils ne permettent pas un nettoyage rapide de la planche inférieure, lorsque nous effectuons un vol de nettoyage en hiver, ou lorsque nous commençons les opérations au printemps, ce qui, surtout s'il y a un litre ou plus d'abeilles mortes, est très souhaitable. De plus, avec leur utilisation, nous ne pouvons pas contracter l'ouverture par temps froid, ni arrêter de voler, sans les blocs (Fig. 29), les boîtes de conserve ou autres pièges. *La simplicité devrait être la devise de la fabrication des ruches.* Les arguments en faveur d'une telle fixation sont les suivants : Commodité pour déplacer les colonies et pour se nourrir, car nous n'avons pas besoin de fixer les fonds lorsque nous désirons expédier nos abeilles, et pour nous nourrir, nous n'avons qu'à verser nos liquides dans les ruches.

Bien entendu, ces points ne sont pas essentiels, mais seulement des questions de commodité. Que chacun décide par lui-même quelle expérience lui permettra de faire.

LA COUVERTURE DE LA Ruche.

Le couvercle (Fig. 33, *a*) doit avoir environ six pouces de haut et ressembler au couvercle d'un coffre. La longueur et la largeur peuvent être les mêmes que celles du corps de la ruche et s'adapter avec des bords biseautés (Fig. 33), le corps ayant le bord extérieur biseauté et le couvercle celui intérieur. Si nous joignons ainsi le couvercle et la ruche par un joint à onglet, nous ne devons nous contenter de rien de moins que la perfection, sinon en cas d'orage, la pluie s'infiltrera dans nos ruches, ce qui ne devrait jamais être permis. Ces couvercles peuvent être fixés aux ruches à l'aide de charnières ou de crochets et d'agrafes. Mais à moins que l'apiculteur ne soit habile dans l'utilisation des outils, ou n'engage un mécanicien pour fabriquer ses ruches, il sera plus satisfaisant de faire en sorte que le couvercle soit juste assez grand (Fig. 29) pour se fermer et reposer sur des épaulements formés soit en clouant un pouce. bandes autour du corps de la ruche, à un pouce du haut, ou bien à l'intérieur du couvercle (Fig. 29). S'il est préférable d'avoir une ruche à deux étages, avec l'étage supérieur (Fig. 33, *b*) tout comme l'inférieur (Fig. 33, *c*), celui-ci (Fig. 53) peut rejoindre l'inférieur par un joint à onglet , tandis qu'un couvercle (Fig. 33, *a*) de deux pouces de hauteur peut le joindre à un joint similaire.

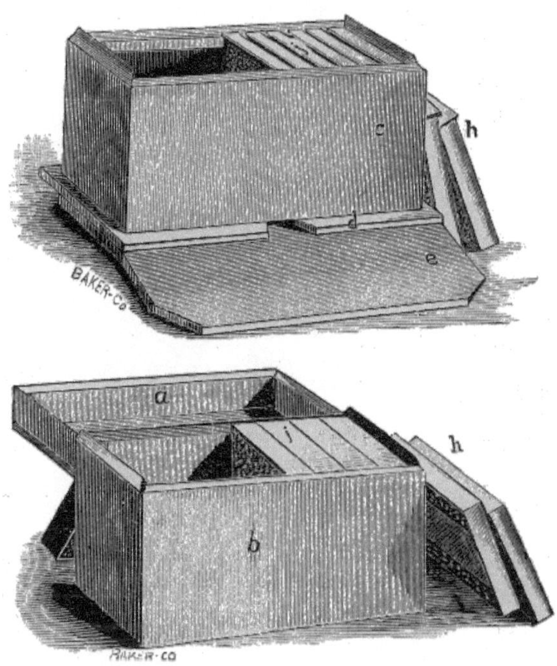

Si l'étage supérieur se ferme sur l'étage inférieur et repose sur une épaule (Fig. 29), il peut toujours être fait pour prendre le cadre de même taille, en clouant des pièces d'un demi-pouce carré aux coins, dont la longueur doit être égale à la distance de la feuillure de l'étage inférieur jusqu'au panneau inférieur. Maintenant, clouez sur ces pièces verticales, parallèlement aux faces à feuillures situées en dessous, une planche de trois huitièmes de pouce aussi large que la longueur des pièces. Le dessus de ces planches minces remplacera la feuillure de l'étage inférieur. Ce style, qui est adopté dans les ruches à deux étages fabriquées par M. Langstroth (Fig. 29), permettra à l'étage supérieur d'avoir les mêmes cadres que ceux utilisés à l'étage inférieur, tandis que deux autres pourront être insérés. Sur cet étage supérieur reposera une couverture peu profonde. De telles couvertures, si on le souhaite, peuvent être réalisées en forme de toit (Fig. 34), en coupant des pièces d'extrémité (Fig. 34, b) en forme de pignon d'une maison. Dans ce cas, il y aura deux planches inclinées (Fig. 34, a, a), au lieu d'une horizontale, pour évacuer la pluie. Les planches inclinées doivent dépasser aux extrémités (Fig. 34, d), pour faciliter la manipulation. Dans de telles couvertures, nous avons besoin de planches faîtières fines et étroites (Fig. 34, c) pour que le tout reste parfaitement sec. Ces couvertures ont l'air soignées, ne sont pas si susceptibles de se vérifier et sèchent beaucoup plus rapidement après une pluie.

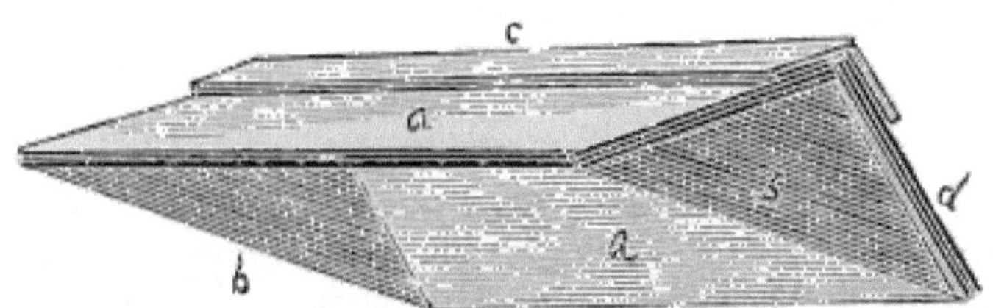

Si nous sécurisons le miel en rayon dans des caisses et hivernons à l'extérieur, auquel cas nous devrons le protéger dans les États du Nord, il sera commode d'avoir une boîte de la même forme générale que le corps principal de la ruche, de six à huit pouces de profondeur, juste assez grands pour être posés sur le corps de la ruche et reposer sur des épaulettes, et sans haut ni bas ; ceci pour avoir une couverture telle que celle qui vient d'être décrite. Tel est l'arrangement de Southard et Ranney, de Kalamazoo, qui, du point de vue de la simplicité et de la commodité, a beaucoup à recommander.

Dans ce qui précède, je n'ai rien dit des portiques (Fig. 29). Si les ruches sont ombragées comme elles le devraient, celles-ci ne servent à rien, et je crois qu'en aucun cas elles ne paieront. Certes, ils sont agréables pour les toiles d'araignées et constituent un endroit ombragé dans lequel les abeilles peuvent se regrouper ; mais de tels endroits ne sont pas commodes pour étudier les tissus merveilleux de l'araignée, même s'il était un ami des abeilles, et l'apiculteur le plus prospère ne forcera pas ses abeilles à rester en groupes oisifs autour de la ruche.

LES CADRES.

La forme et la taille des montures, même si elles ne sont pas aussi variées que les personnes qui les utilisent, sont néanmoins très différentes. Certains préfèrent les grands cadres. J'ai d'abord utilisé un cadre de dix pouces sur dix-huit, puis un cadre peu profond d'environ sept pouces sur dix-huit (Fig. 29). L'avantage revendiqué pour les grands châssis est qu'il y a moins de choses à manipuler et que l'on gagne du temps ; mais les petits cadres ne peuvent-ils pas être manipulés avec beaucoup plus d'adresse, surtout s'ils doivent être manipulés tout au long de la journée, de manière à compenser, au moins en partie, le nombre ? L'avantage du cadre peu profond est, comme on le prétend, que les abeilles entreront plus facilement dans les boîtes ; pourtant, ils ne sont pas considérés comme aussi sûrs pour l'hivernage à l'extérieur. C'est le style recommandé et utilisé par M. Langstroth, ce qui peut expliquer sa popularité aux États-Unis. Un autre cadre couramment utilisé mesure environ un pied carré. J'utilise un carré de onze pouces. Les raisons pour lesquelles je préfère cette forme sont que le rayon se détache rarement du cadre, que les cadres sont pratiques pour les noyaux et permettent d'économiser les dépenses liées à la construction de ruches à noyaux supplémentaires, et que ces cadres permettent l'agencement le plus compact pour l'hiver et le printemps, et nous permettent ainsi d'économiser de la chaleur. En utilisant une planche de division, nous pouvons, en utilisant huit de ces cadres, occuper juste un pied cube d'espace au printemps, et par des expériences répétées, j'ai découvert qu'une ruche construite de telle sorte que les abeilles couvrent toujours les rayons pendant les premiers froids météo, donne toujours les meilleurs résultats. À mesure que la saison du miel approche, on peut en ajouter davantage, jusqu'à ce que nous en ayons atteint douze, autant, je pense, qu'il en faudra jamais pour le couvain. C'était la taille de cadre préférée par M. Gallup, et c'est celle utilisée par MM. Davis et Doolittle, et bien d'autres de nos apiculteurs les plus prospères. Que cette taille soit impérative n'est évidemment pas vrai ; qu'il combine autant de points souhaitables que n'importe quel autre, je pense que c'est vrai. Pour les apiculteurs peu forts, surtout pour les dames, il est sans conteste supérieur à tous les autres.

COMMENT CONSTRUIRE LES CADRES.

Dans cette description, je supposerai que les cadres désirés sont de la forme et de la taille (Fig. 35) que j'utilise. Il sera facile, à qui le désirera, d'en changer la forme à volonté. Pour la barre supérieure (Fig. 35, *a*) du cadre, utilisez une bande triangulaire de douze pouces et trois quarts de long, avec chaque face du triangle d'un pouce de diamètre. À sept huitièmes de pouce de chaque extrémité, formez un épaulement, en sciant d'un angle jusqu'à un quart de pouce de la face opposée, de sorte que lorsque la pièce est séparée de l'extrémité, ces saillies soient seulement un quart de pouce d'épaisseur partout. Pour les pièces latérales (Fig. 35, *b, b*), prenez des bandes de onze pouces de long, sept huitièmes de pouce de large et un quart de pouce d'épaisseur. Fixez fermement avec de petites attaches parisiennes l'extrémité de deux de ces bandes à l'épaule de la barre supérieure, en prenant soin que l'extrémité touche directement la saillie. Maintenant, collez aux extrémités opposées ou au bas, les extrémités d'une bande similaire (Fig. 35, *d*) de onze pouces et demi de long. Nous aurons ainsi un cadre carré.

FIGURE 35.

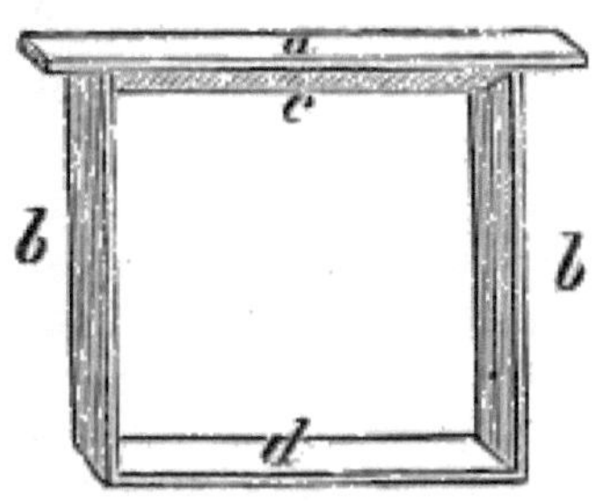

Si la fondation en peigne doit être utilisée, et ce sera certainement le cas par l'apiculteur entreprenant, alors la barre supérieure (Fig. 36, *a*) devrait mesurer douze pouces et trois quarts sur un quart par un pouce, avec une forme rectangulaire , au lieu d'une projection triangulaire ci-dessous (Fig. 36, *b*), qui devrait mesurer un quart sur un huitième de pouce, la direction la plus longue de haut en bas. Celui-ci doit être entièrement d'un côté du centre, de sorte que lorsque la fondation (Fig. 36, *c*) est pressée contre cette pièce, elle pende exactement du centre de la barre supérieure. Si vous préférez, le bas du cadre (Fig. 36, *e*) n'a pas besoin d'être plus de la moitié de la largeur ou de l'épaisseur décrite ci-dessus.

Le bois doit être soigneusement séché et composé des meilleurs pins ou bois blancs. Il faut veiller à ce que le cadre soit fait de manière à pouvoir pendre verticalement lorsqu'il est suspendu aux feuillures de la ruche. Pour garantir ce point très important – de vrais cadres qui resteront toujours fidèles – ils doivent toujours être réalisés autour d'un guide.

FIGURE 36.

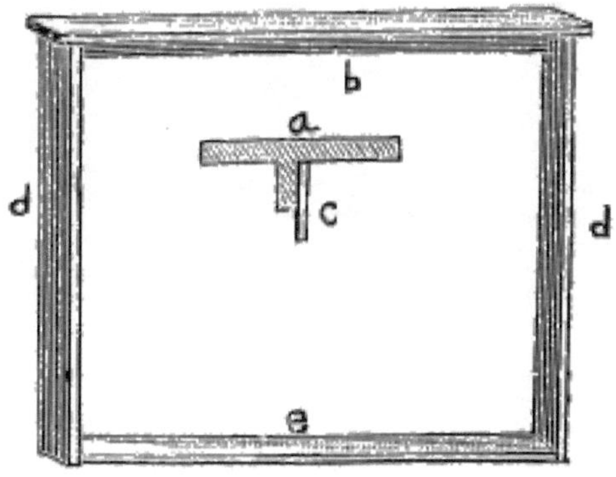

Cadre, également coupe transversale
de la barre supérieure.

UN BLOC POUR FAIRE DES CADRES.

Cela peut être fait comme suit : Prenez une planche rectangulaire (Fig. 37) de onze pouces et quart sur treize pouces et demi. Aux deux extrémités d'une face de celui-ci, clouez des morceaux de bois dur (Fig. 37, e, e) d'un pouce carré et de onze pouces de long, de sorte qu'une extrémité (Fig. 37, g, g) manque d'un quart de pouce. d'atteindre le bord du plateau. Sur l'autre face de la planche, clouez une bande (Fig. 37, c) de quatre pouces de largeur et de onze pouces et quart de longueur, à angle droit par rapport à celle-ci, et dans une position telle que les extrémités atteignent juste les bords de le tableau. À mi-chemin entre les pièces carrées d'un pouce, vissez une autre bande de bois dur (Fig. 37, d) d'un pouce carré et de quatre pouces de long, parallèlement et aux trois quarts de pouce du bord. Au bas de celui-ci, vissez une pièce d'acier semi-ovale (Fig. 37, b, b) qui doit se plier et appuyer contre les bandes carrées. Les extrémités ne doivent pas atteindre le bas du tableau. Près des extrémités de ce ressort, attachez, par des rivets, une sangle en pouces (Fig. 37, a), qui sera droite une fois ainsi rivetée. Ces dimensions concernent les cadres de onze pouces carrés, mesure intérieure, et doivent varier pour d'autres tailles.

FIGURE 37.

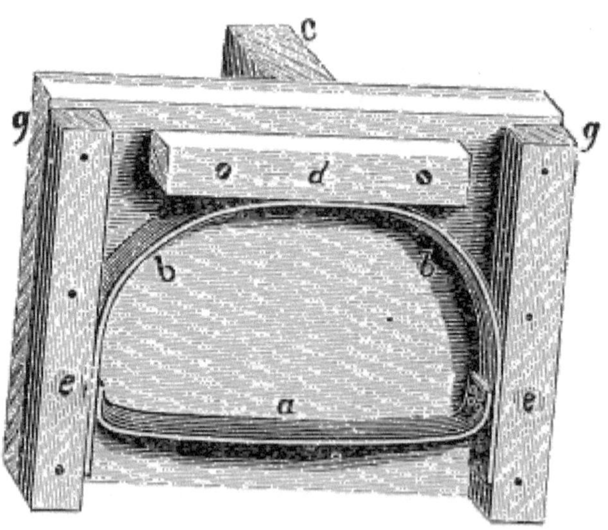

Pour utiliser ce bloc, nous enfonçons les barres d'extrémité de nos cadres entre les ressorts en acier (Fig. 37, b, b) et les bandes carrées (Fig. 37, e, e) ; puis posons notre barre supérieure et clouons, après quoi nous retournons le bloc et clouons la barre inférieure, comme nous l'avons fait pour la barre supérieure. Appuyez maintenant sur la sangle (Fig. 37, a) qui desserrera le cadre lorsqu'il pourra être retiré, le tout étant complet et vrai. Une telle jauge garantit non seulement des cadres parfaits, mais exige que chaque pièce soit coupée avec une grande précision. Et un tel arrangement devrait toujours être utilisé lors de la fabrication des cadres.

Les extrémités saillantes de la barre supérieure reposeront sur les boîtes (Fig. 33), et ainsi le cadre pourra être facilement desserré à tout moment sans heurter les abeilles, car les cadres ne seront pas collés rapidement, comme ils le feraient s'ils étaient collés. reposait sur les feuillures en bois. Le danger de tuer les abeilles est également supprimé grâce à l'utilisation de boîtes de conserve.

Lorsque les cadres sont dans la ruche, il doit y avoir un espace d'au moins trois seizièmes de pouce entre les côtés et le bas des cadres, et les côtés et le fond de la ruche. Même doubler ce chiffre ne ferait aucun mal ; bien qu'un espace beaucoup plus large recevrait très probablement un peigne et serait gênant. Les cadres qui s'ajustent étroitement à la ruche ou qui atteignent le fond sont très gênants et indésirables. Pour éviter cela, notre bois doit être soigneusement séché, sinon, en cas de rétrécissement, nos cadres pourraient toucher la planche inférieure.

La distance entre les cadres peut être d'un quart de pouce, bien qu'une légère variation dans un sens ou dans l'autre ne fasse pas de mal. Quelques hommes, d'habitudes très précises, préfèrent les clous ou les agrafes en fil de fer sur le côté des cadres, en haut et en bas, qui ne dépassent que d'un quart de pouce, afin de maintenir cette distance invariable ; ou des agrafes au fond de la ruche pour fixer la même extrémité. M. Langstroth a ainsi disposé ses cadres, et M. Palmer, de Hart, Michigan, dont la propreté n'est surpassée que par son succès, fait la même chose. J'ai eu des ruches avec ces accessoires supplémentaires, mais je ne leur ai trouvé aucun avantage particulier. Je pense que nous pouvons régler la distance avec l'œil, de manière à répondre à toutes les exigences pratiques, et ainsi économiser les dépenses et les ennuis que coûtent les attachements ci-dessus.

COUVERTURE POUR CADRES.

Rien de ce que j'ai jamais essayé n'est égal à une courtepointe à cet effet. Il absorbe bien l'humidité, préserve la chaleur au printemps et en hiver et peut être utilisé en été sans heurter ni écraser les abeilles. Il doit s'agir d'une véritable courtepointe, faite de tissu d'usine, de canard ou de batiste ferme et non blanchi - j'ai utilisé le premier avec entière satisfaction pendant quatre ans - renfermant une épaisse couche de molleton et ourlée sur les bords. Ma femme les quilte et les ourle sur une machine. Le quilting est réalisé en carrés et le tout est réalisé en moins de quinze minutes. La couverture doit être un peu plus grande que le haut de la ruche, de sorte qu'elle recouvre encore étroitement après tout rétrécissement possible. Ainsi, lorsque celui-ci est mis, aucune abeille ne peut jamais le dépasser. Lorsque nous utilisons la mangeoire, elle peut être recouverte par la couette, et un rabat découpé dans cette dernière, juste au-dessus du trou de la mangeoire, permet de nourrir sans déranger les abeilles, même si je place la mangeoire au fond de la chambre. , où sont les abeilles, et je n'ai qu'à doubler la couverture lorsque je me nourris. La seule objection que je connais à la courtepointe est que les abeilles fixent de la propolis, et même du peigne, entre la courtepointe et les cadres, et cela semble mauvais. Un peu d'attention en fera une petite objection. M. Langstroth a utilisé une planche au-dessus des cadres, que M. Heddon utilise encore aujourd'hui. Peut-être que M. Heddon n'a jamais utilisé les courtepointes. Peut-être que son amour de l'ordre et de la propreté l'a poussé à les jeter. Néanmoins, je tiens à remercier M. AI Root d'avoir attiré mon attention sur les courtepointes.

FIGURE 38.

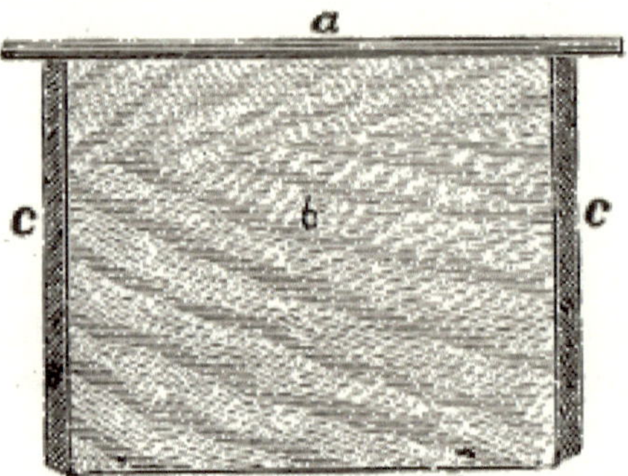

CONSEIL DE DIVISION.

Un panneau de division bien ajusté (Fig. 38) pour contracter la chambre est très important, et bien que peu apprécié par de nombreux excellents apiculteurs, aucune ruche n'est néanmoins complète sans lui. Je le trouve particulièrement précieux en hiver et au printemps, et utile en toutes saisons. Ceci est fait de la même forme que les cadres, bien que tout en dessous de la barre supérieure, qui consiste en une bande de treize pouces de long sur un pouce par trois huitièmes, et qui est fermement clouée à la planche ci-dessous, se trouve une planche solide en pouces (Fig . 38, b), qui fait exactement un pied carré, de sorte qu'il s'adapte étroitement à l'intérieur de la ruche. Si vous le souhaitez, les bords (Fig. 38, e, e) peuvent être biseautés, comme le montre la figure. Lorsqu'on l'insère dans la ruche, on sépare entièrement la chambre en deux chambres, de sorte qu'un insecte beaucoup plus petit qu'une abeille ne pourrait pas passer de l'une à l'autre. M. AI Root en fabrique un à partir de tissu, de paille, etc. Pourtant, je pense que peu d'apiculteurs s'embêteraient avec autant de machines. MWL Porter, secrétaire de l'Association du Michigan, lâche un peu la planche, puis insère une bande de caoutchouc dans une rainure sciée dans les bords. Cela maintient la planche bien ajustée et facilite son insertion, même si la chaleur peut rétrécir ou l'humidité peut gonfler la planche ou la ruche. Je n'ai pas essayé cela, mais j'aime la suggestion.

L'utilisation du panneau de division est de contracter la chambre en hiver, *de la varier de manière à garder les rayons couverts au printemps* , de convertir la ruche en ruche à noyau et de contracter la chambre à l'étage supérieur d'une ruche à deux étages. ruche, lors de l'ajout initial de cadres pour sécuriser le surplus de miel en rayons.

LA Ruche HUBER.

L'autre type de ruches est né lorsque Huber a articulé plusieurs de ses ruches à feuilles ou unicombes ensemble, de sorte que les cadres s'ouvrent comme les feuilles d'un livre ; bien qu'il ait été dit que les Grecs possédaient, dans les premiers temps, quelque chose de semblable.

En 1866, MTF Bingham, alors de New York, a amélioré la ruche Huber, obtenant un brevet pour sa ruche à cadre triangulaire. Pour autant que je puisse en juger, c'est là que la ruche Huber a été rendue pratique.

En 1868, MMS Snow, alors de New York, maintenant du Minnesota, obtint un brevet pour sa ruche, qui était essentiellement la même que les ruches maintenant connues sous le nom de ruches Quinby et Bingham.

Peu de temps après, feu M. Quinby a mis au monde sa ruche, qui est essentiellement la même que celle ci-dessus, ne différant que par les détails. Aucun brevet n'a été obtenu par M. Quinby, dont le grand cœur et la générosité sans limites l'ont fait aimer de toutes les connaissances. Ceux qui l'ont le mieux connu ne se lassent pas de louer les actes altruistes et la vie de ce noble homme. Si l'on excepte M. Langstroth, personne n'a probablement fait autant pour promouvoir l'intérêt et la croissance de l'apiculture améliorée aux États-Unis. Sa ruche, son livre, ses vues sur l'hivernage, son introduction au fumoir à soufflet, cadeau aux apiculteurs, font tous l'éloge de son homme et de son apiculteur.

Le fait que la ruche Bingham, telle qu'elle est maintenant fabriquée, est une grande préférée de ceux qui l'ont utilisée, et qu'elle est déclarée par un juge aussi compétent que M. Heddon, comme étant la meilleure ruche à rayons mobiles qui existe, que M. Quinby préférait ce style ou type de ruche, que la forme Quinby est utilisée par les frères Hetherington. le capitaine JE, le prince des apiculteurs américains, et OJ, dont la propreté, la précision et l'habileté mécanique ont de quoi éveiller l'envie ; que la ruche Russell n'est qu'une modification du même type, suffisent sûrement à éveiller la curiosité et à en exprimer une description.

FIGURE 39.

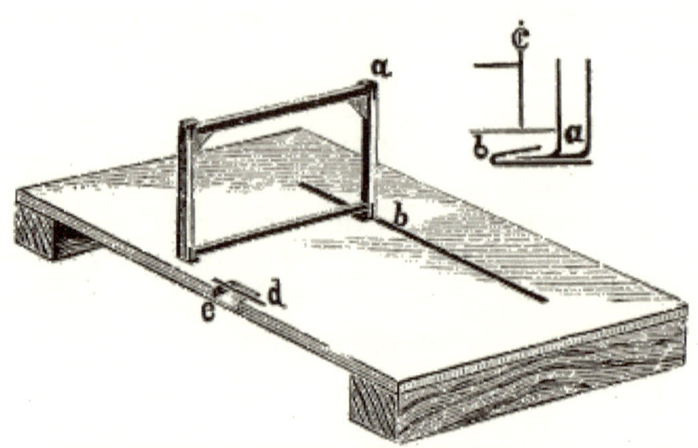

Cadre, panneau inférieur et support de cadre de Quinby Hive.

La ruche Quinby (Fig. 39), telle qu'utilisée par les frères Hetherington, se compose d'une série de cadres rectangulaires (Fig. 39) de douze pouces sur dix-sept, mesure extérieure. Les extrémités de ces cadres mesurent un pouce et demi de largeur et un demi-pouce d'épaisseur. Le haut et le bas ont un pouce de largeur et un demi-pouce d'épaisseur. La moitié extérieure des extrémités dépasse d'un quart de pouce du haut et du bas. Cette saillie est doublée de tôle, qui est insérée dans une rainure qui s'étend d'un pouce dans chaque extrémité des embouts et est clouée par les mêmes clous qui fixent les barres d'extrémité aux barres supérieure et inférieure. Ce fer à l'extrémité de la barre se plie à angle droit (Fig. 39, *a, a*) et s'étend sur un quart de pouce parallèlement aux barres supérieure et inférieure. Ainsi, lorsque ces cadres sont côte à côte, les extrémités sont rapprochées, tandis que des ouvertures d'un demi-pouce s'étendent entre les barres supérieure et inférieure des cadres adjacents. Les barres inférieures sont également à un quart de pouce du panneau inférieur. Au panneau inférieur, en ligne avec la position des barres d'extrémité arrière des cadres, se trouve une bande de tôle d'un pouce (Fig. 39, *b, b*) de seize pouces de longueur. Un tiers de cette bande, du bord avant vers l'arrière, est replié de manière à ne pas être tout à fait en contact avec le deuxième tiers, tandis que le tiers postérieur reçoit les punaises qui la maintiennent au fond. Or, lors de son utilisation, cette bride en fer reçoit les crochets aux coins des cadres, de sorte que les cadres sont fermement maintenus et ne peuvent être déplacés que vers l'arrière et latéralement. En observant les abeilles, nous pouvons séparer les rayons en même temps, à n'importe quel endroit. La chambre peut être agrandie ou réduite simplement en ajoutant ou en retirant des cadres. Comme les crochets se trouvent aux quatre coins des cadres, les cadres peuvent être orientés vers l'arrière ou vers le haut. Des planches munies de crochets en fer ferment les côtés de la cavité à couvain, tandis qu'une courtepointe recouvre les cadres.

L'entrée (Fig. 39, *e*) est découpée dans la planche inférieure comme déjà expliqué, sauf que les bords latéraux restent parallèles. Une bande de tôle (Fig. 39, *d*) est fixée à travers celle-ci, sur laquelle reposent les extrémités des barres d'extrémité avant des cadres qui se trouvent au-dessus et en dessous desquels passent les abeilles lorsqu'elles vont et viennent du ruche. Une boîte, sans fond et à dessus mobile, couvre le tout, laissant un espace de quatre à six pouces au-dessus et de tous côtés entre elle et les cadres. Cela donne la possibilité de stocker des paillettes en hiver et de les stocker sur les côtés et sur le dessus dans des sections ou des boîtes en été.

FIGURE 40.

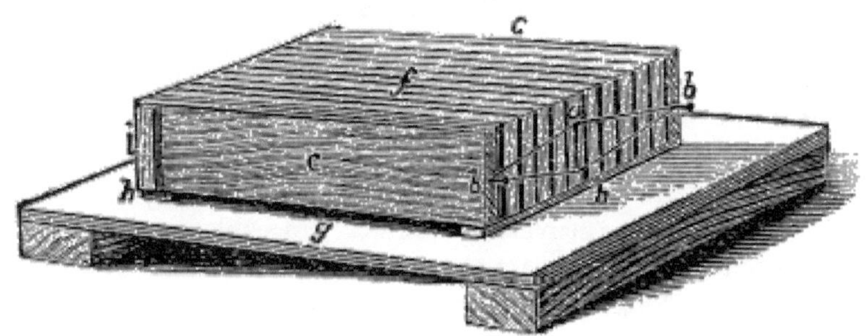

Cadres et panneau inférieur de la ruche Bingham.

La ruche Bingham (Fig. 40) est non seulement remarquablement simple, mais elle est tout aussi remarquable par sa faible profondeur ; les cadres n'avaient que cinq pouces de hauteur. Ceux-ci n'ont pas de barre inférieure. Les barres d'extrémité mesurent un pouce et demi de large et la barre supérieure est carrée. Les clous qui retiennent les barres d'extrémité pénètrent dans l'extrémité de la barre supérieure, qui est généralement placée en diagonale, de sorte qu'un bord, et non une face, se trouve en dessous ; bien que certains soient fabriqués avec une face inférieure (Fig. 40, *f*), à utiliser lors du transfert du peigne. Les cadres sont maintenus ensemble par deux fils, un à chaque extrémité. Chaque fil (Fig. 40, *a*) est un peu plus long que deux fois la largeur de la ruche lorsque le nombre maximum de cadres est utilisé. Les extrémités de chaque fil sont réunies et placées autour de clous (Fig. 40, *b, b*) aux extrémités des planches (Fig. 40, *c, c*) qui forment les côtés de la chambre à couvain. Un petit bâton (Fig. 40, *a*) écarte ces fils et rapproche les cadres. Une caisse sans fond et avec couvercle mobile, est placée autour des bâtis. Celui-ci est suffisamment grand et suffisamment haut pour permettre le dépôt de paillettes en hiver et au printemps. Le plateau inférieur peut être réalisé comme celui déjà décrit. M. Bingham ne biseaute pas le panneau inférieur, mais place une latte sous trois côtés de la chambre à couvain, la latte étant clouée au panneau inférieur, puis utilise les blocs pour contracter l'entrée (Fig. 40, *g*).

Les avantages de cette ruche sont la simplicité, un grand espace au-dessus pour les cadres ou les boîtes excédentaires, la possibilité d'être placée une ruche au-dessus d'une autre à n'importe quelle hauteur souhaitée, tandis que les cadres peuvent être inversés, bout à bout, ou bas pour haut, ou l'ensemble. chambre à couvain renversée. Ainsi, en doublant, on peut avoir une profondeur de dix pouces pour l'hiver.

L'objection que j'ai trouvée dans la ruche Russell similaire est le danger de tuer les abeilles en cas de manipulation rapide. Dans la ruche Russell, les barres latérales sont coupées en deux et maintenues en place par des crochets métalliques ingénieusement conçus. Il n'y a pas de barres inférieures. Je n'en ai utilisé aucun, à l'exception du Russell. Elles peuvent être manipulées avec rapidité, si l'on ne se soucie pas du nombre d'abeilles que l'on écrase. Cela me fait mal de tuer une abeille, et je trouve donc le style Langstroth plus rapidement manipulé. M. Snow également, qui fut le premier à fabriquer le style de ruche ci-dessus, l'a abandonné en faveur du Langstroth. Son objection à ce qui précède est le fait que les différents peignes ne sont pas sûrs d'être construits de manière à être interchangeables. Cependant, le fait que des apiculteurs comme ceux mentionnés ci-dessus préfèrent ces ruches Huber, après avoir longtemps utilisé l'autre style, n'est certainement pas sans signification.

APPAREIL POUR L'OBTENTION DE MIEL-PEIGNE.

Bien que je sois sûr que le miel extrait deviendra de plus en plus populaire, il ne remplacera jamais le beau rayon, qui, de par sa saveur exquise et son aspect attrayant, a toujours été, et sera toujours, admiré et désiré. Ainsi, aucune ruche n'est complète sans son agencement de boîtes, de cadres et de caisses, tous construits dans le but de conserver ce délicieux miel en rayons sous la forme qui sera la plus irrésistible.

DES BOITES.

Il s'agit de miel en rayon excédentaire sous la forme la plus vendable. Ils peuvent être de n'importe quelle taille qui convient le mieux au goût de l'apiculteur et au pouls du marché.

FIGURE 41.

Il est bon que les côtés soient en verre. Celles-ci (Fig. 41) peuvent être faites de la façon suivante : Pour le haut et le bas, procurez-vous des planches de bois tendre d'un quart de pouce d'épaisseur et de la dimension désirée, une pour le fond et l'autre pour le haut de la boîte. Prenez quatre morceaux d'un demi-pouce carré et aussi longs que la hauteur désirée de la boîte à miel. Dans deux côtés adjacents de ces scies, des rainures dans lesquelles peuvent glisser du verre commun. Ce sont pour les pièces de coin. Fixez maintenant avec de petites attaches parisiennes les coins du panneau inférieur jusqu'aux extrémités de ces pièces, puis glissez le verre et, de la même manière, fixez le panneau supérieur aux autres extrémités. Des trous peuvent être percés à travers le panneau inférieur pour que les abeilles puissent entrer. Une boîte similaire est fabriquée par AH Russell, d'Adrian, Michigan, sauf que les coins sont en étain. Ceux-ci peuvent être conçus pour prendre un à trois peignes et sont certainement très attrayants. S'ils étaient petits et placés dans une caisse afin que tout puisse être retiré en même temps, ils ne laisseraient pas grand-chose à désirer. La boîte d'Isham (Fig. 42) ressemble essentiellement à la boîte de Russell ; seule la boîte aux coins est fixée différemment. Il est certain que tous les grands esprits fonctionnent dans le même canal. Une autre forme (Fig. 43) que je trouve très désirable, et que j'ai utilisée en Californie (où elles ont été introduites par M. Harbison) il y a plus de dix ans, est réalisée comme suit : Enlevez les lattes communes de manière à ce qu'elles soient lisses, coupez deux longueurs de la hauteur souhaitée de la boîte et une de la largeur souhaitée ; attachez cette dernière pièce aux extrémités des deux autres, et à l'autre extrémité attachez une bande similaire seulement deux fois moins large. Nous avons maintenant un cadre carré.

FIGURE 42.

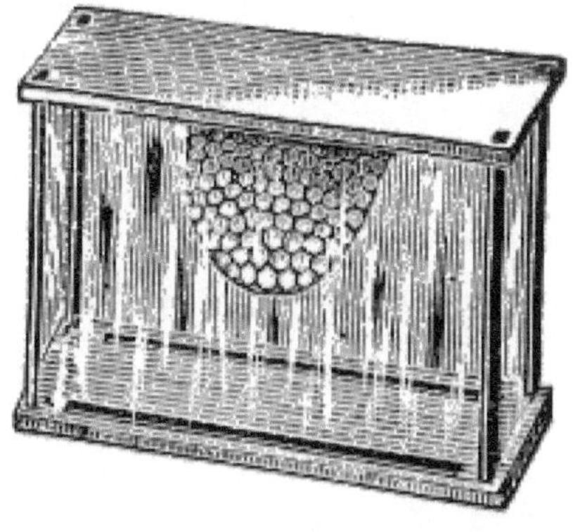

FIGURE 43.

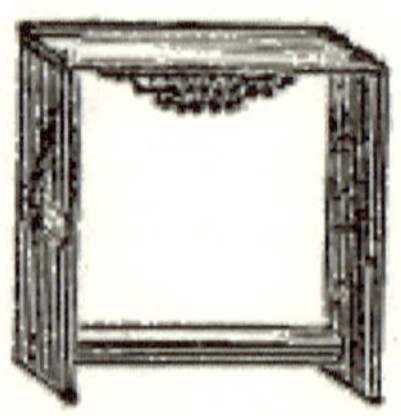

Placez ces cadres côte à côte jusqu'à ce qu'une boîte soit constituée de la longueur souhaitée. Pour les maintenir ensemble, il suffit maintenant de clouer de chaque côté un ou deux morceaux de fer blanc, en mettant une punaise dans chaque section, formant ainsi une boîte compacte et sans extrémités. Les cadres d'extrémité doivent avoir un morceau entier de latte pour le fond, et des rainures doivent être découpées dans les lattes inférieures et supérieures, afin qu'un verre puisse être placé aux extrémités. Bien entendu, les abeilles ont largement la possibilité d'entrer par le bas. Maintenant, en plaçant des petits morceaux de rayon, ou fondation de rayon artificiel, qui tient lieu de découverte avec la ruche à cadre mobile et l'extracteur de miel, sur le dessus de chaque cadre (Fig. 43), les abeilles seront amenées à construire un peigne séparé dans chaque cadre, et chaque cadre peut être vendu séparément par le détaillant, en retirant simplement les punaises des boîtes. Barker et Dicer, de Marshall, Michigan, fabriquent une boîte à miel sectionnelle très soignée, qui ressemble beaucoup à celle ci-dessus, sauf que le papier collé sur les cadres remplace les boîtes. Ceux-ci aussi ont des séparateurs de bois utilisés et vendus par les messieurs nommés. Les boîtes à miel peuvent être placées directement sur les cadres, ou au cas où la reine se donnerait du mal en y entrant pour y déposer ses œufs - problème que j'ai rarement rencontré, peut-être parce que je lui donne assez de travail en dessous - nous pouvons placer des lanières de plie une seule. quart de pouce carré entre les cadres et les boîtes. Dans le cas où nous travaillons beaucoup pour le miel en caisses, nous devrions avoir un casier ou une caisse conçue de manière à pouvoir retirer toutes les caisses en même temps ; auquel cas, pour examiner les abeilles, nous n'aurions pas besoin de retirer toutes les boîtes séparément.

PETITS CADRES OU SECTIONS.

Le miel en boîtes, à moins qu'ils ne soient constitués de sections comme nous venons de le décrire, ne peut rivaliser avec le miel en petits cadres, sur nos marchés actuels, et il tombera sans aucun doute de plus en plus en disgrâce. En fait, il n'existe aucun appareil pour sécuriser le miel en rayon qui soit aussi prometteur que ces sections. Leur croissance rapide en faveur du public montre qu'ils sont exactement ce qui nous permet de chatouiller le marché. Il y a trois ans, j'ai prédit, lors d'une de nos conventions d'État, qu'ils remplaceraient bientôt les boîtes, et on s'est moqué de eux. Presque tous ceux qui riaient à l'époque utilisent désormais ces sections. Ils sont bon marché et grâce à leur utilisation, nous pouvons obtenir plus de miel, et sous une forme qui le rendra irrésistible.

EXIGENCES DES BONNES SECTIONS

Le bois doit être *blanc*, de petite taille, de quatre à six pouces carrés, les sections pouvant être vitrées, au moins sur les faces, pas trop coupées de la chambre à couvain, bon marché, faciles à fabriquer et disposées de manière à être mis ou retirés *en masse de la ruche*.

FIGURE 44.

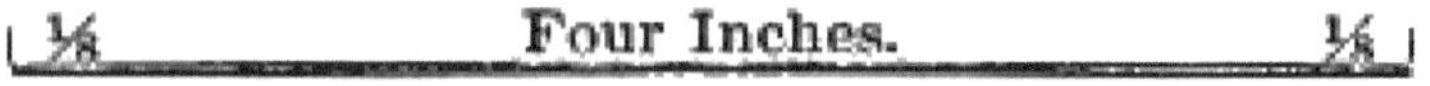

| ⅛ | Four Inches. | ⅛ |

DESCRIPTION.

Le style de section qui, je pense, remplacera bientôt tous les autres, est facile à réaliser, comme suit : pour une section de quatre pouces carrés, prenez une bande de placage *blanc et propre*, découpée dans du tilleul, du peuplier ou du bois blanc, comme celle utilisée pour faites des boîtes à baies de deux pouces de largeur et vingt pouces de longueur ; pour les sections plus grandes, rendez-le proportionnellement plus long. Faites une coupe peu profonde tous les quatre pouces à angle droit par rapport aux côtés, bien qu'ils le fassent, si on le leur demande, à l'usine. Maintenant, avec un ciseau (Fig. 44) de quatre pouces de long, avec des projections d'un huitième de pouce à angle droit par rapport à la lame principale, découpez des sections sur les bords opposés de la bande principale, ce qui laissera des ouvertures d'un huitième de pouce sur quatre. pouces, entre la première et la deuxième coupe peu profonde et la troisième et la quatrième. Nous plions maintenant celui-ci autour d'un bloc carré (Fig. 45) qui le remplira simplement, en laissant les extrémités se chevaucher, et enfonçons à travers ces sections superposées une ou deux petites attaches parisiennes forgées sur un fer (Fig. 45, *b*) mis dans le bloc, par lequel ils seront décrochés. Ou bien, en utilisant de la colle, on peut se passer du bloc. Maintenant, si votre marché nécessite des sections vitrées, ou si vous souhaitez insérer des séparateurs, en étain ou en bois, collez des poteaux d'un quart de pouce carré, quatre dans chaque section le long des côtés non coupés, à un huitième de pouce des bords. Les extrémités de ceux-ci affleureront les bords creusés au-dessus et en dessous. Maintenant, en utilisant des boîtes de conserve telles que celles utilisées pour fixer les vitres, celles-ci peuvent être vitrées, ou si on le souhaite, chacune peut recevoir un séparateur en fer blanc ou en bois.

FIGURE 45.

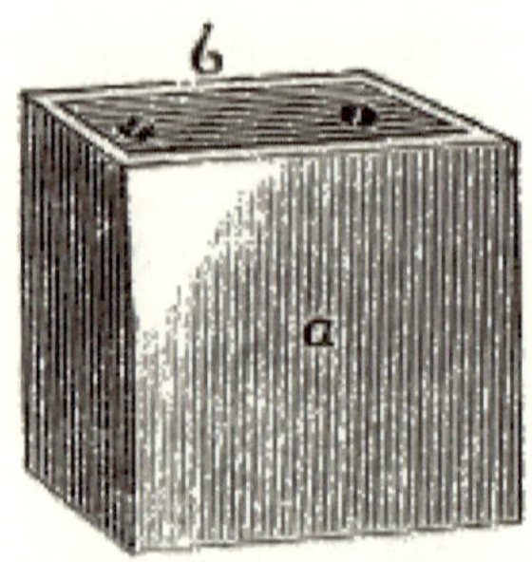

Si ce collage des pièces nous semble trop fastidieux, nous pouvons encore parvenir au même but en utilisant des séparateurs en étain dans nos caisses, puis en verrer nos sections en coupant un verre carré, juste de la dimension de la section, hors mesure, et avec papier blanc épais, collez deux de ces verres sur les sections. Cela rend chaque section parfaitement rapprochée et c'est la méthode conçue par Southard et Ranney pour s'entraîner la saison à venir. Une pâte faite de dextrine, d'adragante ou même de farine suffira à fixer les bandes de papier, qui ne doivent pas nécessairement avoir plus d'un pouce de largeur. Un peu d'acide carbolique ou d'acide salicylique en solution empêchera la pâte de se dégrader.

Chaque apiculteur peut fabriquer lui-même ces sections et économiser ainsi du fret et des bénéfices de fabrication. Ils sont soignés, très bon marché (ne coûtant que deux moulins chacun) et sont rendus solides grâce à l'utilisation de poteaux collés. Ils sont également légers. Très bientôt, nos clients s'opposeront à l'achat de bois et de verre si nos sections de miel en rayon non vitrées sont conservées dans des caisses vitrées fermées.

FIGURE 46.

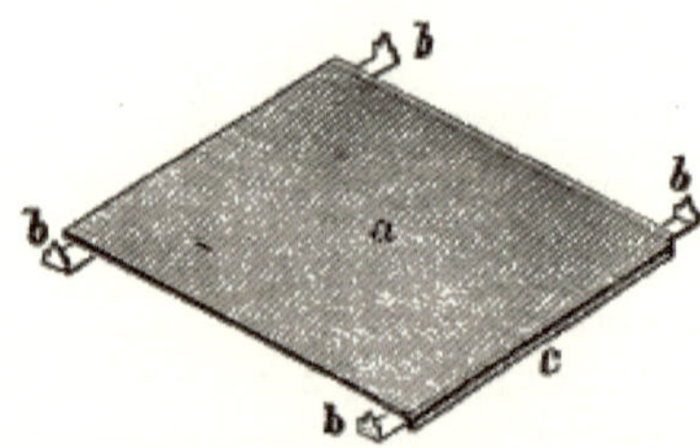

Les frères Hetherington font une section très soignée, comme suit : Le haut et le bas ont chacun deux pouces de largeur, en pin blanc d'un quart de pouce. Ceux-ci reçoivent une rainure à un huitième de pouce des extrémités, qui reçoit les côtés, d'un pouce de largeur et d'un huitième de pouce d'épaisseur, qui sont pressés jusqu'à une position centrale et collés. Cette section mesure cinq pouces et demi carrés. Ils utilisent des séparateurs en bois (Fig. 46, a) d'un huitième de pouce d'épaisseur, aussi longs que la section, mais d'un pouce de moins en hauteur, de sorte qu'en dessous et au-dessus se trouve un espace d'un demi-pouce, qui permet aux abeilles de passer facilement d'une section à l'autre. Ceux-ci sont maintenus par une bande d'étain d'un demi-pouce (Fig. 46, b, b) qui passe à travers une rainure (Fig. 46, c) aux extrémités des séparateurs et s'étend jusqu'à un demi-pouce plus loin ; puis tourne à angle droit et se termine par une pointe (Fig. 46, b) qui, lorsqu'on l'utilise, se colle dans les pièces supérieures ou inférieures ; et ainsi les quatre points maintiennent les séparateurs en place. Lorsqu'ils sont prêts à vendre, ils insèrent du verre d'un demi-pouce dans les rainures de chaque côté des pièces latérales étroites, et avec des boîtes de conserve, fixent le verre sur les faces et ont une très belle section. Je pense que cela est préférable à la boîte ou à la section Russell ou Isham, car la bande de bois d'un pouce recouvre la partie du peigne où il est fixé sur les côtés, ce qui n'est jamais attrayant, tandis que le reste est entièrement vitré. De telles sections ont été louées à New York et à Cincinnati la saison dernière comme étant très fines et soignées ; égal, sinon supérieur, à tous les autres.

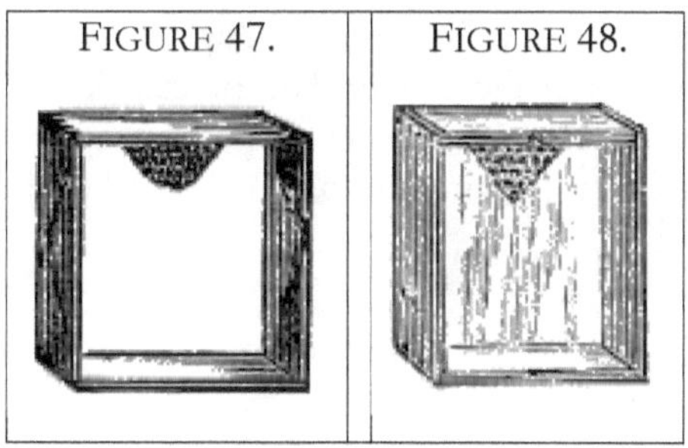

AI Root préfère les sections faites comme les blocs-jouets pour enfants, les côtés fixés par une sorte de disposition à tenons et mortaises (Fig. 47). J'ai reçu de M. James Heddon une section similaire, mais plus soignée et plus finie, qui est fabriquée dans le Vermont. Ceux-ci sont trop complexes pour être fabriqués sans machines, ne conviennent pas mieux à leurs détails sophistiqués - en fait, ils ne sont pas aussi solides qu'on le souhaiterait - et, comme nous ne pouvons pas nous permettre d'acheter notre appareil alors que nous pouvons tout aussi bien le fabriquer nous-mêmes, je Je ne peux pas les recommander pour un usage général.

Les sections Phelps-Wheeler-Betsinger (Fig. 48) sont essentiellement les mêmes. Le haut et le bas sont un peu plus étroits que les côtés et y sont cloués. Les sections Wheeler inventées et brevetées par M. Geo. T. Wheeler, Mexique, New York, en 1870, sont remarquables pour être les premiers (Fig. 52, K) à être utilisés avec des séparateurs d'étain (Fig. 52, M). Au lieu de rendre le fond plus étroit d'un quart de pouce pour un passage, M. Wheeler a fait une ouverture dans le fond, tout comme M. Russell.

COMMENT METTRE LES SECTIONS EN POSITION.

Il existe deux méthodes, chacune excellente et ayant, comme il se peut, de fervents partisans, l'une utilisant des caisses, l'autre utilisant des cadres.

SECTIONS DANS DES CADRES.

Je préfère cette méthode, peut-être parce que je l'ai le plus utilisée. Ces cadres (Fig. 49) sont de la même taille que les cadres de la chambre à couvain, sauf qu'ils sont constitués de bandes de deux pouces de large et d'un quart de pouce d'épaisseur, bien que la barre inférieure soit un quart de un pouce plus étroit, de sorte que lorsque deux cadres sont côte à côte, il y a un espace d'un quart de pouce entre les barres inférieures, bien que les pièces supérieures et latérales soient rapprochées. Les sections sont d'une telle taille (Fig. 50, *K*) que quatre, ou six, ou neuf, etc., rempliront simplement l'un des grands cadres. Cloués sur un côté de chaque grand cadre se trouvent deux bandes d'étain (Fig. 50, *t, t'*) aussi longues que le cadre et aussi larges d'un pouce que le sont les sections. Ceux-ci sont cloués à un demi-pouce du haut et du bas des grands cadres, et sont donc à l'opposé des sections, permettant ainsi aux abeilles de passer facilement d'un niveau de sections à l'autre, tout comme les barres supérieures et inférieures plus étroites du sections, de celles du bas à celles du dessus. J'ai entendu parler d'un tel agencement de sections grâce à AI Root.

Le capitaine Hetherington me dit que M. Quinby les a utilisés il y a des années. La disposition en étain, bien que différente de celle de M. Wheeler (Fig. 52, _M_), en serait facilement suggérée. Il est plus difficile de fabriquer ces cadres si les boîtes sont placées de manière à affleurer le bord des barres d'extrémité des cadres, mais alors les cadres pendreaient près les uns des autres et ne seraient pas si collés les uns aux autres. propolis. Ceux-ci peuvent être suspendus au deuxième étage d'une ruche à deux étages, et en nombre suffisant pour remplir le même étage (mes ruches en prendront neuf), ou bien ils peuvent être placés en dessous, à côté des rayons à couvain. M. Doolittle, au cas où il les suspendrait en dessous, insère une planche de division perforée, afin que la reine n'entre pas dans les sections et n'y ponde pas d'œufs. Je les ai utilisés avec beaucoup de succès l'été dernier, sans planches de division, et ni le couvain ni le pollen n'ont été placés dans une seule cellule. Peut-être que des boîtes plus larges empêcheraient cela si cela se produisait. Dans les ruches longues — la « Nouvelle Idée » — que je trouve très satisfaisante, après plusieurs années d'essais, surtout pour le miel extrait — j'ai utilisé ces cadres de sections, et avec le meilleur succès. Les Italiens y pénétrèrent immédiatement et les remplirent encore plus rapidement que les autres abeilles ne remplissaient les sections de l'étage supérieur. En fait, un grand avantage de ces sections dans les cadres est la présence de passages évidents et amples, invitant les abeilles à y entrer. Mais dans notre désir de faire des ouvertures amples et invitantes, il faut faire attention à ne pas en faire trop et à inviter la reine à une intrusion préjudiciable. Nous avons donc Charybde et Scylla, et nous devons, par l'étude, apprendre à nous diriger de manière à éviter les deux dangers.

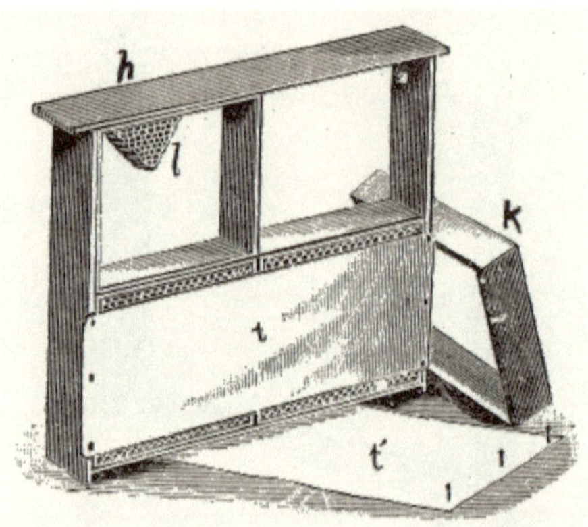

FIGURE 50.

SECTIONS EN RACKS.

Ceux-ci doivent être utilisés à la place des grands cadres, pour contenir les sections, et sont très pratiques lorsque nous souhaitons placer les sections uniquement à une profondeur au-dessus de la chambre à couvain. Cependant, si vous le souhaitez, nous pouvons placer un support au-dessus d'un autre et ainsi avoir des sections de deux, voire trois profondeurs.

FIGURE 51.

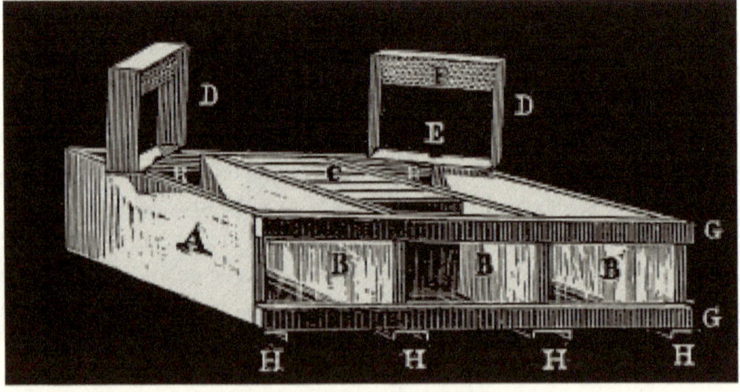

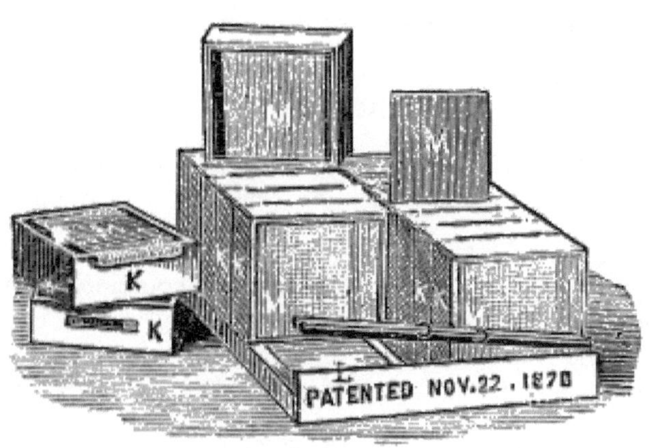

Southard et Ranney, de Kalamazoo, utilisent un support très soigné (Fig. 51), dans lequel ils utilisent les fines sections de placage que nous recommandons comme supérieures à toutes les autres pour l'apiculteur général. Ils les ont utilisés avec un excellent succès, mais sans séparateurs qu'ils souhaitent insérer. Peut-être qu'en retirant les cloisons de planches (Fig. 51, B, B) et en plaçant des séparateurs en étain dans l'autre sens, ils parviendraient à atteindre leur objectif. Dans ce cas, les extrémités des sections adjacentes ne seraient pas séparées et la largeur du rack pourrait simplement accueillir deux, trois ou quatre sections, en fonction de la taille de la ruche et des sections. Les supports en tôle (Fig. 51, H, H, H) qui, avec leurs bords courbés, soulèvent simplement le rack d'un quart de pouce des cadres à couvain, fonctionneraient alors dans l'autre sens et donneraient la résistance requise . Ainsi, les boîtes ne seraient pas susceptibles de se plier, comme elles le feraient si elles étaient placées sur le chemin le plus court du support. Le panneau d'extrémité (Fig. 51. A) serait également un panneau latéral, et les bandes (Fig. 51, G, G), avec le verre intermédiaire, seraient aux extrémités.

Le support Wheeler (Fig. 52) maintient simplement les sections, tandis que chaque section est vitrée séparément.

Le capitaine Hetherington place un support de sections au-dessus des cadres et place les sections les unes au-dessus des autres sur le côté pour un rangement latéral. M. Doolittle fabrique un support en plaçant des cadres, tels que ceux que j'ai décrits - sauf qu'ils ne sont que deux fois moins hauts et ne contiennent que deux sections - côte à côte, où ils sont maintenus en clouant un bâton sur le dessus à chaque extrémité de la rangée. . Il place également deux étages, deux profonds, à chaque extrémité de la chambre à couvain, s'il désire donner autant d'espace.

Tous les apiculteurs qui désirent travailler pour du miel en rayon qui se vendra utiliseront certainement les sections et les ajusteront soit à l'aide de cadres, soit de caisses.

SCIE À PIED.

Tout apiculteur qui élève plus de cinquante colonies d'abeilles et fait de l'apiculture une spécialité trouvera dans la scie à pied un appareil très précieux.

J'utilise maintenant l'admirable scie à pied combinée de WF et John Barnes depuis un an et je constate qu'elle prend de la valeur chaque mois. Il permet un travail rapide, assure l'uniformité et permet à l'apiculteur de donner à son travail une finition qui rivaliserait avec celle de l'ébéniste.

Ceux qui se procurent une telle machine devraient apprendre à limer et à régler les scies, et ne devraient jamais faire fonctionner la machine lorsqu'elle n'est pas en parfait état.

CHAPITRE VI.
POSITION ET DISPOSITION DU rucher.

Comme il est souhaitable que nos ruchers soient aménagés de manière à donner les meilleurs résultats, et que cela coûte de l'argent et plus de travail, cela devrait être fait une fois pour toutes. Comme la planification et l'exécution dans cette direction doivent nécessairement précéder même l'achat des abeilles, ce sujet mérite une étude précoce. Par conséquent, nous examinerons la position, la disposition des terrains et la préparation de chaque colonie individuelle.

POSITION.

Bien entendu, il est primordial que le rucher soit à portée de main. En ville ou en village, cela est impératif. A la campagne ou dans les maisons de banlieue, nous avons plus de choix, mais la proximité de la maison est très importante. Dans une ville, il peut être nécessaire de suivre l'exemple de l'ami Muth et de s'installer sur les toits des maisons, là où, malgré les inconvénients, nous pouvons réussir. La configuration du terrain n'a pas d'importance, mais s'il s'agit d'une colline, elle ne doit pas être très raide. Il peut s'incliner dans n'importe quelle direction, mais mieux dans n'importe quelle direction que vers le nord.

AMÉNAGEMENT DU TERRAIN.

À moins qu'ils ne soient sablonneux, ceux-ci doivent être bien drainés. Si un bosquet offre une ombre attrayante, acceptez-la, mais coupez-la en hauteur pour éviter l'humidité. Un tel bosquet pourrait bientôt être formé de tilleuls et de tulipiers, qui, comme nous le verrons, sont très recherchés, car leur floraison offre un miel abondant et des plus délicieux. Même Virgile recommande l'ombre des palmiers et des oliviers, et aussi que nous protégeons les abeilles des vents. Les pare-brise sont très souhaitables, surtout du côté au vent. Un tel écran peut être constitué d'une haute clôture en planches qui, si elle entoure le terrain, servira également à se protéger contre les voleurs. Pourtant, celles-ci sont sombres et inquiétantes, et seront évitées par l'apiculteur soucieux de l'esthétique. Les écrans à feuilles persistantes, soit en épicéa de Norvège, en pin autrichien ou autre, ou en tonnelle vitæ, chacun ou tous, sont non seulement très efficaces, mais poussent rapidement, sont peu coûteux et ajoutent grandement à la beauté du terrain. Si le rucher est grand, une petite maison soignée et peu coûteuse, au centre du rucher, est indispensable. Celui-ci servira en hiver d'atelier pour fabriquer des ruches, des cadres, etc., et d'entrepôt pour le miel, tandis qu'en été, il sera utilisé pour l'extraction, le transfert, le stockage, la mise en bouteille, etc. Il est bon de construire une cave à l'abri du gel, *bien drainée* , sombre et bien ventilée. Pour assurer une ventilation complète, faites passer un tube, qui peut être en tuile, depuis le bas, à travers la terre jusqu'à la surface ; et un autre, depuis le bas, vers la cheminée ou le tuyau de poêle au-dessus.

PRÉPARATION POUR CHAQUE COLONIE.

Virgile avait raison de recommander de l'ombre pour chaque colonie. Les abeilles sont obligées de se regrouper à l'extérieur de la ruche, où les ruches sont soumises à toute la force des rayons du soleil. Par la chaleur intense, la température à l'intérieur devient comme celle d'un four, et le plus étonnant est qu'ils ne désertent pas entièrement. J'ai connu des ruches, ainsi non protégées, couvertes par des abeilles qui dormaient dehors, alors qu'en ombrageant simplement les ruches, toutes allaient joyeusement au travail. Les rayons aussi, et surtout les fondations, sont susceptibles, dans les ruches non ombragées, de fondre et de tomber, ce qui est très préjudiciable aux abeilles et très frustrant pour l'apiculteur. Le remède à tout cela est de toujours placer les ruches de manière à ce qu'elles soient entièrement ombragées pendant toute la chaleur du jour. Cela pourrait être réalisé en construisant un hangar ou une maison, mais ceux-ci sont coûteux et peu pratiques et doivent donc être jetés. Peut-être que la maison-rucher Coe (<u>Chap. XVIII</u>) pourrait constituer une exception ; mais, pour l'instant, nous n'avons aucune assurance fiable de ce fait.

Si l'apiculteur dispose d'un bosquet qui lui convient, celui-ci peut être taillé en hauteur, de manière à ne pas être humide, et répondra à toutes les exigences. Disposez donc les ruches de manière à ce qu'elles reçoivent les rayons du soleil tôt et tard, même si elles sont ombragées pendant toute la chaleur de la journée, et ainsi les abeilles travailleront plus d'heures. Je fais toujours face à mes ruches à l'est. Si aucun bosquet n'est disponible, les ruches peuvent être placées au nord d'une vigne Concord ou d'une autre variété vigoureuse, selon la préférence de l'apiculteur. Celui-ci doit être formé sur un treillis, qui peut être réalisé en plaçant deux poteaux, soit en cèdre, soit en chêne. Laissez-les s'étendre à quatre ou cinq pieds au-dessus du sol et être espacés de trois ou quatre pieds. Connectez-les à intervalles de dix-huit pouces avec trois fils galvanisés, le dernier étant au sommet des poteaux. Ainsi, nous pouvons avoir de l'ombre et des raisins, et constater par nous-mêmes que les abeilles ne blessent pas les raisins. Si nous préférons, nous pouvons utiliser à cet effet des plantes à feuilles persistantes, qui peuvent être maintenues basses et taillées en carré et fermées au nord. Ceux-ci peuvent être obtenus immédiatement et sont supérieurs en ce sens qu'ils fournissent suffisamment d'ombre en toutes saisons. L'épicéa de Norvège est le meilleur. Ceux-ci doivent être espacés d'au moins six pieds. L'idée d'AI Root selon laquelle les vignes de chaque rangée suivante divisent les espaces de la rangée précédente, en ordre quinconce, est très bonne ; bien que je préférerais que les rangées dans ce cas soient espacées de quatre, au lieu de trois pieds, surtout avec les feuilles persistantes. Jusqu'à ce que l'ombre protectrice puisse être ainsi assurée de manière permanente, des planches doivent être disposées pour une protection temporaire. De nombreux apiculteurs économisent en utilisant à cet effet des arbres fruitiers qui, de par leurs cimes étalées, répondent très bien.

L'idée de MAI Root d'avoir de la sciure sous et autour des ruches est, je pense, une bonne idée. Les ruches du Michigan Agricultural College (fig. 53) sont protégées par des plantes à feuillage persistant, taillées serrées du côté nord. Un espace de quatre pieds sur six, au nord des arbustes, fut ensuite creusé jusqu'à une profondeur de quatre pouces et rempli de sciure de bois (Fig. 53, f), sous laquelle se trouvaient de vieilles briques, afin que rien ne pousse à travers la sciure. . La sciure s'étend ainsi à un pied en arrière ou à l'ouest de la ruche, à trois pieds au nord et à la même distance à l'est ou à l'avant de la ruche. Cela rend la ruche propre et élimine en grande partie le danger de perdre la reine en manipulant les abeilles ; comme si elle tombait hors de la ruche, l'apiculteur à la vue perçante aurait très probablement la chance de la voir.

MJH Nellis, l'habile secrétaire de l'Association des apiculteurs du Nord-Est, s'oppose à la sciure de bois, car il pense qu'elle pourrit trop rapidement et qu'elle est mal soufflée. Il utiliserait plutôt du sable ou du gravier. J'ai essayé à la fois le gravier et la sciure de bois, et je préfère cette dernière, comme expliqué ci-dessus. En plaçant la sciure un peu au-dessous de la surface générale, et en en ajoutant un peu une fois tous les quatre ou cinq ans, cela garde le tout agréable et agréable. Une fois que les feuilles persistantes ont bien démarré, tout l'espace entre les zones de sciure de bois doit être recouvert d'herbe et soigneusement tondu. Cela ne prend que peu de temps et rend le rucher toujours agréable et accueillant.

FIGURE 53.

a
b
c
e
f

CHAPITRE VII.
POUR TRANSFÉRER LES ABEILLES.

Comme vous avez peut-être acheté vos abeilles dans des ruches à caissons et que vous souhaiterez bien sûr les transférer immédiatement dans des ruches à cadre mobile, ou, comme déjà suggéré, vous souhaiterez peut-être les transférer d'un cadre mobile à un autre, je vais passons maintenant à la description du processus.

Le meilleur moment pour effectuer le transfert est au début de la saison, lorsqu'il y a peu de miel dans les ruches, bien que cela puisse être fait à tout moment, si l'on fait preuve de suffisamment de prudence : néanmoins, cela ne devrait jamais être fait sauf par temps chaud, lorsque les abeilles sont activement engagés dans le stockage. Une fois que les abeilles sont occupées au travail, approchez-vous de l'ancienne ruche, soufflez un peu de fumée dans l'entrée pour calmer les abeilles, puis éloignez la ruche de quelques mètres et retournez-la de bas en haut. Placez une boîte au-dessus de la ruche - cela ne fera aucune différence qu'elle soit bien ajustée ou non, si les abeilles sont tellement enfumées qu'elles sont complètement alarmées - et frappez avec un bâton sur la ruche inférieure pendant environ vingt minutes. Les abeilles se rempliront de miel et iront avec la reine dans la ruche supérieure et dans la grappe. Si, vers la fin, nous démontons soigneusement la boîte une ou deux fois, si nous secouons vigoureusement la ruche, puis replaçons la boîte, nous hâterons l'émigration des abeilles et la rendrons plus complète. J'ai reçu cette suggestion de M. Baldridge. Quelques jeunes abeilles resteront encore dans l'ancienne ruche, mais elles ne feront aucun mal. Maintenant, placez la boîte sur l'ancien support, en laissant le bord relevé pour que les abeilles qui étaient dehors puissent entrer et que toutes les abeilles puissent prendre l'air. Si les autres abeilles ne dérangent pas, ce qui n'est généralement pas le cas si elles sont occupées à se rassembler, nous pouvons continuer en plein air. S'ils le font, nous devons aller dans une pièce. J'ai fréquemment transféré le peigne dans ma cuisine et souvent dans une grange. Maintenant, démontez la vieille ruche, coupez les rayons sur les côtés et sortez les rayons de la vieille ruche avec le moins de casse possible. M. Baldridge, s'il effectue un transfert au printemps, scie les rayons et les bâtons croisés sur les côtés, tourne la ruche dans sa position naturelle, puis frappe contre le haut de la ruche avec un marteau jusqu'à ce que les attaches soient desserrées, lorsqu'il soulève la ruche et les rayons sont tous libres et en forme pratique pour un travail rapide.

Il nous faut maintenant un tonneau dressé sur lequel nous plaçons une planche de quinze à vingt pouces carrés, recouverte de plusieurs épaisseurs de tissu. Certains apiculteurs pensent que le tissu est inutile, mais il sert, je pense, à éviter d'endommager les rayons, le couvain ou le miel. Nous plaçons maintenant un rayon sur ce tissu, et un cadre sur le rayon, et découpons le rayon de la taille de l'intérieur du cadre, en prenant soin de sauver tout le couvain. Placez maintenant le cadre sur le rayon, afin que celui-ci soit dans la même position qu'il était dans l'ancienne ruche ; c'est-à-dire que le miel sera au-dessus - la position n'est pas très importante - puis fixez le rayon dans le cadre, en enroulant autour d'un ou deux petits fils ou morceaux de ficelle d'emballage. Pour soulever le cadre et le peigne avant de les fixer, soulevez la planche en dessous jusqu'à ce que le cadre soit vertical. Placez ce cadre dans la nouvelle ruche et procédez avec les autres de la même manière jusqu'à ce que nous ayons tous les rayons d'ouvriers, ceux à petites cellules, fixés. Pour sécuriser les morceaux, que nous trouverons en abondance à la fin, prenez de minces morceaux de bois d'un demi-pouce de large et un peu plus longs que la profondeur du cadre, placez-les par paires de chaque côté du rayon, s'étendant de haut en bas, et suffisamment pour maintenir les morceaux en sécurité jusqu'à ce que les abeilles les attachent et fixent le bandes en les enroulant avec du petit fil, juste au dessus et en dessous du cadre, ou bien les fixer au cadre avec des petites punaises.

Le capitaine Hetherington a inventé et pratique une méthode très soignée pour fixer les peignes aux cadres. Lors de la construction de ses cadres, il perce de petits trous dans les barres supérieures, latérales et inférieures de ses cadres, espacées d'environ deux pouces ; ces trous sont juste assez grands pour permettre le passage des longues épines de l'aubépine. Maintenant, lors du transfert du peigne, il n'a qu'à enfoncer ces épines dans le peigne pour le maintenir solidement. Il peut également utiliser toutes les pièces tout en créant un cadre de peigne soigné et sécurisé. Il trouve également cet arrangement pratique pour renforcer les rayons peu sûrs. En réponse à ma demande, ce monsieur a dit qu'il était avantageux de percer de tels trous dans tous ses cadres, qui mesurent onze pouces sur seize pouces, dans la mesure intérieure. J'ai jeté ces cadres en raison du risque de chute du peigne.

M. Baldridge fabrique des liasses de peignes, ou des coiffes de peignes, qu'il trouve bonnes, et en les pressant contre les bords du peigne qu'il souhaite fixer, il les fixe aux cadres rapidement et solidement.

Après avoir fixé tous les rayons d'ouvriers que nous pouvons dans les cadres (bien sûr tous les autres rayons, ainsi que tous les rayons de drones brillants, seront conservés pour être utilisés comme peigne de guidage) et placé les cadres dans la nouvelle ruche, ceux-ci devraient être mis en place. ensemble s'ils contiennent du couvain, surtout si la colonie n'est pas très forte, et les cadres vides d'un côté - nous plaçons alors notre ruche sur le support, en la poussant vers l'avant pour que les abeilles puissent entrer n'importe où le long de la planche de descente, puis secouez toutes les abeilles de la boîte, ainsi que toutes les jeunes abeilles qui auraient pu se regrouper sur n'importe quelle partie de l'ancienne ruche, ou sur le sol, là où nous avons transféré le rayon, immédiatement devant. Ils entreront aussitôt et seront bientôt au travail, d'autant plus occupés qu'ils sont passés « de l'ancienne maison à la nouvelle ». Dans deux ou trois jours, enlevez les fils, les ficelles et les bâtons, lorsque nous trouverons les rayons tous attachés et lissés, et les abeilles aussi occupées que si leur maison actuelle avait toujours été le siège de leurs travaux. Si nous pratiquons les méthodes du capitaine Hetherington ou de M. Baldridge, il n'y aura rien à enlever, et nous n'aurons qu'à aller féliciter les abeilles en vue de leur nouveau foyer amélioré.

Bien entendu, en passant d'une image à une autre, les choses sont très simplifiées. Dans ce cas, après avoir complètement fumé les abeilles, il suffit de soulever les cadres et de secouer ou de brosser les abeilles dans la nouvelle ruche. Pour un pinceau, une aile de poulet ou de dinde, ou une grande plume d'aile ou de queue de dinde, d'oie ou de paon, sert admirablement. Maintenant, découpez le peigne dans la meilleure forme possible pour accueillir les nouveaux cadres et fixez-le comme déjà suggéré. Une fois tous les rayons transférés, secouez toutes les abeilles restantes devant la nouvelle ruche, qui a déjà été placée sur le support précédemment occupé par l'ancienne ruche.

CHAPITRE VIII.
ALIMENTATION ET Mangeoires.

Comme nous l'avons déjà dit, ce n'est que lorsque les ouvrières stockent que la reine dépose dans toute l'étendue de ses capacités et que l'élevage du couvain atteint son apogée. En effet, lorsque cesse le stockage, une indolence générale caractérise la ruche. C'est pourquoi, si nous voulons obtenir le meilleur succès, nous devons maintenir les ouvrières actives, avant même le début de la cueillette, ainsi que pendant l'intervalle de sécrétion du miel par les fleurs ; et pour ce faire, nous devons nous nourrir avec parcimonie avant l'apparition de la floraison au printemps, et chaque fois que les neutres sont forcés à l'oisiveté pendant une partie de la saison, par l'absence de fleurs productrices de miel. Depuis plusieurs années, j'ai tenté des expériences dans ce sens en nourrissant une partie de mes colonies tôt dans la saison et dans les intervalles de la récolte du miel, et toujours avec des résultats marqués en faveur de cette pratique.

Chaque apiculteur, qu'il soit novice ou vétéran, recevra une ample récompense en pratiquant une alimentation stimulante au début de la saison ; alors sa ruche, à l'aube de l'ère du trèfle blanc, sera surchargée d'abeilles, bien remplie de couvain, et juste en mesure de recevoir une récolte abondante de ce nectar le plus délicieux.

L'alimentation est également souvent nécessaire pour assurer des réserves suffisantes pour l'hiver, car aucun apiculteur digne de ce nom ne permettra à ses sujets fidèles et volontaires de mourir de faim, alors que si peu de soins et de dépenses l'en empêcheront.

COMBIEN DE NOURRIR.

Si nous souhaitons seulement stimuler, la quantité administrée n'a pas besoin d'être importante. Une demi-livre par jour, voire moins, suffira pour encourager les abeilles à se préparer activement au bon moment à venir. Pour plus d'informations concernant l'approvisionnement des magasins pour l'hiver, voir le chapitre XVII .

QUOI NOURRIR.

A cet effet, je donnerais au café A du sucre, réduit à la consistance du miel, ou bien du miel extrait gardé de l'année précédente. Le prix de ce dernier déterminera lequel est le plus rentable. Le miel également, qui a été égoutté ou expulsé des capuchons, etc., est bon, et seulement bon à nourrir. Beaucoup conseillent de nourrir les variétés de sucre les plus pauvres au printemps. Ma propre expérience me fait remettre en question la politique consistant à utiliser de tels aliments pour les abeilles. Je remets également en question la politique consistant à administrer du glucose. Dans toute alimentation, à moins que nous n'utilisions du miel extrait, nous ne pouvons pas faire trop attention à ce que cet aliment ne soit pas transporté vers les boîtes excédentaires. Ne laissez nos clients goûter qu'une seule fois le sucre dans leur miel en rayon, et non seulement notre propre réputation disparaîtra, mais toute la fraternité sera blessée. Dans le cas où nous souhaitons que nos rayons dans les sections soient remplis ou bouchés, nous devons nourrir le miel extrait, ce qui peut souvent être fait avec un grand avantage.

FIGURE 54.

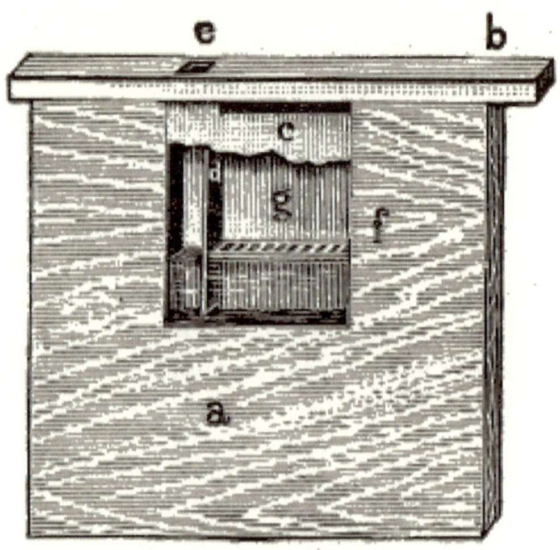

Alimentateur de cartes de division. Partie inférieure de la face de la boîte retirée pour montrer le flotteur, etc.

COMMENT NOURRIR.

Les conditions requises pour une bonne mangeoire sont les suivantes : Un bon marché, une forme permettant une alimentation rapide, ne permettant aucune perte de chaleur, et disposée de manière à ce que nous puissions nourrir les abeilles sans en aucune façon déranger les abeilles. Le chargeur (Fig. 54) que j'ai utilisé avec la meilleure satisfaction est un tableau de division modifié dont la barre supérieure (Fig. 54, *b*) a deux pouces de largeur. Depuis la partie centrale supérieure, sous la barre supérieure, une pièce rectangulaire, de la taille d'une boîte à huîtres, est remplacée par une boîte à huîtres (Fig 54, *g*), après avoir retiré le haut de cette dernière. Un morceau de bois vertical (Fig. 54, *d*) est inséré dans la boîte de manière à séparer un espace d'environ un pouce carré, d'un côté, du reste de la chambre. Cette pièce n'atteint pas tout à fait le fond de la boîte, il y a un espace d'un huitième de pouce en dessous. Dans la barre supérieure, il y a une ouverture

(Fig. 54, *e*) juste au-dessus du plus petit espace situé en dessous. Dans le plus grand espace se trouve un flotteur en bois (Fig. 54, *f*) plein de trous. D'un côté, à l'opposé de la plus grande chambre de la boîte, un morceau d'un demi-pouce du dessus (Fig. 54, *c*) est coupé, de sorte que les abeilles puissent passer entre la boîte et la barre supérieure jusqu'au flotteur, où ils peuvent siroter la nourriture. La nourriture est tournée dans le trou de la barre supérieure (Fig. 54, *e*), et sans toucher une abeille, passe sous la bande verticale (Fig. 54, *d*) et soulève le flotteur (Fig. 54, *f*). . La canette peut être punaisée au tableau aux extrémités proches du haut. Deux ou trois punaises à travers la boîte dans la pièce verticale (fig. 54, *d*) maintiendront celle-ci fermement en place ; ou la barre supérieure peut appuyer sur la pièce verticale afin qu'elle ne puisse pas bouger. En plaçant un étroit morceau de tissu de laine entre la boîte et la planche, et en clouant une bande similaire autour du bord biseauté de la planche de séparation, le tout est bien ajusté.

FIGURE 55.

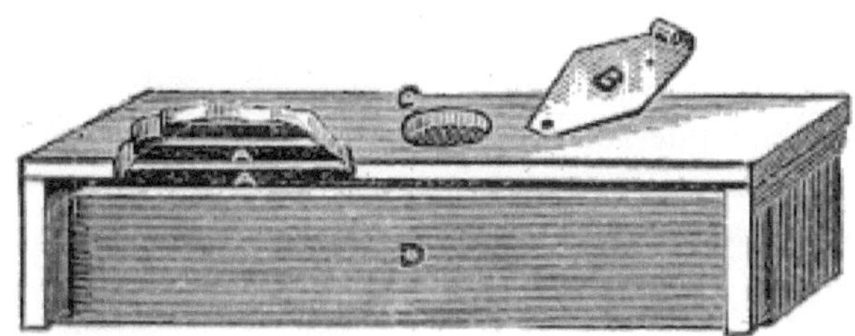

Le patron d'abeilles de Shuck.

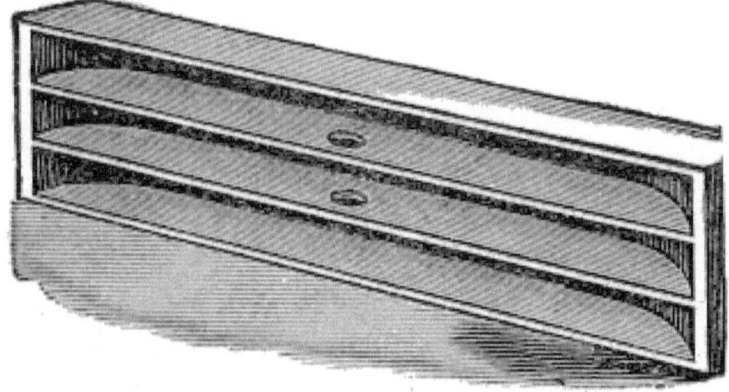

Mangeoire à abeilles Simplicity.

Un de nos étudiants suggère le nom « Perfection » pour cette mangeoire. La mangeoire est placée au fond de la chambre à couvain (page 137), et la barre supérieure est recouverte par la couette. Pour nourrir, il suffit de replier la couette et, avec une théière, nous versons la nourriture dans le trou de la barre supérieure. Si une planche à miel est utilisée, il doit y avoir un trou juste au-dessus du trou dans le chargeur de la planche de division. Dans les deux cas, aucune abeille ne peut s'échapper, la chaleur est confinée et notre mangeoire à planches de division n'est qu'à peine plus chère qu'une planche de division seule.

Certains apiculteurs préfèrent une boîte de conserve avec un couvercle finement perforé. Celui-ci est rempli de liquide, la couverture est mise et le tout est rapidement retourné et placé au-dessus d'un trou dans la courtepointe. En raison de la pression de l'air, le liquide ne descendra pas si rapidement que les abeilles ne pourront pas l'aspirer.

De nombreux autres styles de mangeoires sont utilisés, comme la « Simplicité » et la « Boss », mais je n'en ai pas encore vu une qui soit à tous égards égale à celle représentée et décrite ci-dessus.

Le meilleur moment pour se nourrir est juste à la tombée de la nuit. Dans ce cas, la nourriture sera emportée avant le lendemain et le risque de vol pour les colonies faibles n'est pas si grand.

Lors de l'alimentation pendant les journées froides d'avril, tout le monde doit être rapproché au-dessus des abeilles pour économiser la chaleur. Lors de toute alimentation, il faut veiller à ne pas renverser la nourriture dans le rucher, car cela pourrait, et très généralement provoquera, provoquer un vol.

CHAPITRE IX.
L'ÉLEVAGE DE LA REINE.

Supposons que la reine ponde deux mille œufs par jour et que le nombre total d'abeilles soit de quarante mille, ou même plus, bien que les abeilles soient sujettes à de nombreux accidents et que la reine ne ponde pas toujours au maximum de sa capacité. Il est fort probable qu'il s'agit là d'un nombre moyen ; on verra que chaque jour où une colonie est sans reine, il y a une perte égale à environ un vingtième de la force de travail de la colonie, et c'est une perte composée. car la perte globale d'un jour est sa perte spéciale, augmentée des nombreuses pertes des jours précédents. Or, comme les reines sont susceptibles de mourir, de devenir impuissantes, et que l'augmentation des colonies exige l'absence de reines, à moins que l'apiculteur n'en ait des supplémentaires à sa disposition, il est impératif, pour obtenir les meilleurs résultats, d'avoir jamais à portée de main des reines supplémentaires. Le jeune apiculteur doit donc apprendre très tôt

COMMENT élever les reines.

Comme des reines pourraient être nécessaires d'ici la fin du mois de mai, les préparatifs visant à l'élevage précoce des reines doivent commencer tôt. Lors de la préparation des colonies pour l'hiver de l'automne précédent, assurez-vous de placer un peigne à faux-bourdons quelque part près du centre de la colonie qui a donné les meilleurs résultats la saison précédente. En mars, et certainement avant le premier avril, veillez à ce que toutes les colonies disposent de suffisamment de pain d'abeille. Si nécessaire, placez la farine non boulonnée, celle de seigle ou d'avoine de préférence, dans des auges peu profondes à proximité des ruches. Il peut être judicieux de donner à l'ensemble du rucher le bénéfice d'une telle alimentation avant que les fleurs ne produisent du pollen. Pourtant, j'ai découvert qu'ici, dans le centre du Michigan, les abeilles peuvent généralement récolter du pollen dès la première semaine d'avril, ce qui, à mon avis, est le moment le plus précoce où elles devraient être autorisées à voler et, en fait, dès qu'elles volent avec suffisamment d'énergie. régularité pour qu'il soit payant de nourrir le repas. Je me demande beaucoup, après quelques années d'expérimentation, s'il est un jour rentable de donner aux abeilles un substitut au pollen.

La colonie considérée devra recevoir des cadres contenant du pain d'abeille stocké l'année précédente. Au même moment, en mars ou avril, commencez une alimentation stimulante. Si vous avez une autre colonie aussi bonne que la première, donnez-lui également du pollen et commencez à lui donner du miel ou du sirop, mais seul le rayon ouvrière doit être dans la chambre à couvain. Cela empêchera la consanguinité étroite qui se produirait nécessairement si les reines et les faux-bourdons étaient élevés dans la même colonie ; et qui, bien que considéré comme nuisible à l'élevage de tous les animaux, devrait être pratiqué dans le cas où une seule reine serait nettement supérieure à toutes les autres du rucher.

Très probablement en avril, les œufs de faux-bourdons seront pondus dans des rayons de faux-bourdons. J'ai fait voler des drones le 1er mai. Dès que les faux-bourdons commencent à éclore , retirez la reine et tous les œufs et le couvain non coiffé d'une bonne et forte colonie, et remplacez-les par des œufs ou du couvain qui viennent d'éclore de la colonie qui est nourrie, ou si deux colonies tout aussi bonnes ont été stimulée, à partir de celle dans laquelle aucun drone-peigne n'a été placé. La reine qui a été enlevée peut être utilisée pour créer une nouvelle colonie, de la manière qui sera bientôt décrite sous « diviser ou augmenter le nombre de colonies ». Cette colonie sans reine commencera immédiatement à former des cellules royales (Fig. 56). Parfois, ceux-ci se forment au nombre de quinze ou vingt, et ils naissent également en une colonie pleine et vigoureuse, en fait dans les conditions les plus favorables. Couper les bords du rayon ou percer des trous là où se trouvent des œufs ou des larves ; juste éclos, assurera presque toujours le démarrage des cellules royales dans de tels endroits. On remarquera aussi que nos reines naissent d'œufs ou de larves qui viennent d'éclore, puisque nous n'en avons pas donné d'autres aux abeilles, et qu'elles sont ainsi nourries dès le début du pabulum royal. Ainsi, nous avons rempli toutes les conditions possibles pour obtenir les reines les plus supérieures. En supprimant la reine, nous obtenons également un grand nombre de cellules, tandis que si nous attendions que les abeilles démarrent les cellules préparatoires à l'essaimage naturel, auquel cas nous obtenons les deux conditions souhaitables mentionnées ci-dessus, nous ne parviendrons probablement pas à obtenir autant de cellules. cellules, et nous devrons peut-être attendre plus longtemps que nous ne pouvons nous le permettre.

Même l'apiculteur qui élève des abeilles noires et n'en désire pas d'autres, ou qui n'a que des Italiens purs, trouvera toujours qu'il est avantageux de pratiquer cette sélection, car, comme pour l'amateur de volailles ou l'éleveur de nos plus gros animaux domestiques, , l'apiculteur observe toujours certains individus d'une supériorité marquée, et celui qui sélectionne soigneusement de telles reines à partir desquelles se reproduire sera celui dont les profits le réjouiront et dont le rucher sera digne de tous les éloges. Comme cela sera évident pour tous, par le procédé ci-dessus, nous exerçons dans l'élevage un soin qui n'est pas surpassé par les meilleurs éleveurs de chevaux et de bétail, et qu'aucun apiculteur avisé ne négligera jamais.

Après avoir enlevé toutes les cellules royales, d'une manière qui sera bientôt décrite, nous pouvons à nouveau fournir des œufs ou des larves nouvellement écloses, toujours provenant des reines dont une observation attentive a montré qu'elles sont les plus vigoureuses et les plus prolifiques dans le rucher, et gardez ainsi la ou les mêmes colonies sans reine, engagées dans le démarrage de cellules royales jusqu'à ce que nous ayons tout ce que nous désirons. Cependant, nous ne devons pas manquer de maintenir cette colonie forte en y ajoutant du couvain coiffé, que nous pouvons prendre dans n'importe quelle ruche selon ce qui nous convient le mieux. J'ai de bonnes raisons de croire que les cellules royales ne devraient pas être commencées après le 1er septembre, car j'ai observé que les reines tardives sont non seulement moins prolifiques, mais vivent également moins longtemps. Dans la nature, les reines tardives se produisent rarement, et s'il est vrai qu'elles sont inférieures, cela pourrait s'expliquer par le fait que les ovaires restent si longtemps inactifs. De même que les reines longtemps inaccouplées ne valent absolument rien, de même les reines accouplées longtemps inactives sont affaiblies.

En une semaine, les cellules sont bouchées et l'apiculteur est prêt à former son

NOYAUX.

Un noyau est simplement une colonie miniature d'abeilles – une ruche et une colonie à petite échelle, dans le but d'élever et de garder des reines. Nous voulons les reines, mais nous ne pouvons nous permettre que quelques abeilles pour chaque noyau. La ruche centrale, si nous utilisons des cadres ne dépassant pas un pied carré, ne doit être rien de plus qu'une ruche ordinaire, avec une chambre limitée par un panneau de division à la capacité de trois cadres. Si nos cadres sont grands, il peut être préférable de construire des ruches à noyau spécial. Ce sont de petites ruches, qui ne doivent pas nécessairement mesurer plus de six pouces dans chaque sens, c'est-à-dire en longueur, en largeur et en épaisseur, et conçues pour contenir de quatre à six cadres de dimensions correspondantes. Ces cadres sont remplis de peigne. J'utilise depuis deux ou trois ans le premier type de ruche à noyau nommé, et j'ai trouvé avantageux de faire fabriquer quelques longues ruches, chacune contenant cinq chambres, tandis que chaque chambre est entièrement séparée de celle qui lui est voisine. mesure cinq pouces de large et est recouvert d'une planche séparée bien ajustée, et le tout d'une couverture commune. L'entrée des deux chambres d'extrémité se trouve aux extrémités, près du même côté de la ruche. La chambre du milieu a son entrée au milieu du côté près duquel se trouvent les entrées d'extrémité, tandis que les deux autres chambres s'ouvrent du côté opposé, aussi éloignées que possible. L'extérieur peut être peint de différentes couleurs pour correspondre aux divisions, si cela est jugé nécessaire, notamment du côté comportant deux ouvertures. Pourtant, je n'ai jamais pris cette précaution et je n'ai jamais été très gêné par la perte de reines. Ils sont presque invariablement entrés dans leur propre appartement au retour de leur tournée de mariage. Ces ruches que j'utilise pour garder les reines pendant l'été. Sauf que l'apiculteur s'occupe largement de l'élevage des reines, je doute de l'opportunité de construire des ruches à noyau aussi spécial. Les ruches habituelles sont une bonne propriété à avoir dans le rucher, elles seront bientôt nécessaires et peuvent être utilisées de manière économique pour tous les noyaux. Au printemps, j'utilise mes ruches préparées pour une utilisation estivale éventuelle, pour mes noyaux. Allez maintenant dans différentes ruches du rucher et sortez trois cadres pour chaque noyau, dont au moins un contient du couvain, et ainsi de suite, jusqu'à ce qu'il y ait autant de noyaux préparés que vous avez de cellules royales à éliminer. Les abeilles doivent être laissées adhérant aux cadres des rayons, *nous devons seulement être certains que la reine n'est pas parmi eux* , car cela éloignerait la reine de l'endroit où elle est le plus nécessaire et conduirait à la destruction certaine d'une cellule royale. Pour en être sûr, ne prenez jamais de tels clichés avant *d'avoir vu la reine* , afin d'être sûr qu'elle est laissée derrière vous. J'ai l'habitude de secouer les abeilles d'un ou deux cadres supplémentaires dans le noyau, de sorte que, même après le retour des vieilles abeilles, il reste encore un nombre suffisant de jeunes abeilles dans le noyau pour maintenir la température à une hauteur appropriée. Si quelqu'un désire des noyaux avec des cadres plus petits, ces cadres doivent bien sûr être remplis de rayons, et alors nous pouvons immédiatement secouer les abeilles dans les noyaux, comme indiqué ci-dessus, jusqu'à ce qu'elles en aient suffisamment pour conserver une température convenable. Dans ce cas, la cellule royale doit être insérée juste avant l'ajout des abeilles ; dans l'autre cas, soit avant, soit après. De tels articles spéciaux sur le rucher sont coûteux et peu pratiques. Je crois que je devrais utiliser des ruches même avec les plus grands cadres pour noyaux. Dans ce cas, nous devrions donner plus d'abeilles. Pour insérer les cellules royales - car nous devons maintenant en donner un à chaque noyau, de sorte que nous ne pouvons jamais former plus de noyaux que nous n'avons coiffé de cellules royales - nous les découpons d'abord, en commençant par couper de chaque côté la base de la cellule. , à au moins un demi-pouce de distance, *il ne faut pas comprimer le moins du monde la cellule* , puis la découper et l'extraire sur deux pouces, puis en face de la cellule. Cela laisse la cellule attachée à un morceau de peigne en forme de coin (Fig. 56), dont le singe se trouve à côté de la cellule.

FIGURE 56.

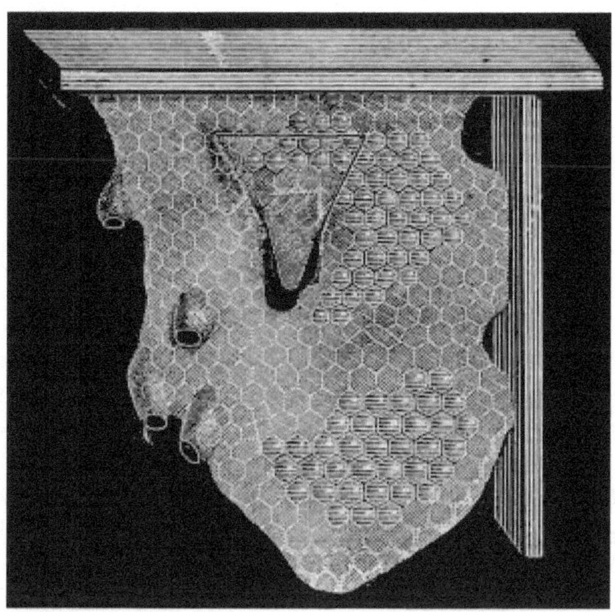

Une coupe similaire dans le cadre médian du noyau, qui dans le cas des cadres réguliers est celui contenant le couvain, fournira une ouverture pour recevoir le coin contenant la cellule. Le peigne doit également être coupé en dessous (Fig. 56), afin que la cellule ne puisse pas être comprimée. Une fois que tous les noyaux ont reçu leurs cellules et leurs abeilles, il suffit de les placer dans un endroit ombragé et de les surveiller pour s'assurer qu'il reste suffisamment d'abeilles. S'il y en a trop, donnez-leur davantage en enlevant le couvercle et en secouant un cadre chargé d'abeilles sur le noyau ; gardez l'ouverture presque fermée et couvrez les abeilles avec une couverture. La principale précaution dans tout cela *est de s'assurer de ne pas avoir de vieille reine dans un noyau* . Dans deux ou trois jours, les reines écloront, et dans une semaine de plus elles seront fécondées, et cela aussi, dans le cas des premières reines, par des faux-bourdons sélectionnés, car il n'y en a pas encore d'autres dans le rucher, et l'apiculteur possédera de dix à trente-cinq reines, ce qui constituera son meilleur stock dans le commerce. Je ne peux pas surestimer l'avantage d'avoir des reines supplémentaires. Pour garantir un accouplement pur plus tard, nous devons couper tous les rayons de faux-bourdons des colonies inférieures, afin qu'elles n'élèvent aucun faux-bourdon. Si les larves de faux-bourdons se trouvent dans des cellules non fermées, elles peuvent être tuées en aspergeant le rayon avec de l'eau froide. En donnant un peu de force au jet d'eau, ils peuvent être lavés, ou nous pouvons les jeter avec l'extracteur, puis utiliser le peigne pour commencer dans nos sections. En gardant des cadres vides et des cellules vides dans les noyaux, les abeilles peuvent rester actives ; Pourtant, avec si peu d'abeilles, on ne peut pas attendre grand-chose des noyaux. Après avoir coupé toutes les cellules royales de notre ancienne ruche, nous pouvons à nouveau insérer des œufs, comme suggéré ci-dessus, et obtenir un autre lot de cellules, ou, si nous en avons un nombre suffisant, nous pouvons laisser une seule cellule royale, et cette colonie sera bientôt l'heureux possesseur d'une reine, et tout aussi florissant que si l'équilibre de ses voies n'avait pas été troublé.

Devons-nous couper l'aile de la reine ?

Dans l'opération ci-dessus, comme dans beaucoup d'autres manipulations de la ruche, nous apercevrons souvent la reine, et pourrons, si nous le désirons, lui couper l'aile, si elle a rencontré le faux-bourdon, afin qu'en aucun cas elle ne dirige la colonie. loin vers des régions inconnues. Cela ne nuit pas à la reine, comme certains l'ont prétendu. Le général Adair a déclaré un jour qu'un tel traitement blessait la reine, car il coupait certains des tubes à air, opinion approuvée par un naturaliste aussi excellent que le Dr Packard. Pourtant, nous sommes sûrs que tout cela n'est qu'une erreur. Le tube à air et les vaisseaux sanguins, comme nous l'avons vu, se dirigent vers les ailes pour transporter la nourriture à ces membres. Avec l'aile viennent le besoin de nourriture et le besoin de tubes. Autant dire que l'amputation d'une jambe ou d'un bras humain affaiblirait la constitution, car elle couperait l'approvisionnement en sang.

Beaucoup de nos meilleurs apiculteurs pratiquent cette coupe des ailes de la reine depuis des années. Cependant ces reines ne montrent aucune diminution de vigueur : on devrait supposer qu'elles seraient encore plus vigoureuses, car les organes inutiles sont toujours nourris aux dépens de l'organisme, et s'ils sont entièrement inutiles, ils sont rarement entretenus longtemps par la nature. Les fourmis nous donnent l'exemple en la matière, puisqu'elles mordent les ailes de leurs reines après l'accouplement. Ils veulent dire que la reine des fourmis doit rester à la maison *nolens volens*, et pourquoi n'exigerions-nous pas la même chose de la reine des abeilles ? N'eût été la nécessité de fourmiller dans la nature, nous aurions sans doute été devancés en cette matière par la nature elle-même. Cependant, si la reine essaie de partir avec un essaim, et si l'apiculteur n'est pas là, elle sera très probablement perdue et ne retrouvera jamais la ruche ; mais dans ce cas, les abeilles seront sauvées, car *elles* reviendront sans faute. J'ai toujours l'intention d'être très vigilant, en gardant mes ruches ombragées, en leur donnant suffisamment d'espace et en les divisant ou en les augmentant, de manière à empêcher un essaimage naturel. Mais au lieu d'une telle prudence, je ne vois aucune objection à couper l'aile de la reine, et je le conseillerais.

Certains apiculteurs coupent une aile primaire la première année, la secondaire la deuxième année, l'autre primaire la troisième et si l'âge de la reine le permet, l'aile restante la quatrième année. Pourtant, ces données, ainsi que d'autres questions d'intérêt et d'importance, feraient mieux d'être conservées sur une ardoise ou une carte et fermement attachées à la ruche, ou bien conservées dans un registre, en face du numéro de la ruche. Le temps nécessaire pour trouver la reine est un argument suffisant contre le « record de la reine-aile ». Ce n'est pas un argument contre la coupe des ailes de la reine, car, dans les ruches centrales, les reines sont faciles à trouver, et même dans des colonies complètes, cela n'est pas très difficile, surtout si l'on tient compte des exigences de l'intérêt et si l'on garde des Italiens. Ce sera mieux, même s'il faut rechercher des reines noires, en colonies complètes. La perte d'une bonne colonie, ou la peine fâcheuse de séparer deux ou trois essaims groupés ensemble, vaincra bientôt cet argument du temps.

Pour couper l'aile de la reine, saisissez ses ailes avec le pouce et l'index gauches - ne saisissez jamais son corps, *surtout son abdomen* , car cela risquerait fort de la blesser - soulevez-la du rayon, puis détournez-vous des abeilles, placez-la doucement sur une planche ou sur tout objet pratique - même le genou fera l'affaire - elle se tiendra ainsi debout et ne se gênera pas en passant constamment ses jambes par ses ailes, où elles risqueraient elles aussi d'être coupées. désactivé. Maintenant, prenez une petite paire de ciseaux, et avec la main droite, ouvrez-les, passez délicatement une lame sous l'une des ailes avant, fermez les lames, et c'est fini. Certains apiculteurs se plaignent que les reines ainsi manipulées reçoivent souvent une odeur étrangère et sont détruites par les abeilles. J'en ai coupé des centaines et je n'en ai jamais perdu un seul. Je crois que la méthode ci-dessus ne se prêtera pas à cette objection. Si l'expérience de quelqu'un prouve le contraire, l'enfilage d'un gant de chevreau, ou même les doigts d'un gant, pourraient éliminer la difficulté.

TRAVAILLEURS FERTILES.

Nous avons déjà évoqué (pp. 77 et 90) et décrit les ouvrières fertiles. Comme ceux-ci ne peuvent produire que des œufs non fécondés, ils sont bien sûr sans valeur et, à moins qu'ils ne soient remplacés par une reine, ils entraîneront bientôt la destruction de la colonie. Comme leur présence empêche souvent l'acceptation des cellules ou d'une reine par les ouvrières ordinaires, elles constituent un ravageur sérieux.

L'absence de couvain d'ouvrières et la ponte abondante et négligente d'œufs (certaines cellules ont été omises, tandis que d'autres ont reçu plusieurs œufs) sont des indications assez sûres de leur présence.

Pour débarrasser une colonie de ceux-ci, unissez-la à une colonie avec une bonne reine, après quoi la colonie peut être divisée si elle est très forte. Le simple échange de places dans une colonie avec une ouvrière fertile et une bonne colonie forte entraînera souvent la destruction du malfaiteur. Dans ce cas, le couvain doit être donné à la colonie qui a eu l'ouvrière fertile, afin qu'elle puisse élever une reine ; ou mieux, une cellule royale ou une reine devrait leur être donnée. Mettre une reine en cage dans une ruche, avec une ouvrière fertile, pendant trente-six heures, amènera souvent les abeilles à l'accepter. Secouer les abeilles des cadres à deux bâtonnets de la ruche les débarrassera souvent de la reine contrefaite, après quoi elles recevront une cellule royale ou une reine.

CHAPITRE X.
AUGMENTATION DES COLONIES.

Aucun sujet n'intéressera plus le débutant que celui de l'augmentation des stocks. Il en a un ou deux, il en désire autant, ou, s'il est très aspirant, jusqu'à plusieurs centaines, et s'il s'agit d'un Hetherington ou d'un Harbison, jusqu'à plusieurs milliers. C'est aussi un sujet qui pourrait bien engager la réflexion et l'étude d'hommes possédant une expérience considérable. Je crois que de nombreux anciens combattants n'utilisent pas les meilleures méthodes pour obtenir une augmentation des stocks.

Avant de nommer les voies ou de détailler les méthodes, permettez-moi de déclarer et de souligner qu'il est toujours plus sûr, et généralement plus sage, surtout pour le débutant, de se contenter de doubler et certainement de tripler le nombre de ses colonies à chaque fois. saison. Souvenons-nous tout particulièrement de la devise « Gardez toutes les colonies fortes ».

Il existe deux manières d'augmenter : La voie naturelle, dite par essaimage, déjà décrite sous histoire naturelle de l'abeille ; et un essaimage artificiel artificiel et mal stylé. C'est ce qu'on appelle aussi, et très justement, « diviser ».

FOURMILLEMENT.

Pour éviter l'anxiété et une surveillance constante, et pour assurer une division plus équitable des abeilles et, comme je le sais, plus de miel, il est préférable de se prémunir entièrement contre l'essaimage en utilisant les moyens qui apparaîtront dans la suite. Mais comme cela demande une certaine expérience et que, comme souvent, par négligence, nécessaire ou coupable, des essaims peuvent surgir, tout apiculteur devrait toujours être prêt à disposer des moyens et des connaissances nécessaires pour une action immédiate. Bien entendu, les ruches ont toutes été fabriquées l'hiver précédent *et ne manqueront jamais* . Négliger de fournir des ruches avant la saison d'essaimage est une preuve convaincante que la mauvaise poursuite a été choisie.

Si, comme nous l'avons conseillé, l'aile de la reine est coupée, la chose devient très simple, tellement simplifiée que s'il n'y avait pas d'autre argument, cela suffirait pour recommander la pratique de couper l'aile de la reine. Or, si plusieurs essaims se regroupent, il ne faut pas les séparer, ils se sépareront d'eux-mêmes et retourneront dans leur ancienne demeure. Migrer sans la reine signifie la mort, et la vie est douce même pour les abeilles, et ne doit être abandonnée volontairement que pour son foyer et ses proches. L'apiculteur n'a pas non plus besoin de grimper aux arbres, d'attacher ses abeilles aux troncs touffus, aux treillis ou aux piquets de sa clôture, du haut même d'un arbre fruitier grand, élancé et fragile, ou de tout autre endroit très incommode. Il ne sera même pas non plus tenté de payer son argent pour des hivers de brevets. Il sait que ses abeilles retourneront dans leurs anciens quartiers, donc il n'est pas perturbé par la peur de la perte, ni par les projets de capturer celles qui sont inaccessibles. Il ne faut aucun effort pour « posséder son âme avec patience ». S'il ne souhaite aucune augmentation, il sort, prend la reine par les ailes restantes, au moment où elle sort de la ruche, peu après que les abeilles ont commencé leurs hilarants adieux, la met dans une cage, ouvre la ruche, détruit ou, s'il souhaite les utiliser, découpe les cellules royales comme déjà décrit (page 167), donne plus de place, soit en ajoutant des boîtes, soit en retirant certains des cadres de couvain, car ils peuvent très bien être épargnés, place la cage renfermant le reine sous la couette, et laisse les abeilles revenir à leur gré. À la tombée de la nuit, la reine est libérée et, très probablement, la fièvre grouillante est atténuée pour la saison.

Si l'on souhaite regrouper l'essaim en fuite avec une colonie noyau, échangez les emplacements de l'ancienne ruche contenant la reine en cage et le noyau, vers lequel l'essaim viendra alors. Retirez les cellules royales des anciennes ruches comme auparavant, donnez quelques rayons de couvain au noyau, qui est maintenant une colonie pleine, et des cadres vides, avec des rayons ou des démarreurs de fondation, ou, si vous en avez, des rayons vides aux deux. , libérez la reine la nuit et tout va bien, et l'apiculteur se réjouit d'une nouvelle colonie. Si l'apiculteur a négligé de former des noyaux et n'a donc pas de reines supplémentaires - *et c'est une négligence* - et souhaite mettre son essaim en ruche séparément, il place sa reine en cage dans une ruche vide, avec laquelle il remplace l'ancienne ruche jusqu'à ce que les abeilles Revenez, puis cette nouvelle ruche, avec la reine et les abeilles, et, mieux encore, avec un cadre ou deux de couvain, de miel, etc., au milieu, qui ont été pris de l'ancienne ruche, est placée sur un nouveau support. L'ancienne ruche, dont toutes les cellules royales, à l'exception de la plus grande et de la plus belle, ont été retirées, est en retrait, de sorte que l'apiculteur a prévenu l'apparition d'essaims ultérieurs, sauf que d'autres cellules royales sont ensuite créées, ce qui ne risque pas de se produire. arriver. La vieille reine est libérée comme auparavant, et nous sommes en passe d'avoir bientôt deux bonnes colonies. Certains apiculteurs mettent la reine en cage et laissent les abeilles revenir, puis divisent la colonie dès que possible.

Certains apiculteurs extensifs, désireux d'empêcher l'augmentation des colonies, mettent en cage la vieille reine, détruisent les cellules et échangent cette ruche - après avoir retiré trois ou quatre cadres de couvain pour renforcer les noyaux - avec une ruche qui a récemment essaimé. Ainsi, une colonie qui a récemment envoyé un essaim, mais a conservé sa reine, a probablement, à cause de la diminution du nombre d'abeilles, de la perte du couvain et de l'élimination des cellules royales, perdu la fièvre de l'essaimage, et si nous leur donnons beaucoup d'espace et de ventilation, ils accepteront les abeilles d'un nouvel essaim et consacreront leurs énergies futures à stocker le miel. Southard et Ranney ont eu beaucoup de succès dans la pratique de cette méthode. Si la construction d'un peigne à faux-bourdons dans les cadres vides qui ont remplacé les cadres à couvain retirés, devrait contrarier l'apiculteur—Dr. Southard dit qu'ils n'ont pas eu de tels problèmes : ils pourraient être évités en donnant une fondation aux travailleurs. Si la fièvre d'essaimage n'est pas dissipée, il suffira de recommencer l'opération dans quelques jours.

ESSAIS HIVERS.

Mais en coupant les ailes, certaines reines peuvent être omises, ou, par goût ou pour tout autre motif, certains apiculteurs peuvent ne pas vouloir « déformer son altesse royale ». Ensuite, l'apiculteur doit posséder les moyens de sauver les futurs rovers. Les moyens sont de bonnes ruches prêtes, une sorte de brosse (une aile de dinde fera l'affaire) et un sac ou un panier, dont le dessus est toujours ouvert, qui doit avoir au moins dix-huit pouces de diamètre, et ce réceptacle fait de telle sorte qu'il puisse être attaché à l'extrémité d'une perche, et deux de ces perches, l'une très longue et l'autre de longueur moyenne.

Voyons maintenant la méthode : Dès que la grappe commence à se former, placez la ruche sur le sol à proximité, en laissant l'entrée bien ouverte, ce qui, avec notre plateau inférieur, ne nécessite que de tirer la ruche d'un pouce en avant. Ou plus sur le panneau de descente. Dès que les abeilles sont entièrement regroupées, il faut parvenir au mieux à vider toute la grappe devant la ruche. Comme les abeilles sont pleines de miel, nous n'avons pas à craindre les piqûres. Si les abeilles se trouvent sur une brindille qui pourrait être sacrifiée, celle-ci pourrait être facilement retirée avec un couteau ou une scie, et avec tant de précautions que cela ne dérangerait guère les abeilles ; puis portez et secouez les abeilles devant la ruche, quand avec un bourdonnement joyeux elles entreront aussitôt. Si les rameaux ne doivent pas être coupés, secouez-les tous dans le panier et videz-les devant la ruche. S'ils se trouvent sur un tronc d'arbre ou une clôture, brossez-les avec l'aile dans le panier et procédez comme avant. S'ils sont en hauteur sur un arbre, prenez le poteau et le panier, et peut-être qu'une échelle sera également nécessaire.

Laissez toujours l'ingéniosité faire son œuvre parfaite, sans oublier que le but à atteindre est de placer le plus grand nombre d'abeilles possible sur la planche de descente située devant la ruche. Une négligence quant à la quantité pourrait entraîner la perte de la reine, ce qui serait grave. Les abeilles ne resteront que si la reine entre dans la ruche. Si une grappe se forme là où il est impossible de les brosser ou de les secouer, ils peuvent être conduits dans un panier ou une ruche en le tenant au-dessus d'eux et en soufflant de la fumée parmi eux. Dès qu'ils sont presque tous installés - quelques-uns peuvent voler, mais si la reine est dans la nouvelle ruche, ils retourneront dans leur ancienne maison ou trouveront la nouvelle - ce que M. Betsinger dit qu'ils feront toujours. , si elle n'est pas très éloignée, retirez la ruche sur son support permanent. Tous les lavages sont plus qu'inutiles. Il vaut mieux que la ruche soit propre et pure. Avec ceux-ci, s'ils sont ombragés, les abeilles seront généralement satisfaites. Mais l'assurance sera doublement assurée en leur fournissant un cadre de couvain, à tous les stades de croissance, provenant de l'ancienne ruche. Celui-ci peut être inséré avant le début des travaux de ruche. M. Betsinger pense que cela les poussera à partir ; mais je pense qu'il ne s'appuiera pas sur l'expérience d'autres apiculteurs. Il n'est certainement pas à mes côtés. Je n'ai jamais connu qu'une seule colonie qui laissait du couvain non coiffé ; Je les ai souvent vus sortir en essaim d'une ruche vide une ou deux fois, et revenir, après que le couvain eut été placé dans la ruche, lorsqu'ils acceptèrent les conditions modifiées et se mirent immédiatement au travail. Cela semble également raisonnable, compte tenu de l'attachement des abeilles à leur nid à couvain, ainsi que par analogie. Comme la fourmi est impatiente de transporter ses larves et ses petits, appelés œufs, vers un lieu sûr, lorsque le nid a été envahi et que le danger menace. Les abeilles ont sans doute le même désir de protéger leurs petits, et comme elles ne peuvent les emmener dans un nouveau foyer, elles restent à les soigner dans un lieu qui n'est peut-être pas tout à fait à leur goût.

Si l'on ne désire pas augmenter, les abeilles peuvent être données à une colonie qui a préalablement essaimé, après avoir retiré de cette dernière toutes les cellules royales, et ajouté à la pièce en donnant des boîtes et en retirant quelques cadres de couvain pour renforcer les noyaux. Ce plan est pratiqué par le Dr Southard. Nous pourrions même ramener les abeilles dans leur ancien habitat en prenant les mêmes mesures de précaution, avec l'espoir que le stockage et non l'essaimage attireront leur attention à l'avenir ; et si nous échangeons leur position contre celle d'un noyau, nous aurons encore plus de chances de réussir à vaincre le désir d'essaimer ; bien que certaines saisons, généralement lorsque le miel est récolté chaque jour pendant de longs intervalles, mais pas en grandes quantités, le désir et la détermination de certaines colonies d'essaimer sont implacables. Pièce, ventilation, changement de position de la ruche, tout échouera. Alors nous ne pouvons pas faire mieux que de satisfaire cette propension, en donnant à l'essaim un nouveau foyer et en faisant un effort

POUR ÉVITER LES DEUXIÈMES ESSAIS.

Comme nous l'avons déjà dit, l'apiculteur avisé aura toujours des reines supplémentaires sous la main. Or, s'il ne désire pas former de noyaux (comme nous l'avons déjà expliqué) et utiliser ainsi ces cellules royales, il les coupera *toutes* , les détruira immédiatement, et donnera à l'ancienne colonie une reine fertile. La méthode d'introduction sera donnée ci-après, bien que dans de tels cas il y ait très peu de danger à leur donner une reine d'un coup. Et en fumant soigneusement les abeilles, en les aspergeant d'eau sucrée et en badigeonnant la nouvelle reine de miel, nous pouvons être presque sûrs du succès. Si on le souhaite, les cellules royales peuvent être utilisées pour former des noyaux, de la manière décrite ci-dessus. De cette façon, nous évitons à notre colonie de se retrouver sans reine fertile pendant au moins treize jours, et cela également au plus fort de la saison du miel, lorsque le temps, c'est de l'argent. S'il manque des reines supplémentaires, il suffit d'examiner attentivement l'ancienne ruche et d'en retirer toutes les cellules royales sauf une. Un peu de soin assurera certainement le travail, car, après l'essaimage, la vieille ruche est tellement dépourvue d'abeilles que seule la négligence négligera les cellules royales dans une telle quête.

POUR ÉVITER L'ESSAIEMENT.

Pour l'instant, nous ne pouvons éviter l'essaimage que partiellement. M. Quinby a offert une grosse récompense pour une ruche parfaite et sans essaimage, et n'a jamais eu à effectuer le paiement. M. Hazen l'a tenté, et y a partiellement réussi, en accordant beaucoup d'espace aux abeilles, afin qu'elles ne soient pas obligées de quitter faute de place. La ruche Quinby déjà décrite, par la grande capacité de la chambre à couvain et les nombreuses possibilités de stockage sur le dessus et sur le côté, vise le même but. Mais nous pouvons affirmer avec certitude qu'une ruche ou un système parfait et sans essaimage n'est pas encore à la disposition du public apicole. Les meilleures aides pour éviter l'essaimage sont l'ombre, la ventilation et des ruches spacieuses. Mais comme nous le verrons dans la suite, beaucoup d'espace dans la chambre à couvain, à moins que nous ne travaillions pour extraire le miel, ce qui nous permettrait de réprimer grandement la fièvre grouillante, nous empêche d'obtenir du miel dans un style désirable. Si nous ajoutons des sections, à moins que la connexion ne soit tout à fait libre, auquel cas la reine est susceptible d'y entrer et de nous contrarier grandement, nous devons en rassembler quelques-unes pour envoyer les abeilles dans les sections. Une telle surpopulation entraînera presque certainement un essaimage. En abrasant les rayons de miel coiffés dans la chambre à couvain, comme me l'a suggéré M. MM Baldridge, en faisant couler le miel des rayons, j'ai envoyé les abeilles se rassembler dans les sections, et ainsi retardé ou empêché l'essaimage. .

Il est possible qu'en extrayant librement lorsque le stockage est très rapide, puis en nourrissant rapidement le miel extrait pendant la sécrétion du miel, nous pourrions empêcher l'essaimage, assurer une reproduction très rapide et toujours obtenir notre miel par sections. Trop peu d'expériences, pour être un peu décisives, m'ont amené à envisager favorablement cette direction.

L'élevage de colonies sans reine, afin d'obtenir du miel sans augmentation, tel que pratiqué et conseillé par certains même de nos distingués apiculteurs, me semble une *pratique très discutable* , à laquelle je ne peux même pas donner mon approbation en détaillant seulement la méthode. Je conseillerais plutôt de garder une reine et les ouvrières au travail *dans chaque* ruche, si possible, tout le temps.

COMMENT MULTIPLIER LES COLONIES AVEC LES MEILLEURS RÉSULTATS.

Nous avons déjà vu les méfaits de l'essaimage naturel, car, même si aucun cheptel n'est trop réduit en nombre, aucune colonie n'est perdue faute d'une attention rapide, aucun calme dominical n'est perturbé et aucun temps perdu à surveiller avec anxiété, mais, au mieux, l'ancienne colonie est sans reine pendant environ deux semaines, *état de choses qu'aucun apiculteur ne peut ou ne devrait se permettre* . La vraie politique est alors de pratiquer l'essaimage artificiel, comme nous venons de le décrire, où nous gagnons du temps en coupant les ailes de la reine, et épargnons des pertes en ne permettant à aucune colonie de rester sans reine, ou mieux encore de

DIVISER.

Cette méthode assurera des colonies uniformes, augmentera le nombre de colonies à notre gré, fera gagner du temps, et cela aussi, lorsque le temps est le plus précieux, et est à tous égards plus sûre et préférable à l'essaimage. Je pratique la division depuis que j'élève des abeilles, et *toujours avec les meilleurs résultats* .

COMMENT DIVISER.

Par le procédé déjà décrit, nous avons obtenu un bon nombre de belles reines, qui seront prêtes au moment voulu. Maintenant, dès que la récolte du trèfle blanc sera bien commencée, au début de juin, nous pourrons commencer les opérations. Si nous n'avons qu'une seule colonie à diviser, il est bon d'attendre qu'elle devienne assez peuplée, mais pas jusqu'à ce qu'elle essaime. Prenez une de nos ruches en attente, qui contient maintenant un noyau avec une reine fertile, et retirez-la à côté de la colonie que nous souhaitons diviser. Cela ne doit être fait que les jours chauds, lorsque les abeilles sont actives, et mieux encore, lorsque les abeilles sont occupées, au milieu de la journée. Retirez le panneau de division de la nouvelle ruche, puis retirez cinq rayons bien chargés de couvain et contenant bien sûr du miel, de l'ancienne colonie, des abeilles et de tout le reste, à la nouvelle ruche. Prenez également les cadres restants et secouez les abeilles dans la nouvelle ruche. *Assurez-vous seulement que la reine reste toujours dans l'ancienne ruche.* Remplissez les deux ruches de cadres vides — si les cadres sont remplis de rayons vides, ce sera encore mieux, sinon il sera payant de donner des démarreurs ou des cadres pleins de fondation — et remettez la nouvelle ruche à sa position précédente. Les vieilles abeilles retourneront dans l'ancienne colonie, tandis que les jeunes resteront paisiblement avec la nouvelle reine. L'ancienne colonie contiendra désormais au moins sept cadres de couvain, de miel, etc., la vieille reine et beaucoup d'abeilles, de sorte qu'elles travailleront comme si de rien n'était, bien que peut-être elles soient poussées à un effort un peu plus dur par l'ajout d'abeilles. espace et cinq cadres vides. Les cadres vides peuvent être tous placés à une extrémité, ou placés entre les autres, mais pas de manière à diviser le couvain.

La nouvelle colonie aura huit cadres de couvain, rayon, etc., trois du noyau et cinq de l'ancienne colonie, une jeune reine fertile, beaucoup d'abeilles, celles du noyau précédent et les jeunes abeilles de l'ancienne colonie, et travaillera avec une vigueur surprenante, éclipsant même souvent l'ancienne colonie.

Si l'apiculteur a plusieurs colonies, il est préférable de créer la nouvelle colonie à partir de plusieurs anciennes colonies, comme suit : Prendre un cadre de rayon à couvain de chacune des six anciennes colonies, ou deux de chacune des trois, et les transporter, les abeilles et le tout, et place avec le noyau. *Seulement, assurez-vous qu'aucune reine n'est supprimée.* Remplissez toutes les ruches de rayons vides ou de fondations au lieu de cadres, comme auparavant. De cette façon, nous augmentons sans déranger le moins du monde aucune des colonies, et pouvons ajouter une colonie tous les jours ou deux, ou peut-être plusieurs, selon la taille de notre rucher, et pouvons ainsi toujours, comme le dit mon expérience, empêcher l'essaimage.

En ne prenant que du couvain entièrement coiffé, nous pouvons ajouter en toute sécurité un ou deux cadres à chaque noyau chaque semaine, sans ajouter d'abeilles, car il n'y aurait aucun risque de perte en refroidissant le couvain. De cette façon, comme nous n'éliminons aucune abeille, nous n'avons pas à perdre de temps à chercher la reine, et nous pouvons constituer nos noyaux en stocks complets et retenir l'impulsion d'essaimage avec une grande facilité.

Ce sont incontestablement les meilleures méthodes pour diviser, je ne compliquerai donc pas le sujet en en détaillant d'autres. La seule objection qu'on puisse leur faire, et même celle-ci ne s'applique pas à la dernière, est qu'il faut rechercher la reine dans chaque ruche, ou du moins être sûr de ne pas l'enlever, ce qui n'est en aucun cas une obligation. c'est tellement fastidieux si nous avons des Italiens, comme bien sûr nous le ferons tous. Je pourrais donner d'autres méthodes qui rendraient inutile cette prudence, mais elles sont à mon avis inférieures et ne doivent pas être recommandées. Si nous procédons comme décrit ci-dessus, les abeilles se prépareront rarement à essaimer, et si elles le font, elles seront découvertes en flagrant délit, par des examens si fréquents, et le travail peut être interrompu en divisant immédiatement les colonies comme expliqué en premier. , et détruire leurs cellules royales, ou, si on le souhaite, les utiliser pour former de nouveaux noyaux.

CHAPITRE XI.
ITALIENS ET ITALIANISER.

L'histoire et la description des Italiens (voir planche Frontis) ont déjà été examinées (p. 41), il ne reste donc plus qu'à discuter du sujet sous un jour pratique.

La supériorité des Italiens semble actuellement être une question controversée. Quelques-uns des apiculteurs compétents de notre pays estiment qu'un équilibre minutieux des qualités donnera un résultat aussi favorable aux abeilles allemandes qu'aux abeilles italiennes. Je pense aussi que feu le baron de Berlepsch partageait le même point de vue.

Je pense que je suis capable d'agir en tant que juge sur ce sujet. Je n'ai jamais vendu une demi-douzaine de reines dans ma vie et je n'ai donc pas été inconsciemment influencé par mon intérêt personnel. En fait, je n'ai jamais eu, à deux ans près, un quelconque intérêt direct pour les abeilles, et tous mes travaux et expériences n'avaient pour ultimatum que la promotion et la diffusion de la vérité.

Encore une fois, j'ai gardé côte à côte les Noirs et les Italiens, et j'ai soigneusement observé et noté les résultats au cours de mes huit années d'expérience. J'ai soigneusement recueilli des données sur l'augmentation du couvain, la rapidité du stockage, les habitudes précoces et tardives du jour et de la saison, les types de fleurs visitées, l'amabilité, etc., et je crois que dire qu'elles ne sont pas supérieures aux abeilles noires, c'est comme dire qu'une duchesse parmi les cornes courtes n'est en aucune façon supérieure aux vaches maigres et osseuses du Texas ; ou que nos porcs d'Essex et de Berkshire ne sont en rien meilleurs que les races maigres cadavéreuses, au nez infini, qui, heureusement, sont maintenant si rares parmi nous. Les Italiens sont *de loin* supérieurs aux abeilles allemandes à bien des égards, et bien plus encore. Bien que je connaisse tous les ouvrages sur l'apiculture imprimés dans notre langue et que j'aie une connaissance approfondie des principaux apiculteurs de notre pays, du Maine à la Californie, je Nous ne connaissons guère une douzaine de boulangers qui ont eu l'occasion de se faire un jugement correct et qui n'accordent pas une forte préférence aux Italiens. Que ces hommes soient honnêtes, cela ne fait aucun doute ; que ceux qui ne sont pas d'accord avec nous le sont également, cela ne fait aucun doute. Les abeilles noires sont, à certains égards, supérieures aux Italiennes, et si les méthodes d'un apiculteur l'amènent à accorder une importance excessive à ces points dans la formation de ses jugements, alors ses conclusions peuvent être fausses. Une mauvaise gestion peut également conduire à des conclusions erronées.

Les Italiens possèdent certainement les points de supériorité suivants :

D'abord. Ils possèdent des langues plus longues (Fig. 20) et peuvent ainsi cueillir des fleurs inutiles à l'abeille noire. Ce point a déjà été suffisamment étudié (p. 42). Quelle valeur dépend de cette particularité structurelle, je suis incapable de le dire. J'ai souvent vu des Italiens travailler sur le trèfle rouge. Je n'ai jamais vu une abeille noire ainsi employée. Il est facile de voir que cela peut être, à certaines époques et à certaines saisons, une aide très matérielle. Dans quelle mesure les qualités supérieures de conservation des Italiens sont-elles dues à cette ligula allongée, je suis incapable de le dire.

Deuxième. Ils sont plus actifs et, avec les mêmes possibilités, récolteront beaucoup plus de miel. C'est une question d'observation, que j'ai testée à maintes reprises. Pourtant, je vais donner les chiffres d'un autre : M. Doolittle a obtenu de deux colonies, 309 livres. et 301 livres, respectivement, de *miel en boîte* , au cours de la dernière saison. Ces chiffres surprenants, les meilleurs qu'il pouvait donner, provenaient de ses meilleures valeurs italiennes. Des témoignages similaires nous parviennent de Klein et de Dzierzon au-delà de la mer, ainsi que de nombreux apiculteurs de notre pays.

Troisième. Ils travaillent de plus en plus tard. Cela n'est pas seulement vrai pour le jour, mais aussi pour la saison. Lors des journées fraîches du printemps, j'ai vu les pissenlits grouiller d'Italiens, alors qu'aucune abeille noire n'était visible. Le 7 mai 1877, j'ai marché moins d'un demi-mile et j'ai compté soixante-huit abeilles butinant sur des pissenlits, mais seulement deux étaient des abeilles noires. Cela pourrait être considéré comme une caractéristique indésirable, car il tend à diminuer au printemps. Cependant, avec une gestion appropriée, qui sera décrite en considérant le sujet de l'hivernage, nous pensons que ce n'est pas une objection, mais un grand avantage.

Quatrième. Il leur est bien préférable de protéger leurs ruches contre les voleurs. Les voleurs qui tentent de piller les magasins durement gagnés des Italiens découvrent vite qu'ils ont « osé barber le lion dans sa tanière ». C'est si évident que même les partisans des abeilles noires sont prêts à l'admettre.

Cinquième. Ils sont presque à l'épreuve des ravages des larves de la teigne. Ceci est également universellement admis.

Sixième. Les reines sont décidément plus prolifiques. Cela est probablement dû en partie à l'activité plus grande et plus constante des neutres. Ceci est observable à toutes les saisons, mais très frappant lors de la construction au printemps. Quiconque prendra la peine de constater l'augmentation du couvain ne restera longtemps dans le doute sur ce point.

Septième. Elles sont moins susceptibles de se reproduire en hiver, lorsqu'il est souhaitable que les abeilles soient très calmes.

Huitième. La reine est plus facilement trouvée, ce qui constitue un grand avantage. Dans les différentes manipulations du rucher, il est fréquemment souhaitable de retrouver la reine. Dans les colonies complètes, je préfère trouver trois reines italiennes plutôt qu'une noire. Là où le temps, c'est de l'argent, cela devient une question très importante.

Neuvième. Les abeilles sont plus disposées à adhérer au rayon lorsqu'elles sont manipulées, ce que certains pourraient considérer comme un compliment douteux, bien que je considère cela comme une qualité souhaitable.

Dixième. Elles sont, à mon avis, moins susceptibles de voler d'autres abeilles. Ils trouveront du miel quand les noirs n'en récoltent pas, et le temps du vol est quand il n'y a pas de récolte. Ceci peut expliquer la particularité ci-dessus.

Onzième. Et, à mon avis, un motif de préférence suffisant, si elles étaient seules, les abeilles italiennes sont *bien plus aimables* . Il y a des années, je me suis débarrassé de mes abeilles noires, parce qu'elles étaient très en colère. Il y a deux ans, j'ai eu deux ou trois colonies, pour que mes élèves voient la différence, mais à mon grand regret ; car, pendant que nous retirions le miel en automne, ils semblaient parfaitement furieux, comme des démons, cherchant qui ils pourraient dévorer, et cela aussi malgré le fumeur, tandis que les Italiens, beaucoup plus nombreux, étaient manipulés en toute sécurité, même sans fumée. L'expérience a au moins satisfait une grande classe d'étudiants quant à la supériorité. M. Quinby parle dans son livre de leur colère, et le capitaine Hetherington me dit que s'ils ne sont pas beaucoup manipulés, ils sont plus mécontents que les Noirs. D'après ma propre expérience, je ne peux pas comprendre cela. Les hybrides sont encore plus croisés que les abeilles noires pures, mais par ailleurs, ils sont presque aussi désirables que les pures italiennes.

J'ai gardé ces deux races côte à côte pendant des années, je les ai étudiées avec le plus grand soin et je suis sûr qu'aucun des onze points d'excellence ci-dessus n'est trop fortement affirmé.

Les abeilles noires entreront plus facilement dans les boîtes fermées que les Italiennes, mais si nous utilisons les cadres sectionnels, et pour d'autres raisons, nous ne pouvons nous permettre d'en utiliser aucun autre, nous trouverons, avec la connexion plus large entre la chambre à couvain et les sections, que même ici, comme M. Doolittle et bien d'autres l'ont montré, les Italiens donnent encore les meilleurs rendements.

J'ai quelques raisons de penser que les noirs sont plus rustiques et j'ai trouvé de nombreux apiculteurs qui sont d'accord avec moi. Pourtant, d'autres, plus expérimentés, pensent qu'il n'y a pas de différence, tandis que d'autres encore pensent que les Italiens sont plus robustes.

On dit que les abeilles italiennes diminuent davantage au printemps, ce qui est fort probable étant donné qu'elles sont plus actives. Comme je n'ai jamais eu de cas de diminution importante du printemps, je ne peux pas parler d'expérience. Si l'apiculteur évite les vols précoces du printemps, très préjudiciables aux abeilles noires ou italiennes, ce point n'aura aucun poids, même s'il est bien pris.

TOUS NE DEVRAIENT GARDER QUE DES ITALIENS.

Les avantages des Italiens, ainsi pleinement considérés, sont plus que suffisants pour justifier l'exclusion de toutes les autres abeilles du rucher. En vérité, personne n'a besoin d'être poussé à suivre une voie qui ajoute à la facilité, au profit et à l'agrément de sa vocation.

COMMENT ITALIANISER.

D'après ce qui a déjà été expliqué concernant l'histoire naturelle des abeilles, on verra que tout ce que nous avons à faire pour changer nos abeilles, c'est changer nos reines. Ainsi, pour Italianiser une colonie, il suffit de se procurer et d'introduire une reine italienne.

COMMENT PRÉSENTER UNE REINE.

Dans les colonies en division, où nous donnons notre reine à une colonie composée entièrement de jeunes abeilles, il est facile et sûr d'introduire une reine de la manière expliquée dans la section sur l'essaimage artificiel. Pour introduire une reine dans une colonie composée de vieilles abeilles, il faut faire plus attention. Tout d'abord, nous devrions rechercher la vieille reine et la détruire, puis enfermer notre reine italienne dans une cage métallique, qui peut être fabriquée en enroulant une bande de toile métallique, de trois pouces et demi de large, et contenant quinze à vingt mailles. au pouce, au doigt. Laissez-le rouler dans chaque sens sur un demi-pouce, puis coupez-le. Déroulez un demi-pouce de chaque côté et insérez les extrémités des fils, formant un tube de la taille du doigt. Il ne nous reste plus qu'à mettre la reine dans le tube, à pincer les extrémités ensemble, et la reine est mise en cage. La cage contenant la reine doit être insérée entre deux rayons adjacents contenant du miel, dont chacun la touchera. La reine peut ainsi siroter du miel selon ses besoins. Si nous craignons que la reine ne puisse pas siroter le miel à travers les mailles du fil, nous pouvons tremper un morceau d'éponge propre dans le miel et l'insérer dans l'extrémité supérieure de la cage avant de comprimer cette extrémité. Cela fournira à la reine la nourriture dont elle a besoin. Au bout de quarante-huit heures, nous ouvrons de nouveau la ruche, après un fumage complet, ainsi que la cage, ce qui se fait facilement en appuyant sur l'extrémité supérieure, perpendiculairement à la direction de la pression lorsque nous l'avons fermée. Ce faisant, ne retirez pas la cage. Maintenant, surveillez, et si, au moment où les abeilles entrent dans la cage ou lorsque la reine en sort, les abeilles l'attaquent, sécurisez-la immédiatement et remettez-la en cage pour encore quarante-huit heures. J'ai l'habitude de laisser couler un peu de miel sur la reine dès l'ouverture de la cage. Certains pensent que cela rend les abeilles plus aimables. J'ai introduit de nombreuses reines de cette manière, et j'ai très rarement échoué.

M. Dadant arrête la cage avec un morceau de bois, et lorsqu'il va libérer la reine remplace le butoir en bois par un morceau de rayon, et laisse les abeilles libérer la reine en mangeant le rayon. J'ai essayé cela, mais sans plus de succès qu'avec la méthode ci-dessus, alors qu'avec ce plan, la reine est sûrement perdue si les abeilles ne la reçoivent pas gentiment. M. Betsinger utilise une cage plus grande, ouverte à une extrémité, qui est pressée contre le peigne jusqu'à ce que l'embouchure de la cage atteigne le milieu de celui-ci. Si je comprends bien, la reine est donc retenue par cage et peigne jusqu'à ce que les abeilles la libèrent. Je n'ai jamais essayé ce plan. Lorsque les abeilles ne stockent pas, surtout si les voleurs sont nombreux, il est plus difficile de réussir, et dans ce cas, la plus grande prudence échouera parfois si les abeilles sont vieilles.

Une jeune reine, qui vient tout juste de sortir d'une cellule, peut presque toujours être donnée immédiatement et en toute sécurité à la colonie, après avoir détruit l'ancienne reine.

Une cellule royale est généralement reçue avec faveur. Si nous adoptons cette solution, nous devons avoir soin de détruire toutes les autres cellules royales qui pourraient se former ; et si celle que nous fournissons est détruite, attendez sept jours, puis détruisez toutes leurs cellules royales, et ils seront sûrs d'accepter une cellule. Mais pour gagner du temps, je devrais toujours présenter une reine.

Si nous introduisons une reine importée, ou une reine de très grande valeur, nous pourrions créer une nouvelle colonie, entièrement composée de jeunes abeilles, comme nous l'avons déjà décrit. Fumez-les bien, arrosez d'eau sucrée, badigeonnez la reine de miel et introduisez aussitôt. Cette méthode ne comporterait vraiment aucun risque. Si l'apiculteur avait encore peur, il pourrait se rassurer encore davantage en prenant des rayons de couvain là où les jeunes abeilles s'échappaient rapidement des alvéoles ; il y aurait bientôt assez de jeunes abeilles pour se regrouper autour de la reine, et bientôt assez d'abeilles pour former une bonne colonie. Ce plan ne serait pas conseillé sauf par temps chaud, et il faut également faire preuve de prudence pour se protéger des voleurs. La colonie pourrait rester quelques jours en cave, auquel cas elle serait en sécurité même au début du printemps.

En ayant une colonie ainsi italienne à l'automne, nous pouvons commencer le printemps suivant et, comme décrit dans la section expliquant la formation d'essaims artificiels, nous pouvons contrôler notre élevage de faux-bourdons, de reines et de tout le reste, et avant qu'un autre automne n'ait seulement les Italiens beaux, purs, aimables et actifs. Je l'ai fait plusieurs fois, et avec la plus parfaite satisfaction. Je pense qu'en effectuant ce changement de sang, nous ajoutons certainement deux dollars à la valeur de chaque colonie, et je ne connais pas d'autre moyen de gagner de l'argent aussi facilement et agréablement.

POUR OBTENIR NOTRE REINE ITALIENNE.

Envoyez-le à un éleveur fiable et demandez une reine valant au moins cinq dollars. C'est désormais une manie d'élever et de vendre des reines à bas prix. Ceux-ci sont élevés – doivent être élevés – sans soin et, je le crains, se révéleront très bon marché. La question se pose de savoir s'il existe un moyen plus sûr de nuire à nos actions que l'affaire de la reine du dollar, qui est aujourd'hui si populaire. Il est fort probable qu'une grande partie de la supériorité des abeilles italiennes est due au soin et à la sélection minutieuse lors de l'élevage. Une sélection minutieuse en consanguinité, soit avec des abeilles noires, soit avec des abeilles italiennes, est ce qui augmentera la valeur de nos ruchers.

La tendance du commerce des reines en dollars est de disséminer les reines de qualité inférieure, dont beaucoup apparaîtront dans chaque rucher. Ceux-ci devraient être tués et non vendus. Pourtant, de nombreux apiculteurs pensent que même les reines les plus pauvres valent un dollar. Mon amie, Mme Baker, a acheté la saison dernière une reine "Albinos" à un dollar qui ne valait pas un centime. Pourtant, cela ne coûtait qu'un dollar et, bien entendu, aucune satisfaction ne pouvait être obtenue ni même demandée. Je pense qu'il incombe aux apiculteurs de réfléchir à cette question et de voir si les reines du dollar ne sont pas très chères. J'ai gaspillé trois dollars et j'ai décidé de payer plus et d'acheter moins cher à l'avenir.

Je crois que nos éleveurs devraient être encouragés à nous donner le meilleur ; étudier l'art de l'élevage et ne jamais envoyer une reine inférieure. Nous pouvons ainsi espérer conserver le caractère de nos ruchers et la réputation des Italiens. Autrement, nous sommes plus en sécurité sous l'ancien système où la « sélection naturelle » retenait les meilleurs, grâce à la « survie des plus aptes ».

REINES D'ÉLEVAGE ET D'EXPÉDITION.

J'ai déjà expliqué la question de l'élevage des reines. Après de nombreuses recherches et une certaine expérience, je doute fort qu'un apiculteur puisse se permettre d'élever des reines, telles que celles que les apiculteurs souhaitent acheter, pour moins de quatre ou cinq dollars. Seuls les meilleurs devraient être vendus, et l'éleveur ne devrait épargner aucune peine pour obtenir de telles reines.

POUR EXPÉDIER DES REINES.

C'est une question très simple. Nous n'avons qu'à fixer un bloc carré de deux pouces dans chaque sens et d'un pouce et demi de profondeur ; un trou percé dans une planche de deux pouces à moins d'un quart de pouce du fond sert admirablement. Il faut y insérer un morceau de miel bouché, entièrement nettoyé *par* les abeilles. Les abeilles accompliront rapidement ce travail si le rayon contenant le miel est placé sur la planche de descente. Celui-ci doit être fixé dans la boîte d'expédition, ce qui est facile à faire, en l'épinglant avec une fine épingle en bois, qui passe à travers des trous préalablement percés dans la boîte. Nous couvrons maintenant la chambre ouverte avec une fine toile métallique, y mettons notre reine et quinze ou vingt abeilles, et elle est prête à être expédiée. *Tout miel non bouché pour barbouiller la reine est presque sûr de s'avérer fatal.*

M. AI Root fournit une cage déjà approvisionnée en sucre (Fig. 57), qui est très soignée et sûre. J'ai reçu des reines du Tennessee, nourries exclusivement de bonbons et arrivées en excellent état.

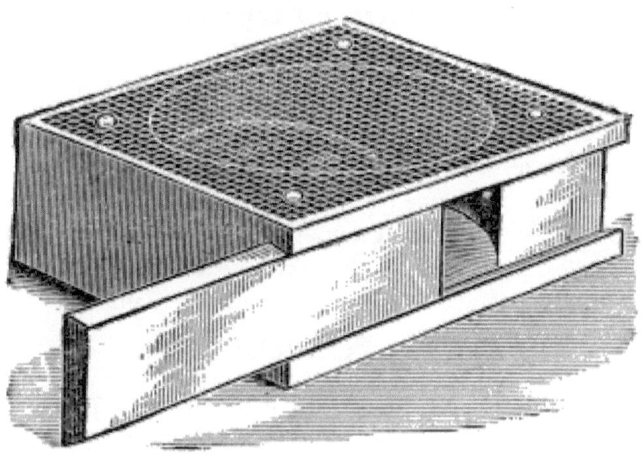

POUR DÉPLACER DES COLONIES.

Si nous souhaitons acheter des colonies italiennes ou autres, les seules conditions requises pour un transport en toute sécurité sont : Une couverture en toile métallique pour la ventilation, une fixation sécurisée des cadres afin qu'ils ne puissent pas bouger et des peignes suffisamment vieux pour qu'ils ne se brisent pas et ne tombent pas. dehors. Je ne conseillerais jamais de déplacer les abeilles en hiver, même si cela s'est souvent fait en toute sécurité. Je souhaiterais que les abeilles puissent s'envoler très rapidement après un tel dérangement.

CHAPITRE XII.
L'EXTRACTION ET L'EXTRACTEUR.

La chambre à couvain est souvent tellement remplie de miel que la reine n'a pas d'espace pour pondre ses œufs, surtout si l'on néglige de donner un autre espace pour le stockage. Le miel également contenu dans les rayons à couvain est invendable, parce que les rayons sont sombres et leur taille n'est pas souhaitable. Le rayon est également très précieux et ne doit jamais être retiré aux abeilles, sauf si l'on souhaite rendre le miel plus commercialisable. L'apiculteur trouve donc un auxiliaire très efficace dans le

EXTRACTEUR DE MIEL.

Sans doute certains ont-ils attendu et réclamé trop pour cette machine. Il est également vrai que certains ont commis une erreur tout aussi grave dans une direction opposée. Car, depuis que M. Langstroth a donné au monde le cadre mobile, l'apiculteur n'a pas été aussi profondément redevable à aucun inventeur qu'à celui qui nous a donné l'extracteur Mell, Herr von Hruschka, d'Allemagne. Même s'il n'y avait pas de vente pour le miel extrait, et même s'il devait être jeté, ce qui ne sera jamais nécessaire, car il peut toujours être donné en nourriture aux abeilles avec profit, même alors, je considérerais l'extracteur comme une aide inestimable. à chaque apiculteur.

Le principe qui rend cette machine efficace est celui de la force centrifuge, et il fut suggéré au major von Hruschka, en remarquant qu'un morceau de peigne que son garçon faisait tournoyer au bout d'un fil, était vidé de son miel. La machine de Herr von Hruschka ressemblait essentiellement à celles qui sont aujourd'hui si communes, bien qu'en termes de légèreté et de commodité il y ait eu une nette amélioration. Sa machine consistait en une cuve en bois, avec un axe vertical au centre, qui tournait dans une douille fixée au fond du récipient, tandis que du haut de la cuve, des fixations s'étendaient jusqu'à l'essieu, qui dépassait sur une certaine distance au-dessus. L'essieu était ainsi maintenu exactement au centre de la cuve. Attaché à l'essieu se trouvait un cadre ou un support pour maintenir le peigne, dont la face extérieure reposait contre une toile métallique. L'essieu avec son cadre attaché, qui retenait le peigne non coiffé, était amené à tourner en déroulant rapidement une corde, qui avait été préalablement enroulée autour du haut de l'essieu, à la manière de la filature. Remplacez la cuve en bois par une cuve en étain et la ficelle par un engrenage, et vous verrez que nous avons essentiellement l'extracteur soigné d'aujourd'hui. Comme la machine est d'invention étrangère, elle n'est pas couverte par un brevet et peut être fabriquée par n'importe qui sans autorisation ni entrave. Une bonne machine peut être achetée pour huit dollars.

QUEL STYLE ACHETER.

La machine doit être aussi légère que compatible avec sa résistance. Il est préférable que le peigne soit stationnaire et que seul un cadre léger puisse tourner avec le peigne. Il est souhaitable que la machine fonctionne avec un engrenage, non seulement pour plus de facilité, mais aussi pour assurer ou permettre un mouvement régulier, de sorte que nous n'ayons pas besoin de jeter même les larves de faux-bourdons des cellules de couvain. L'aménagement de la sortie du miel doit permettre une fermeture rapide et parfaite. Une porte en mélasse est idéale pour servir de robinet. Je préférerais aussi que la boîte contienne une quantité considérable de miel – trente ou quarante livres – avant qu'il ne soit nécessaire d'en laisser couler le miel.

Dans le cas de petits cadres, comme ceux que j'ai décrits comme les plus souhaitables à mon avis, je préférerais que le rack puisse contenir quatre cadres. M. OJ Hetherington a découvert qu'enrouler le support avec du fil fin sert mieux que du tissu métallique à résister aux rayons, tout en permettant au miel de passer. La grille doit être placée si bas dans la boîte qu'aucun miel ne puisse jamais être jeté par-dessus pour barbouiller la personne qui utilise la machine. Je pense qu'un panier en fil métallique, avec un fond en étain, et fait pour s'accrocher au porte-peignes (Fig. 58, _a, a_), qui contiendra des morceaux de peigne non placés dans des cadres, constitue une amélioration souhaitable à un extracteur. De tels paniers sont annexés à l'admirable extracteur (Fig. 58) fabriqué par M. BO Everett, de Toledo, Ohio, qui, bien qu'essentiellement semblable à l'extracteur de M. AI Root, présente des améliorations substantielles et est le moins cher, et je pense le meilleur extracteur que j'ai utilisé ou vu.

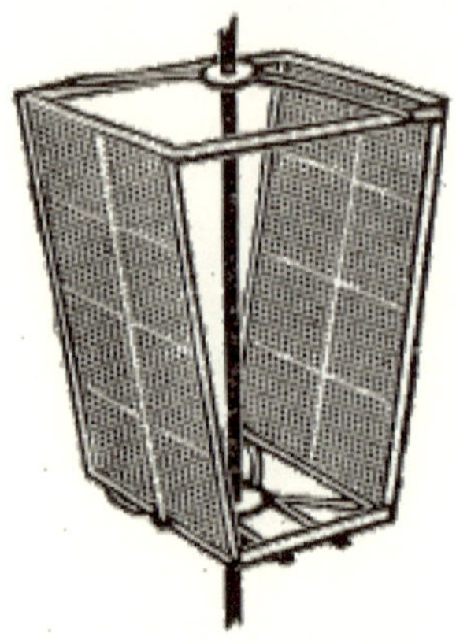

J'ai essayé des machines dont les côtés du support (Fig. 59) étaient inclinés vers le bas et vers l'intérieur, dans le but de retenir des morceaux de peigne, mais je les ai trouvées insatisfaisantes. Les peignes ne tiendraient pas. Cependant, si les cadres étaient longs et étroits, de sorte que l'extrémité du cadre devrait reposer sur le bas du support, au lieu de pendre comme c'est le cas dans la ruche, une telle inclinaison pourrait être utile pour empêcher le haut de le châssis de tomber avant de commencer à faire tourner la machine.

L'intérieur, s'il est en métal, qui est plus léger et préférable au bois, car il n'aigre pas et n'absorbe pas le miel, doit être soit en étain, soit en fer galvanisé, afin de ne pas rouiller. Une couverture pour protéger le miel de la poussière lorsqu'il n'est pas utilisé est très souhaitable. La housse en tissu, froncée sur le pourtour par un caoutchouc, fabriquée par M. AI Root, est excellente à cet effet. Comme aucun miel coiffé n'a pu être extrait, il est nécessaire de le décapsuler, ce qui se fait en rasant les fines coiffes. Pour ce faire, rien de mieux que le nouveau couteau à miel Bingham & Hetherington (Fig. 60). Après un essai approfondi de ce couteau, ici au Collège, nous le déclarons nettement supérieur à tous les autres que nous avons utilisés, bien que nous ayons plusieurs des principaux couteaux fabriqués aux États-Unis. Il est peut-être parfois souhaitable d'avoir une pointe courbée (Fig. 61), bien que cela ne soit pas du tout indispensable.

FIGURE 60.

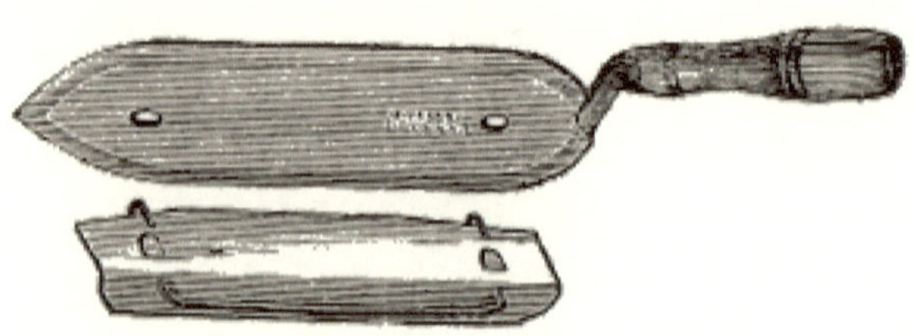

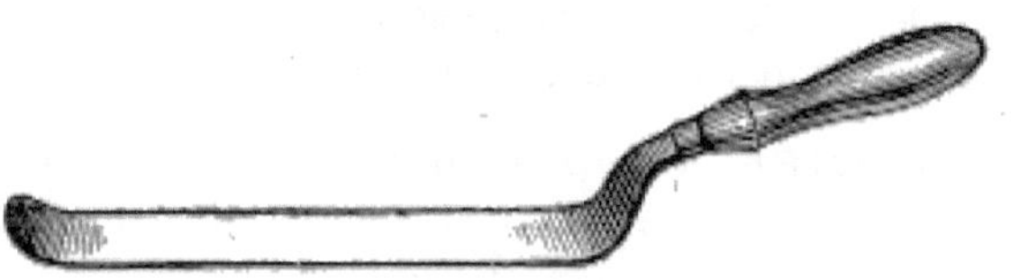

FIGURE 61.

UTILISATION DE L'EXTRACTEUR.

Bien que certains de nos apiculteurs les plus expérimentés disent non, il n'en reste pas moins que la reine reste souvent inactive ou expulse ses œufs pour ensuite les perdre, simplement parce qu'il n'y a pas de cellules vides. La production de miel est si grande que les ouvrières occupent tout l'espace disponible, et parfois même elles deviennent des oisifs involontaires, simplement par nécessité. Rarement une année ne s'est écoulée sans que je remarque que certaines de mes reines les plus prolifiques sont ainsi mises en service. Il est probable que le simple agencement approprié et la meilleure gestion des cadres en cas de surplus rendraient de telles occasions rares ; pourtant, j'ai vu la chambre à couvain dans des ruches à deux étages, avec des cadres communs au-dessus - le meilleur arrangement pour favoriser le stockage au-dessus de la chambre à couvain - si encombrée qu'elle obligeait la reine soit à l'oisiveté, soit à pondre dans le couvain. cadres supérieurs. Ce fait, ainsi que le couvain redondant et le stockage excessif qui suit l'extraction de la chambre à couvain, me font insister sur ce point, malgré le fait que certains hommes d'une grande expérience et d'une grande intelligence pensent que j'ai tort.

L'extracteur permet également à l'apiculteur de récupérer le miel extrait du miel, pendant les mauvaises saisons, lorsqu'il ne pouvait en obtenir que très peu, voire pas du tout, en sections ou en boîtes.

En utilisant l'extracteur, à tout moment et en toute saison, l'apiculteur peut obtenir presque, voire le double, la quantité de miel qu'il pourrait obtenir dans les rayons.

L'extracteur nous permet de retirer à l'automne le miel non bouché qui, s'il est laissé dans la ruche, peut provoquer des maladies et la mort.

En utilisant également l'extracteur, nous pouvons jeter le miel de nos rayons à couvain excédentaires à l'automne, et ainsi avoir un article vendable, et avoir les rayons vides, qui sont d'une valeur inestimable pour une utilisation au printemps suivant. Nous avons maintenant dans notre rucher cent cinquante rayons vides de ce type.

Si les grilles tournantes de l'extracteur sont munies d'un panier métallique au bas, comme je l'ai suggéré, les sections non fermées peuvent être vidées à l'automne, si désiré, et des morceaux de rayons de faux-bourdons coupés de la chambre à couvain, qui sont ainsi admirables pour débuter dans les sections, peuvent être vidées de leur miel à toute saison.

En utilisant l'extracteur, nous pouvons fournir pour la moitié du prix que nous demandons pour le miel en rayon, un article qui est égal, sinon supérieur, au meilleur miel en rayon, et qui, n'était-ce pour l'apparence seule, serait chassera bientôt ces derniers du marché.

QUAND UTILISER L'EXTRACTEUR.

Si le miel extrait peut être vendu quinze ou même douze cents, l'extracteur peut être utilisé avec profit tout l'été ; sinon, utilisez-le suffisamment souvent pour qu'il y ait toujours des cellules d'ouvrières vides dans la chambre à couvain.

On en a souvent besoin chez nous lors des trois grandes récoltes de miel : le trèfle blanc, le tilleul et celui des fleurs d'automne. J'ai toujours extrait le miel si fréquemment pour éviter de trop le déboucher. Si le miel était clair, je le conserverais dans une pièce chaude et sèche, ou j'appliquerais une chaleur douce, afin qu'il puisse s'épaissir et échapper au danger de la fermentation. Pourtant, tant de personnes ont subi une perte en extrayant prématurément que j'exhorte tous à ne jamais extraire avant que les abeilles n'aient scellé les cellules. Le travail de décapsulage, avec les excellents couteaux à miel dont nous disposons actuellement, est si léger que nous ne pouvons nous permettre de courir aucun risque que le miel produit dans nos ruchers se dégrade et devienne sans valeur.

Si le miel granule, il peut être réduit à l'état fluide sans blessure, par guérison, bien que la température ne doive jamais dépasser 200° F. Cela peut être mieux fait en plaçant le récipient contenant le miel dans un autre récipient contenant de l'eau, bien que si le deuxième récipient doit être placé sur un poêle, un bassin en fer blanc ou des morceaux de bois doivent empêcher le récipient à miel de toucher le fond, sinon le miel brûlerait. Comme indiqué précédemment, le meilleur miel est toujours sûr de cristalliser, mais cela peut être évité en le maintenant à une température constamment supérieure à 80° F. Si du miel en conserve est placé sur un four dans lequel un feu est maintenu allumé, il restera liquide indéfiniment.

Pour rendre le miel exempt de petits morceaux de rayons ou d'autres impuretés, il doit être passé à travers un tamis en tissu ou en fil métallique. Je m'abstiens volontairement d'utiliser le mot passoire, car nous ne devrions ni utiliser le mot tendu, ni l'autoriser. à utiliser, en relation avec le miel extrait - ou bien le retirer dans un tonneau, avec un robinet ou une porte de mélasse près de l'extrémité inférieure, et après que toutes les particules de matière solide soient montées vers le haut, retirer le miel clair du bas. Dans le cas d'un miel très épais, cette méthode n'est pas aussi satisfaisante que la première. Je n'ai pas besoin de dire que le miel, lorsqu'il est chauffé, est plus fluide et passe bien sûr plus facilement à travers une serviette ordinaire ou une fine toile métallique.

Ne permettez jamais que la reine soit contrainte à l'oisiveté faute de cellules vides. Extrayez tout le miel non bouché à l'automne et le miel de tous les rayons à couvain non nécessaires pour l'hiver. Le miel doit également être jeté à partir de morceaux de rayons de faux-bourdons coupés dans les cadres du couvain, et à partir des rayons non coiffés en sections à la fin de la saison.

COMMENT EXTRAIRE.

L'apiculteur doit posséder une ou deux boîtes lumineuses, de dimensions suffisantes pour contenir tous les cadres d'une seule ruche. Ceux-ci doivent avoir des poignées pratiques et un couvercle bien ajusté, qui glissera facilement dans un sens ou dans l'autre. Ceux-ci seront plus facilement utilisés s'ils reposent sur des pattes, ce qui élèvera leur sommet, disons à trois pieds du sol. Maintenant, allez dans deux ou trois colonies, prenez suffisamment de rayons et du bon type pour une colonie. Les abeilles peuvent être secouées ou brossées avec une grosse plume. Si les abeilles sont gênantes, fermez la boîte dès que chaque rayon est placé à l'intérieur. Extrayez-en le miel, en prenant soin de ne pas retourner trop fort pour ne pas jeter le couvain. Si nécessaire, avec un couteau fin, ôtez les chapeaux, et après avoir jeté le miel d'un côté, retournez le rayon et extrayez-le de l'autre. Si les peignes sont de poids très différents, il sera préférable pour l'extracteur d'utiliser ceux de poids presque égaux sur les côtés opposés, car la contrainte sera bien moindre. Maintenant, apportez ces rayons à une autre colonie, dont les rayons seront remplacés par eux. Fermez ensuite la ruche, extrayez ce deuxième jeu de rayons, et continuez ainsi jusqu'à ce que tout le miel soit extrait. À la fin, la ou les deux colonies d'où les premiers rayons ont été prélevés recevront une rémunération du dernier ensemble extrait, et ainsi, avec beaucoup de gain de temps, peu de perturbation des abeilles et la moindre incitation au vol, en cas de pas de rassemblement, nous avons parcouru rapidement le rucher.

POUR CONSERVER LE MIEL EXTRAIT.

Le miel extrait, s'il doit être vendu en canettes ou en bouteilles, peut y être versé à partir de l'extracteur. Le miel doit être épais et les récipients peuvent être scellés ou bouchés et mis en boîte immédiatement.

Si de grandes quantités de miel sont extraites, il est plus pratique de le conserver en fûts. Ceux-ci doivent être de première classe et doivent être cirés avant de les utiliser, pour garantir une double sécurité contre toute fuite. Pour cirer les fûts, on peut utiliser de la cire d'abeille, mais la paraffine est moins chère et tout aussi efficace. Trois ou quatre litres de paraffine ou de cire chaude doivent être versés dans le canon, la bonde bien enfoncée, le canon tourné dans toutes les positions, après quoi la bonde est desserrée d'un coup de marteau et le résidu de cire retourné. dehors. L'économie exige que les fûts soient chauds lorsqu'ils sont cirés, de sorte que seule une fine couche soit appropriée.

Les grandes boîtes de conserve, cirées et soudées au niveau des ouvertures après avoir été remplies, sont bon marché et peuvent constituer les réceptacles les plus recherchés pour le miel extrait.

Le miel extrait doit toujours être conservé dans des appartements secs.

CHAPITRE XIII.
MANIPULATION DES ABEILLES.

Mais quelqu'un se pose la question : ne recevrons-nous pas ces piqûres impitoyables, ou ne serons-nous pas introduits dans ce que « Josh » appelle « le côté commercial de l'abeille ? » Peut-être n'existe-t-il pas de crainte plus sans cause, ni plus commune, que celle des piqûres d'abeilles. Lorsque les abeilles se rassemblent, elles ne piquent jamais à moins d'être provoquées. Lorsqu'ils sont dans les ruches, surtout s'il s'agit d'Italiens, ils lancent rarement une attaque. La croyance commune selon laquelle certaines personnes sont plus susceptibles d'être attaquées que d'autres est, à mon avis, trop forte. Ayant la meilleure occasion de juger, avec nos centaines d'étudiants, je pense pouvoir affirmer sans risque de me tromper que l'un est presque toujours aussi susceptible d'être attaqué que l'autre, sauf qu'il est plus silencieux, ou qu'il ne salue pas le passant habituellement aimable, avec ces poussées terribles, qui vaincraient même un pugiliste expérimenté. Parfois, une personne *peut* avoir une odeur particulière qui met en colère les abeilles et les invite à se précipiter, avec des épées nues, à pointe de venin, mais, bien que je prenne mes nombreux cours chaque saison, à intervalles fréquents, pour voir et manipuler les abeilles, chacun pour soi, j'attends encore la première preuve du fait qu'une personne est plus susceptible d'être piquée qu'une autre, pourvu que chacun se comporte avec cette attitude posée et digne qui plaît si aux abeilles. Il est vrai que certaines personnes, pleines de terreur et croyant que les abeilles les considèrent avec une haine et une méchanceté particulières, sont si prêtes au combat qu'elles commencent le combat en secouant nerveusement la tête et en battant l'air, et forcent ainsi les abeilles à se battre. au combat, *nolens volens* . Je crois que seules celles-là sont considérées avec une aversion particulière par les abeilles. Par conséquent, je crois que personne n'a besoin d'être piqué.

Les abeilles ne doivent jamais être secouées ni irritées par des mouvements rapides. Ceux qui ont un tempérament nerveux — et je plaide très coupable sur ce point — ne doivent pas abandonner, mais mieux protéger d'abord leur visage, et peut-être même leurs mains, jusqu'à ce que le temps et l'expérience leur montrent que la peur est vaine ; alors ils se débarrasseront de toutes ces charges inutiles. Les abeilles sont plus fâchées lorsqu'elles ne récoltent pas de miel, et dans ces moments-là, les abeilles noires et les hybrides, en particulier, sont si irritables que même l'apiculteur expérimenté souhaitera porter un voile.

LE MEILLEUR VOILE D'ABEILLE.

Celui-ci doit être fait de tarlatane noire, cousu comme un sac, long d'un demi-mètre, sans haut ni bas, et ayant le diamètre du bord d'un chapeau de paille commun. Rassemblez le haut avec une tresse, de sorte qu'il glisse simplement sur la couronne du chapeau - sinon, cousez-le au bord du bord d'un chapeau cool et bon marché, en fait, je préfère ce style - et rassemblez le bas avec du caoutchouc. cordon ou ruban de caoutchouc, de sorte qu'il puisse être tiré sur le bord du chapeau, puis sur la tête, à mesure que nous ajustons le chapeau.

FIGURE 62.

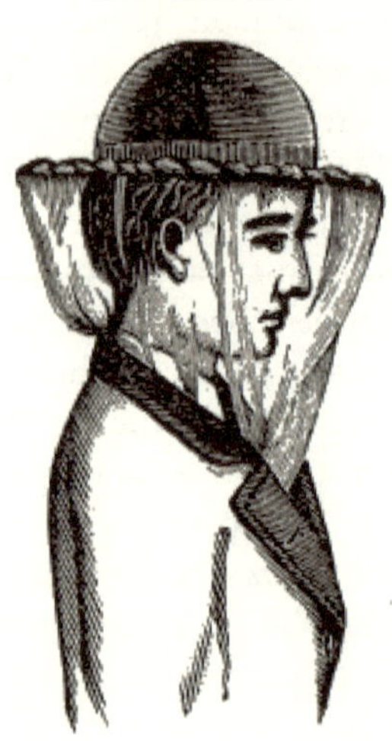

Certains préfèrent se passer du cordon de caoutchouc au bas (Fig. 62) et avoir le voile long de manière à être froncé par l'habit ou la robe. Si le tarlatane noir gêne en colorant la chemise ou le col, la partie inférieure peut être réalisée en filet blanc. Lors de l'utilisation, le cordon en caoutchouc rapproche la partie inférieure du cou, ou la partie inférieure se rentre dans le manteau ou le gilet (Fig. 62), et nous sommes en sécurité. Ce type de voile est cool, n'empêche pas du tout la vision et peut être confectionné par n'importe quelle femme pour un coût inférieur à vingt cents. Des gants ordinaires en peau de daim ou de mouton peuvent être utilisés, car il ne sera guère rentable de se procurer des gants spéciaux à cet effet, car la personne la plus timide (je parle par expérience) considérera bientôt les gants comme une nuisance inutile.

Des gants en caoutchouc spéciaux sont vendus par ceux qui gardent à portée de main des fournitures apicoles.

Certains apiculteurs pensent que les vêtements sombres sont particulièrement désagréables pour les abeilles.

Pour les dames, mon amie Mme Baker recommande une robe qui, grâce à la jupe en caoutchouc ou à un autre dispositif, peut être instantanément relevée ou abaissée. Ce sera pratique dans le rucher et rangé partout. Le style Gabrielle est préféré, et d'une longueur juste pour atteindre le sol. Il doit être ceinturé à la taille et coupé à partir du cou devant, sur un tiers de la longueur de la taille, pour permettre de rentrer le voile. Le sous-taille doit être fermé autour du cou. Les manches doivent être assez longues pour permettre une utilisation libre des bras, et rassemblées avec un cordon en caoutchouc au poignet, qui épousera les gantelets en caoutchouc ou le bras et empêchera les abeilles de ramper dans les manches. Les pantalons doivent être droits et amples, et doivent également avoir un cordon en caoutchouc dans l'ourlet pour les rapprocher du haut des chaussures.

Mme Baker accorde également une grande importance au « casque » mouillé, qui, selon elle, trouverait même un grand confort pour les hommes. Il s'agit d'une casquette simple et bien ajustée, composée de deux épaisseurs de tissu éponge grossier. La tête est mouillée avec de l'eau froide, et le bonnet mouillé de même, essoré et placé sur la tête.

Mme Baker aurait une robe soignée et propre, et si taillée que la dame apiculteur serait toujours prête à saluer son frère ou sa sœur apiculteur. Dans un tel vêtement, il n'y a aucun danger de piqûre, et avec lui il y a cette démonstration de propreté et de goût, sans laquelle aucune activité ne pourrait attirer l'attention, ou du moins le patronage, de nos femmes raffinées.

AUX ABEILLES CALMES.

Pendant les saisons de récolte, les abeilles, surtout si elles sont italiennes, peuvent presque toujours être manipulées sans qu'elles manifestent du ressentiment. Mais d'autres fois, et lorsqu'ils s'opposent à la familiarité nécessaire, il suffit de les faire remplir de miel pour les rendre inoffensifs, à moins de les pincer. Cela peut être fait en fermant la ruche pour que les abeilles ne puissent pas sortir, puis en frappant sur la ruche pendant quatre ou cinq minutes. Ceux qui sont à l'intérieur se rempliront de miel, ceux qui sont à l'extérieur seront apprivoisés par la surprise et tout sera calme. Asperger les abeilles d'eau sucrée tendra également à les rendre aimables, et les rendra plus disposées à s'unir, à recevoir une reine, et moins aptes à piquer. Une autre méthode encore, plus pratique, consiste à fumer les abeilles. Un peu de fumée soufflée parmi les abeilles ne manquera presque jamais de les calmer, bien que j'aie connu des abeilles noires en automne très lentes à produire. Des tissus de coton secs, étroitement enroulés et cousus ou noués, ou mieux, des morceaux de bois sec et pourri, sont excellents pour fumer. Ceux-ci sont faciles à manipuler et brûlent longtemps. Mais le meilleur de tout est un

SOUFFLET-FUMEUR.

Il s'agit d'un tube en étain fixé à un soufflet. Des tissus ou du bois pourri peuvent être brûlés dans le tube et resteront brûlants pendant longtemps. La fumée peut être dirigée à volonté, le soufflet facilement actionné et le fumoir utilisé sans effets désagréables ni danger d'incendie. Il peut être obtenu auprès de n'importe quel revendeur d'appareils apicoles et ne coûte que de 1,25 $ à 2,00 $. Je le recommande chaleureusement à tous.

Il y a deux fumeurs en service, que j'ai trouvés très précieux et qui méritent tous deux d'être recommandés.

LE FUMEUR DE QUINBY.

Ce fumeur (Fig. 63, *a*) était un cadeau aux apiculteurs par feu M. Quinby, et n'était pas breveté ; bien que je supposais que c'était le cas, et c'est ce que j'ai déclaré dans une édition antérieure de cet ouvrage. Bien qu'un dispositif similaire ait déjà été utilisé en Europe, M. Quinby n'était sans doute pas au courant du fait, et comme c'était lui qui devait le porter à la connaissance des apiculteurs et le rendre si parfait qu'il contestait le attirer l'attention et gagner *instantanément* la faveur des apiculteurs , il est certainement digne de grands éloges et mérite une chaleureuse gratitude. Ce fumeur, jusqu'à ce qu'un meilleur apparaisse, était un instrument très précieux et désirable. Ses défauts étaient le manque de résistance, un tube à feu trop petit, un tirage trop faible lorsqu'il n'était pas utilisé, pour que le feu s'éteigne, et une trop grande responsabilité pour tomber sur le côté, alors que le feu était sûr d'être éteint. . Beaucoup de ces défauts ont cependant été corrigés et d'autres améliorations ont été apportées à un nouveau fumeur, appelé Quinby amélioré (Fig. 63, *b*).

FIGURE 63.

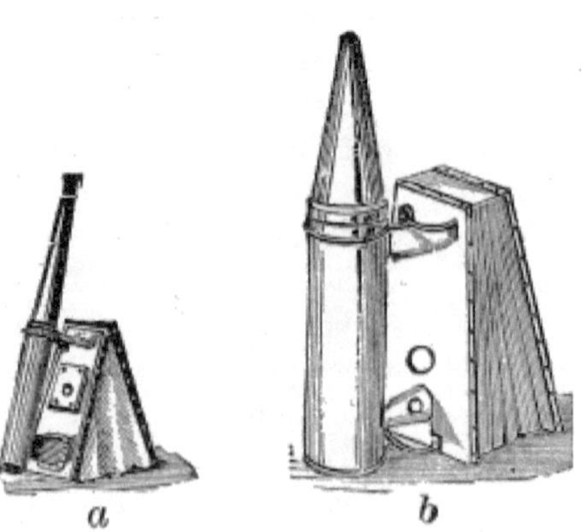

LE FUMEUR DE BINGHAM.

Ce fumoir (Fig. 64) non seulement répond à toutes les exigences qui manquent à l'ancien fumoir Quinby, mais montre par toute sa construction qu'il a non seulement dans son ensemble, mais dans chaque partie, été soumis aux tests les plus sévères. , et le plus proche, réfléchit et étudie.

FIGURE 64.

À première vue, cela semble une copie améliorée du fumoir de M. Quinby, et c'est ce que j'ai d'abord pensé, même si je ne l'ai vu que dans la main de M. Bingham lors d'une convention. Depuis, je l'ai utilisé, je l'ai examiné dans toutes ses parties et je dois dire que ce n'est pas un fumeur Quinby. Le soufflet, la valve, la coupure et même la forme sont tous particuliers. Le point particulier à saluer, et, je suppose, le seul brevetable, est la coupure entre le soufflet et le tube à feu, de sorte que le feu s'éteint rarement, alors que même le bois dur, comme le suggère l'inventeur, constitue un carburant excellent et toujours prêt. La valve pour l'entrée d'air au soufflet permet un travail rapide, le ressort est du meilleur matériau de ressort d'horlogerie, le cuir parfait, non fendu de mouton, tandis que toute la construction du soufflet et le plan du feu -écran et brouillon coupé, font preuve de beaucoup de réflexion et d'ingéniosité. Je suis donc complet dans cette description, non seulement pour faire plaisir à mes lecteurs, qui voudront tous un fumeur, mais aussi par gratitude envers M. Bingham, qui a conféré une telle faveur aux apiculteurs américains. Il existe trois tailles, qui peuvent être achetées respectivement pour 1,00 $, 1,50 $ et 1,75 $, frais de port compris.

M. Bingham, pour se protéger et conserver la qualité de son invention, s'est procuré un brevet. C'est certainement son droit, à condition qu'il n'ait breveté que sa propre invention, et je pense que l'honnêteté nous oblige tous à respecter. Comme M. Langstroth, il nous a donné un instrument précieux ; veillons à ce qu'il ne soit pas escroqué de la récompense justement méritée pour son invention.

Frères apiculteurs, cessons cette clameur injuste contre les brevets et les titulaires de brevets. Si un homme obtient un brevet sur une chose sans valeur, laissez-le tranquille, et où est le dommage ? Si un homme obtient un brevet sur une invention précieuse et désirable, alors achetez-le, ou payez pour le droit de la fabriquer, et respectez ainsi les huitième et dixième commandements (Exode, 20e chap., 8e et 10e versets). N'achetons jamais un article à moins que nous sachions qu'il est précieux et désirable pour nous, aussi vigoureusement importun soit-il ; mais par souci d'honnêteté, et afin d'encourager davantage d'inventions, respectons le brevet d'un homme comme nous le ferions pour toute autre propriété. Si nous avons des doutes quant à l'exactitude des affirmations d'une personne, ne soyons pas obligés de payer une prime, mais écrivons d'abord à un éditeur honnête ou à une autre autorité, et si nous constatons qu'un homme a droit à l'article, alors payons comme nous le ferions pour toute autre dette. Je me méfierais beaucoup de l'honnêteté de tout homme qui ne serait pas disposé à respecter de tels droits.

POUR FUMER LES ABEILLES.

Approchez-vous de la ruche, soufflez un peu de fumée à l'entrée, puis ouvrez par le haut et soufflez de la fumée selon vos besoins. Si à un moment donné les abeilles semblent irritables, quelques bouffées du fumeur les maîtriseront. Ainsi, toute personne peut manipuler ses abeilles en toute liberté et sécurité. Si, à un moment donné, la chambre de combustion et le tuyau d'évacuation se remplissent de suie, ils peuvent facilement être nettoyés en faisant tourner un bâton de fer ou de bois dur à l'intérieur.

POUR GUÉRIR LES PIQÛRES.

Si une personne est piquée, elle doit prendre un peu de recul, car l'odeur âcre du venin est susceptible de provoquer la colère des abeilles et de provoquer de nouvelles piqûres. Il faut retirer la piqûre, et si la douleur est telle qu'elle s'avère gênante, appliquer un peu d'ammoniaque. Le venin est un acide et est neutralisé par l'alcali. On dit aussi qu'appuyer sur l'aiguillon avec le barillet d'une clé de montre est d'une certaine utilité pour arrêter la progression du poison dans la circulation du sang. Dans le cas où les chevaux sont gravement piqués, comme cela arrive parfois, ils doivent être emmenés le plus rapidement possible dans une grange (un homme aussi peut échapper aux abeilles en colère en entrant dans un bâtiment), où les abeilles les suivront rarement, puis laver les chevaux dans eau gazeuse et couvrir de couvertures mouillées dans l'eau froide.

LA THÉORIE DE LA SUEUR.

On dit souvent que les chevaux et les humains en sueur sont odieux aux abeilles et constituent donc des cibles presque sûres pour leurs flèches barbelées. C'est par temps chaud que je transpire abondamment, mais je ne suis presque jamais piqué, depuis que j'ai appris à contrôler mes nerfs. Une fois, j'ai gardé mes abeilles dans la cour de devant - elles étaient magnifiques sur la pelouse verte - à deux mètres d'une artère principale, et il n'est pas rare que je laisse mon cheval, couvert de sueur au retour d'une promenade, tondre l'herbe tout en se rafraîchissant. , juste dans la même cour. Bien sûr, il y avait un certain danger, mais je n'ai jamais vu mon cheval se faire piquer. Pourquoi alors cette théorie ? Les piqûres plus fréquentes ne peuvent-elles pas être la conséquence de l'état chaud et nerveux de l'individu ? L'homme est plus disposé à frapper et à secouer, le cheval à piétiner et à basculer. Le changement de queue du cheval, comme le piège à moustaches d'une barbe pleine, mettra en colère même une abeille de bonne humeur. Je redouterais les mouvements plus que la sueur, bien qu'il puisse être vrai qu'il y ait une particularité dans l'odeur provenant de la transpiration sensible ou insensible de certaines personnes, qui irrite les abeilles et provoque l'usage de leurs terribles armes.

CHAPITRE XIV.
FOND DE TEINT PEIGNE.

FIGURE 65.

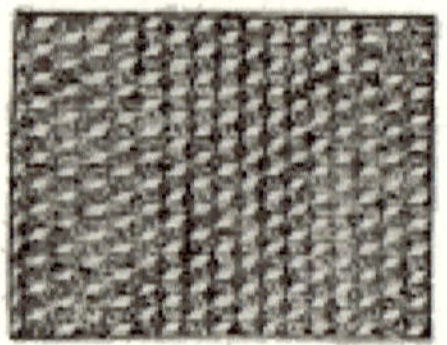

Tout apiculteur expérimenté sait que les rayons vides dans les cadres, les guides-peignes dans les sections, pour tenter les abeilles et assurer la bonne position des rayons pleins, en fait, les rayons de presque n'importe quel type ou forme, sont d'une grande importance. Ainsi, tout apiculteur habile prend grand soin de conserver tous les rayons de faux-bourdons qui sont coupés de la chambre à couvain — où ils sont pires qu'inutiles, car ils entraînent avec eux des myriades de ces gourmands inutiles, les faux-bourdons — pour tuer les œufs, enlever le couvain, ou extraire le miel, et le transférer dans les sections. Il prend également soin de conserver tous ses rayons d'ouvrières, tant que les cellules sont de taille appropriée pour héberger des larves pleines, et de ne jamais vendre aucun rayon, ni même du miel en rayon, à moins qu'un prix beaucoup plus élevé ne le rende souhaitable.

Il n'est donc pas étonnant que, si les rayons sont si désirables, que la pensée allemande et l'ingéniosité yankee aient imaginé des moyens de donner aux abeilles au moins un début dans ce travail important, mais coûteux, de construction de rayons, et d'où l'origine d'une autre grande aide à la construction de rayons. apiculteur—fondation en peigne (Fig. 65).

HISTOIRE.

Depuis plus de vingt ans, les Allemands utilisent des feuilles de cire imprimées comme base pour les peignes, tels que Herr Mehring les a fabriqués pour la première fois en 1857. Ces feuilles sont quatre ou cinq fois plus épaisses que la cloison au centre du peigne naturel. qui est très mince, seulement 1 à 180 pouces d'épaisseur. Celui-ci est pressé entre des plaques métalliques formées avec une telle précision que la cire reçoit des impressions rhomboïdales qui sont un *fac-similé* de la paroi basale ou de la cloison entre les cellules opposées du peigne naturel. L'épaisseur de cette feuille ne pose pas d'objection, car on constate que les abeilles l'amincissent presque toujours jusqu'à l'épaisseur naturelle et utilisent probablement les copeaux pour former les parois.

FONDATION AMÉRICAINE.

M. Wagner a obtenu un brevet sur base en 1861, mais comme l'article était déjà utilisé en Allemagne, le brevet n'avait, comme nous le comprenons, aucune valeur juridique, et certainement, comme il n'a rien fait pour mettre en service cet article souhaitable, cela n'avait aucune valeur virtuelle. M. Wagner fut également le premier à suggérer l'idée des rouleaux. Dans l'ouvrage de Langstroth, édition de 1859, p. 373, se produit ce qui suit, en référence aux peignes d'impression ou d'estampage : "M. Wagner suggère de former ces contours avec un instrument simple un peu comme un coupe-gâteau à meule. Lorsqu'un grand nombre doit être fabriqué, une machine pourrait facilement être construite qui tamponnez-les avec une grande rapidité. En 1866, les King Brothers, de New York, conformément à la suggestion ci-dessus, inventèrent la première machine à rouleaux, dont ils essayèrent sans succès de faire breveter le *produit* . Ces rouleaux estampés mesuraient moins de deux pouces de long. Cette machine était inutile et n'a pas réussi à généraliser l'usage des fondations.

En 1874, M. Frederick Weiss, un pauvre Allemand, inventa la machine qui généralisa l'usage de la fondation. Sa machine avait des rouleaux allongés (ils mesuraient six pouces de long) et des rainures peu profondes entre les saillies pyramidales, de sorte qu'il y avait une cellule très peu profonde surélevée à partir de l'impression basale laissée par les plaques allemandes. C'est sur cette machine que furent fabriquées les belles et pratiques fondations envoyées par « John Long » en 1874 et 1875, et qui prouvèrent aux apiculteurs américains que les machines à fondations, ainsi que les fondations, devaient être un succès. J'ai utilisé une partie de ce premier fond de teint, et je n'ai pas eu plus de succès avec celui fabriqué par les machines d'aujourd'hui. C'est donc à Frederick Weiss que les Américains et le monde doivent cette aide inestimable à l'apiculteur. Pourtant, je le crains, le pauvre vieillard n'a tiré que de très maigres bénéfices de cette grande invention, tandis que certains écrivains ignorent entièrement ses services, ne lui accordant pas le pauvre bénéfice de cet honneur. Depuis, de nombreuses machines ont été fabriquées, sans même un remerciement, je crois, à ce vieil homme Weiss. Cela ne montre-t-il pas que des brevets, ou quelque chose comme ça – une moralité plus élevée, s'il vous plaît – sont nécessaires pour que les hommes puissent obtenir justice ? Il est vrai que des fondations défectueuses et des machines défectueuses étaient déjà utilisées, mais c'est le talent inventif de M. Weiss qui a rendu les fondations bon marché et excellentes et les a ainsi popularisées auprès des apiculteurs américains.

FIGURE 66.

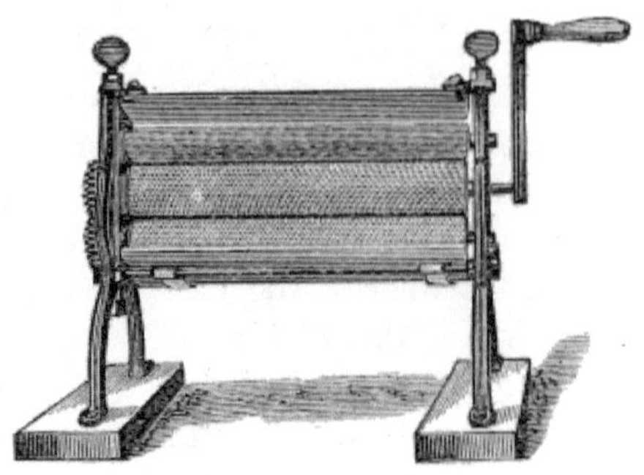

Ces machines Weiss produisent des fondations en peigne non seulement d'un moule exquis, mais avec une telle rapidité qu'elles peuvent être fabriquées à bon marché et réalisables. Jusqu'à présent, ces machines ont été vendues avec un bénéfice énorme. En novembre dernier 1877, j'ai discuté avec un des fabricants de machines américaines, à cause du prix élevé, en disant, en regardant l'une des machines : celles-ci devraient être vendues trente ou quarante dollars, au lieu de cent dollars. Il m'a répondu que de telles machines - avec des rouleaux et non des plaques - qui donnaient à la fondation la forme exacte d'un peigne naturel, n'étaient fabriquées, pensait-il, que par la personne qui fabriquait ses machines, et m'a ainsi convaincu que ladite personne devait être *largement récompensée. récompensé* , pour son invention. Mais comme j'ai appris depuis qu'il ne s'agit que de la machine Weiss et qu'elle ne fait pas un travail plus parfait, je pense maintenant que M. Weiss devrait recevoir les super bénéfices supplémentaires. Même avec des machines à cent dollars, la fondation était rentable, comme moi et bien d'autres l'avons constaté. Mais avec le prix actuel — quarante dollars, qui, je pense, à en juger par la simplicité de la machine annoncée à ce prix (Fig. 66), doivent être réduits encore plus bas — nous pouvons difficilement concevoir quelle immense affaire cela deviendra bientôt. .

COMMENT LA FONDATION EST FABRIQUÉE.

Le processus de création de la fondation est très simple. De fines feuilles de cire, aussi fines que le permet la résistance, sont simplement passées entre les rouleaux, qui sont conçus de manière à estamper les fondations du travailleur ou du drone, comme on le souhaite. Les rouleaux sont bien recouverts d'eau d'amidon pour éviter toute adhérence. Deux hommes peuvent déployer environ quatre cents livres par jour.

FIGURE 67.

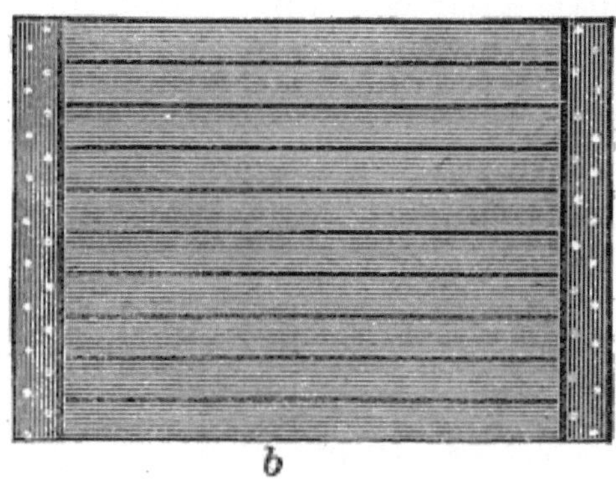

a   b

POUR FIXER LES FEUILLES DE CIRE.

Pour fabriquer les fines feuilles de cire, M. AI Root prend des feuilles ou des plaques de fer galvanisé avec un manche en bois. On les refroidit en les trempant dans l'eau glacée, puis on les trempe deux ou trois fois, si la cire est très chaude, dans la cire fondue, qu'on maintient à la bonne température en la gardant dans un récipient à double paroi, avec de l'eau chaude. eau dans la chambre extérieure. Une telle chaudière empêche également la combustion de la cire, qui la ruinerait pendant sa fusion. Après avoir trempé les plaques dans la cire, elles sont de nouveau plongées, lorsque l'égouttage a cessé, dans l'eau froide, après quoi les feuilles de cire sont fendues, les plaques brossées, essuyées, refroidies et trempées à nouveau. La chaudière utilisée pour faire fondre la cire a une porte avec un tamis en fil métallique fixé près du sommet, de sorte que la cire, lorsqu'elle est aspirée dans la seconde chaudière, soit soigneusement nettoyée. M. Root déclare que deux hommes et un garçon produiront ainsi quatre cents livres de feuilles de cire en une journée.

D'autres utilisent des plaques de bois sur lesquelles mouler les feuilles, tandis que les frères Hetherington préfèrent et réussissent très bien avec un cylindre en bois, qui est fait pour tourner dans la cire fondue, et est tellement articulé qu'il peut être rapidement élevé au-dessus ou abaissé. dans le liquide.

Pour couper les fonds de teint, rien n'est plus admirable que le coupeur Carlin (Fig. 67, a), qui ressemble aux coupe-verres à molette vendus dans les magasins, sauf qu'une meule en étain plus grande remplace celle en acier trempé. M. AI Root a suggéré une planche rainurée (Fig. 67, b) pour accompagner ce qui précède, la distance entre les rainures étant égale à la largeur souhaitée des bandes de fondation en peigne à couper.

UTILISATION DE LA FONDATION.

J'ai utilisé le fond de teint, comme l'ont fait beaucoup d'autres apiculteurs plus extensifs, avec une parfaite réussite dans les sections-boîtes. Les abeilles l'ont tellement éclairci que même les épicuriens ne pourraient pas distinguer le miel en rayon avec une telle fondation de celui entièrement fabriqué par les abeilles. Pourtant, je m'abstiens de le recommander pour un tel usage. Quand des hommes comme Hetherington, Moore, Ellwood et LC Root protestent contre une solution, il est bon de s'arrêter avant de l'adopter ; ainsi, même si j'utilise le fond de teint, je pense qu'avec un petit avantage dans les sections et les boîtes depuis trois ans, je me prononcerai toujours contre.

Ce ne serait pas bien d'attacher le mot artificiel à notre miel en rayon. Je pense qu'il est extrêmement sage de maintenir inviolable dans l'esprit du public l'idée que le miel en rayon est *par excellence* un produit naturel. Et comme le suggère à juste titre le capitaine Hetherington, cet argument est d'autant plus important, compte tenu de l'état sale d'une grande partie de notre cire d'abeille commerciale.

Encore une fois, nos abeilles ne peuvent pas toujours éclaircir les fondations, et nous risquons notre réputation en la vendant sous forme de miel en rayon, et une réputation incontestée est trop précieuse pour être mise en danger de cette manière, d'autant plus qu'en ces jours de falsification, nous ne savons peut-être pas. combien de paraffine, etc., y a-t-il dans notre fond de teint, à moins que nous ne le fabriquions nous-mêmes.

Enfin, il n'y a pas grand avantage à l'utiliser dans les sections, car le peigne à drones est meilleur, et avec prudence et soin, on peut en obtenir des quantités suffisantes pour fournir des entrées très généreuses pour toutes nos sections. Celui-ci adhèrera facilement si le bord est plongé dans de la cire d'abeille fondue et appliqué sur les sections.

Si quelqu'un est encore disposé à faire un tel usage de fond de teint, il ne doit acheter que des produits très fiables, afin d'être sûr de n'utiliser que de la cire authentique, *jaune* , propre et *certainement non mélangée à de la paraffine* , ou à l'un des autres. les produits commerciaux qui ont été utilisés pour la première fois pour falsifier la cire. *Seule une cire pure, propre et non blanchie doit être utilisée pour fabriquer le fond de teint.* Nous devons faire *très attention* à ne pas mettre sur le marché du miel en rayon dont la base n'a pas été correctement éclaircie par les abeilles. Peut-être qu'une aiguille très fine permettrait de déterminer ce point sans endommager le miel.

Mais l'utilisation la plus prometteuse du fond de teint, à laquelle il ne peut y avoir aucune objection, se trouve dans la chambre à couvain. Il est étonnant de voir avec quelle rapidité les abeilles étendent les cellules et avec quelle facilité la reine les remplit d'œufs s'ils sont de la bonne taille, cinq cellules par pouce. *La fondation doit toujours être de la bonne taille, que ce soit pour un ouvrier ou un peigne à drone.* Bien entendu, cette dernière taille ne serait jamais utilisée dans la chambre à couvain. L'avantage de la fondation est, premièrement, d'assurer les rayons des ouvrières, et donc le couvain des ouvrières, et deuxièmement, de fournir de la cire, afin que les abeilles puissent être libres de récolter du miel. Nous avons prouvé dans notre rucher au cours des deux dernières saisons qu'en utilisant de la fondation et un peu de soin dans l'élagage des rayons de faux-bourdons, nous pouvions limiter ou même exclure les faux-bourdons de nos ruches, et nous n'avons qu'à examiner le vaste et constamment encombré estomacs de ces fainéants, pour apprécier l'avantage d'un tel cours. Les abeilles peuvent occasionnellement détruire les cellules ouvrières et construire des cellules de faux-bourdons à leur place ; mais une telle action, je crois, n'est pas suffisamment étendue pour jamais causer de l'inquiétude. Je suis également certain que les abeilles qui doivent sécréter de la cire pour former des rayons font beaucoup moins de cueillette. La sécrétion de cire semble volontaire et, lorsqu'elle est rapide, elle semble nécessiter une consommation alimentaire calme et importante. Si nous faisons deux colonies artificielles également fortes, si nous fournissons à l'une des rayons et en refusons à l'autre, nous trouverons que cette dernière envoie beaucoup moins d'abeilles dans les champs, tandis que toutes les abeilles sont plus ou moins occupées à sécréter de la cire. Ainsi, l'autre colonie gagne beaucoup plus rapidement en miel, d'abord parce que davantage d'abeilles en stockent ; deuxièmement, parce que moins de nourriture est consommée. C'est sans aucun doute la raison pour laquelle le miel extrait peut être obtenu en bien plus grande abondance que le miel en rayons.

La fondation, si elle est utilisée sur toute la profondeur du cadre, s'étire de telle sorte que de nombreuses cellules sont tellement agrandies qu'elles peuvent être utilisées pour le couvain de faux-bourdons. Cela exige, si l'on utilise les tôles non renforcées, qu'elles soient utilisées uniquement comme guides, n'atteignant pas plus d'un tiers de la profondeur du cadre. Les bandes d'au moins quatre pouces de largeur ne s'affaisseront pas et ne causeront aucun dommage. La fondation ne doit pas non plus atteindre les côtés du cadre, car elle risque de se déformer et de se plier en raison de la dilatation. Le capitaine JE Hetherington a inventé un remède à ces étirements et déformations, en renforçant les fondations. Pour ce faire, il fait passer plusieurs fils de cuivre fins dans la fondation lors de son passage dans la machine.

Je comprends également que M. M. Metcalf, de cet État, possède un dispositif similaire actuellement breveté.

Il s'agit d'une suggestion intéressante, car elle permet d'insérer des feuilles de fondation pleine grandeur dans les cadres. Je suppose que très bientôt toutes les fondations ouvrières contiendront de tels fils.

POUR FIXER LA FONDATION.

Dans les sections minces, la meilleure façon de fixer la fondation est d'utiliser de la cire fondue. Pour ce faire, j'ai utilisé un bloc fabriqué ainsi : j'ai scié une planche de quinze seizièmes de pouce pour qu'elle remplisse exactement une section. Vissez-le à une deuxième planche, qui est d'un demi-pouce plus large dans chaque sens, de sorte que la plus grande planche inférieure dépasse d'un quart de pouce de chaque côté de la planche supérieure. Maintenant, placez la section sur la planche supérieure, placez la fondation, coupez un peu plus court que l'intérieur de la section, à l'intérieur, près du haut et d'un côté de la section, et faites-la adhérer en passant sur un peu de matière fondue. cire qui, à l'aide d'une lampe à pétrole ou d'un poêle, peut être maintenue fondue. Si le bassin est à double paroi, avec de l'eau à l'extérieur et de la cire à l'intérieur, c'est beaucoup plus sûr, car la cire ne brûlera jamais.

Si les sommets des sections sont épais, ils peuvent être rainurés, et en enfonçant la fondation dans la rainure et, si nécessaire, en la pressant avec une fine cale, elle sera solidement maintenue.

FIGURE 68.

Cette dernière méthode fonctionnera bien en cas de fixation dans les cadres à couvain. Mais j'ai découvert que je pouvais les fixer rapidement et très solidement en les pressant simplement contre la saillie rectangulaire de la barre supérieure déjà décrite (page 134). Dans ce cas, un bloc (Fig. 68, a) doit pénétrer dans le cadre depuis le côté le plus proche de la projection rectangulaire. On se souviendra que la projection (Fig. 36) est un peu d'un côté du centre. de la barre supérieure, de sorte que la fondation pende exactement au centre, de manière à ce que sa surface supérieure soit exactement au niveau de la surface supérieure de la projection rectangulaire. Ce bloc, comme celui décrit ci-dessus, a des épaulements (Fig. 68, f), de sorte qu'il parviendra toujours juste à la bonne distance dans le cadre. Il est également feuillu au bord où reposera la saillie de la barre supérieure du cadre (Fig. 68, *b*), de sorte que la saillie ait un support solide et ne se brise pas sous la pression. Nous plaçons maintenant notre cadre sur ce bloc, posons nos fondations, coupons la taille que nous désirons, qui, à moins qu'elle ne soit renforcée, sera aussi longue que le cadre et environ quatre pouces de large. La fondation reposera fermement sur la saillie et le bloc et touchera la barre supérieure en tout point. Prenons maintenant une planche aussi épaisse que la saillie est profonde, et aussi large (fig. 69, *d*) que le cadre est long, que l'on peut couper, de manière à avoir une poignée commode (fig. 69, *e*). et en mouillant le bord de celui-ci (Fig. 69, *d*) soit dans de l'eau, soit, mieux, avec de l'eau d'amidon, et en appuyant avec cela sur la fondation au-dessus de la saillie, la fondation sera amenée à adhérer fermement à cette dernière, lorsque le cadre peut être soulevé avec le bloc, enlevé et un autre fixé comme auparavant. J'ai pratiqué ce plan pendant deux ans et j'ai eu un succès admirable. J'ai très rarement vu les fondations s'effondrer, même s'il faut se rappeler que nos ruches sont ombragées et nos cadres petits.

FIGURE 69.

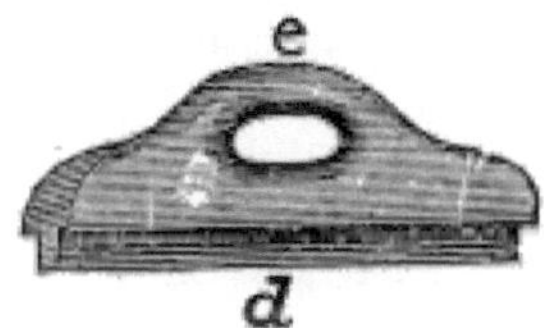

Les méthodes ci-dessus sont efficaces, mais elles recevront probablement des modifications précieuses de la part des ingénieux apiculteurs de notre pays. Des études dans ce sens seront sans aucun doute payantes, car l'utilisation de ce matériel sera très étendue et toute amélioration sera saluée avec joie par la confrérie apicole.

CONSERVEZ LA CIRE.

Comme le fond de teint devient si populaire et est destiné à être utilisé de manière générale, il nous incombe à tous de faire très attention à ce qu'aucun vieux peigne ne soit gaspillé. Les rayons de faux-bourdons souillés, les vieux rayons d'ouvriers sans valeur, et tous les fragments qui ne peuvent être utilisés dans les ruches, ainsi que les coiffes, après que le miel ait été égoutté à travers un sac grossier ou une passoire, processus qui peut être accéléré par une chaleur modérée. pas assez pour faire fondre la cire, et en remuant fréquemment, la cire devrait être fondue, nettoyée et moulée en gâteaux de cire, qui seront bientôt à nouveau estampillés, non pas par les abeilles, mais par un art merveilleux.

MÉTHODES.

Une méthode lente et inutile consiste à fondre dans un récipient rempli d'eau chauffée et à purifier en fermant le dessus ou en laissant refroidir, lorsque les impuretés du fond sont grattées, et le processus est répété jusqu'à ce que toutes les impuretés soient éliminées.

Une meilleure méthode pour séparer la cire est de la mettre dans un sac solide et plutôt grossier, puis de le plonger dans l'eau et de le faire bouillir. À intervalles réguliers, le peigne dans le sac doit être pressé et agité. La cire s'accumulera au-dessus de l'eau.

Pour éviter que le sac ne brûle, il convient d'éviter qu'il touche le fond du récipient en renversant une bassine au fond de celui-ci, ou bien en utilisant un récipient à double paroi. Le processus doit être répété jusqu'à ce que la cire soit parfaitement nettoyée.

Mais comme la cire va devenir si importante et que les méthodes ci-dessus sont lentes, inutiles et susceptibles de donner une cire de mauvaise qualité, les spécialistes, et même les amateurs qui élèvent jusqu'à dix ou vingt colonies d'abeilles, pourraient bien se procurer un extracteur de cire (Fig. 70). Il s'agit également d'une invention étrangère, la première étant réalisée par le professeur Gerster, de Berne, en Suisse. Ceux-ci coûtent de cinq à sept dollars, sont faits d'étain, sont très pratiques et admirables, et peuvent être achetés chez n'importe quel marchand de fournitures apicoles.

FIGURE 70.

Par cette invention, toute la cire, même celle des peignes les plus anciens, peut être conservée, en bel état, et comme elle est parfaitement nette, il n'y a aucun danger de provoquer la « meilleure femme du monde », comme nous risquons de le faire. en utilisant l'une ou l'autre des méthodes ci-dessus - car quoi de plus désordonné et de plus déroutant que de voir la cire déborder sur le poêle, et peut-être tomber sur le sol, et être généralement dispersée.

Tous les morceaux de rayons doivent être mis dans une boîte fermée, et s'il y a des larves dedans, les rayons doivent être fondus si fréquemment qu'ils ne sentent pas mauvais. En prenant soin à la fois de collecter et de fondre, l'apiculteur sera surpris à la fin de la saison, en regardant ses nombreux et beaux gâteaux de rayons, et se réjouira en pensant à quel point tout cela a coûté peu de peine.

CHAPITRE XV.
COMMERCIALISATION DU MIEL.

Aucun sujet ne mérite plus d'attention de la part de l'apiculteur que celui de la commercialisation du miel. Il ne fait aucun doute que l'offre va continuellement augmenter. Par conséquent, pour maintenir les prix, nous devons stimuler la demande, et ce faisant, nous fournirons non seulement à la population un élément alimentaire nécessaire à la santé, mais nous remplacent aussi en partie les sirops commerciaux, qui sont si frelatés qu'ils sont non seulement remplis des saletés les plus répugnantes, mais regorgent même souvent de poison. (Rapport du Michigan Board of Health pour 1874, pp. 75-79.) Apporter donc à la table de notre voisin le nectar pur, sain et délicieux, directement de la ruche, est de la philanthropie, qu'il s'en rende compte ou non.

Il n'est pas non plus difficile de stimuler la demande. J'ai accordé une attention particulière à ce sujet ces dernières années et je suis libre de dire que pas une dîme de miel n'est consommée dans notre pays comme cela pourrait et devrait l'être.

COMMENT VIGONER LES MARCHÉS.

D'abord. Veillez à ce qu'aucun miel ne soit mis sur le marché depuis votre rucher s'il n'est pas sous la forme la plus attrayante possible. Notez *soigneusement tout le miel* et attendez-vous à ce que les prix correspondent à la qualité. Assurez-vous que chaque emballage et chaque récipient sont non seulement attrayants, mais arrangés de manière à ne causer aucun problème au concessionnaire ni lui causer aucune contrariété. Une canette ou une caisse qui fuit peut causer de graves blessures.

Deuxième. Assurez-vous que chaque épicier de votre voisinage ait constamment du miel à portée de main. Faites tout ce que vous pouvez pour créer un marché intérieur. Le conseil de vendre à un ou deux revendeurs seulement est erroné et pernicieux. Que nous devions acheter ou vendre, nous constaterons presque toujours qu'il sera plus satisfaisant de traiter avec des hommes que nous connaissons et qui sont à portée de main. Ce n'est que lorsque votre marché intérieur sera devenu trop grand que vous pourrez expédier vers des endroits éloignés. Cette solution limitera l'offre dans les grandes villes et fera monter ainsi les prix dans les grands marchés, dont les prix fixent ceux du pays. Assurez-vous de garder constamment du miel sur les marchés.

Troisième. Insistez pour que chaque épicier fasse en sorte que le miel *soit bien* visible. Si nécessaire, fournissez de grandes et fines étiquettes, avec votre propre nom presque aussi visible que celui de l'article.

Quatrième. Livrez le miel en petits lots, afin qu'il soit sûr d'être conservé sous une forme attrayante, et, si possible, veillez vous-même à la livraison, afin de savoir que tout est fait « décemment et dans l'ordre ».

Cinquième. Instruisez vos épiciers afin qu'ils puissent faire en sorte que le miel soit présenté au mieux et captiver ainsi l'acheteur par la seule vue.

Sixième. *Convoquez des conventions locales* pour que tous les membres de la communauté connaissent et mettent en pratique les meilleures méthodes, afin que les marchés ne soient pas démoralisés par un miel de mauvaise qualité et invendable.

Bien entendu, la méthode de préparation dépendra largement, et variera considérablement, du style de miel à vendre, nous examinerons donc ces types séparément.

MIEL EXTRAIT.

Comme nous l'avons indiqué précédemment, le miel extrait a toute la saveur et est en tous points égal, sinon supérieur (le rayon lui-même est innutritif et très indigeste) au miel en rayon. Quand les gens connaîtront son excellence – saurons qu'il n'est pas « tendu » – efforçons-nous, en tant qu'apiculteurs, de tuer ce mot par tous les moyens – alors la demande pour cet article augmentera considérablement, au profit à la fois du consommateur et du consommateur. l'apiculteur.

Expliquez à chaque épicier ce que l'on entend par le mot extrait, et demandez-lui de diffuser largement le nom et le caractère du miel. Laissez des coupes de miel aux rédacteurs et aux hommes d'influence et demandez-leur de discuter de son origine et de ses mérites. Je parle d'expérience lorsque je dis que de cette manière, la réputation et la demande du miel extrait peuvent être augmentées à un degré surprenant et avec une rapidité étonnante.

COMMENT TENTER LE CONSOMMATEUR.

D'abord. Consommez-le principalement dans de petites tasses – les tasses de gelée sont les meilleures. Beaucoup de gens paieront vingt-cinq cents pour un article, alors que s'il coûtait cinquante cents, ils ne penseraient pas à l'acheter.

Deuxième. Mettez-le seulement dans des récipients tels que des coupes à gelée ou des pots de fruits en verre, etc., qui seront utiles dans chaque foyer lorsque le miel sera épuisé, afin que l'acheteur puisse sentir que le récipient est un gain évident.

Troisième. Expliquez à l'épicier que s'il est conservé au-dessus de la température de 70° ou 80° F., il ne granulera pas, que la granulation est un gage de pureté et de supériorité, et montrez-lui combien il est facile de réduire les cristaux, et demandez-lui de le faire. expliquer cela à ses clients. Si nécessaire, liquéfiez une partie du miel granulé en sa présence.

Dernièrement. Si vous ne livrez pas le miel vous-même, assurez-vous que les récipients ne fuiront pas pendant le transport. Il est préférable, en cas d'utilisation de pots de gelée, de les remplir à l'épicerie. Et n'oubliez pas la grande étiquette qui indique le type de miel, la qualité et le nom du producteur.

PEIGNE-MIEL.

Celui-ci, en raison de sa merveilleuse beauté, surtout lorsqu'il est de couleur claire et immaculée, sera toujours un article convoité pour la table et rapportera toujours, avec des soins appropriés, le prix le plus élevé payé pour le miel. Il sera donc toujours préférable d'œuvrer pour cela, même si nous ne pouvons pas nous le procurer avec autant de profusion que nous pouvons l'extraire. Celui qui a de toutes sortes saura satisfaire toutes les demandes et connaîtra certainement le succès.

RÈGLES À RESPECTER.

Cela aussi devrait se faire principalement en petites sections (Fig. 50), car, comme nous l'avons dit précédemment, tels sont les paquets qui se vendent sûrement. Des sections de quatre à six pouces carrés rempliront joliment une assiette et sembleront très tentantes pour la fière femme au foyer, surtout si des amis épicuriens doivent se divertir.

Les sections doivent sûrement être mises en place à l'aube de la saison du trèfle blanc, afin que l'apiculteur puisse récupérer le maximum de cet irrésistible nectar, chaste comme coiffé par la neige elle-même. Il faut les enlever aussitôt qu'ils sont bouchés, car le retard en fait des routes de déplacement pour les abeilles, qui gâchent toujours leur beauté.

Une fois retirées, si nécessaire, vitrez les sections, mais avant cela, nous devons les placer dans des ruches les unes sur les autres, ou dans des boîtes spéciales bien fermées, avec un couvercle fermé, dans lesquelles stocker soit les cadres à couvain en hiver, soit les sections en toute saison. , et soufrez-les. Cela se fait rapidement et facilement en utilisant le fumeur. Faites bien brûler le feu du fumoir, ajoutez le soufre, puis placez-le dans le haut de la ruche ou dans le haut de la boîte spéciale. Les vapeurs sulfureuses descendront et infligeront la mort à toutes les larves de papillons. *Cela doit toujours être fait* avant d'expédier le miel, si nous considérons notre réputation comme précieuse. Il est bon de le faire immédiatement après le retrait, et également deux semaines après, afin de détruire les larves de papillons non éclos lorsque les sections sont retirées.

Si des séparateurs ont été utilisés, ces sections sont en bon état pour être vitrées, et sont également en bon état pour être expédiées même sans verre, car elles peuvent se tenir côte à côte et ne pas abîmer le peigne.

FIGURE 71.

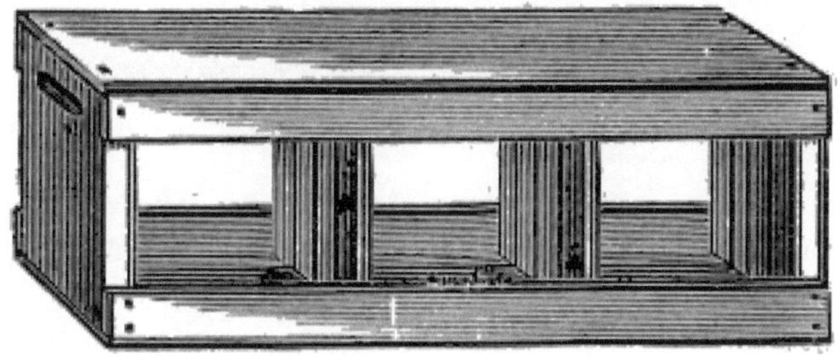

La caisse d'expédition (Fig. 71) doit être solide, soignée et bon marché, avec des poignées comme on le voit sur la Fig. 71 - de telles poignées sont également pratiques aux extrémités des ruches et peuvent être coupées en un instant en ayant le circulaire- la scie était prête à vaciller. Avec des poignées, la caisse est plus pratique et est plus sûre d'être placée sur son fond. La caisse doit également être vitrée, car la vue du peigne dira : « Manipuler avec précaution ».

M. Heddon fabrique également une caisse plus grande (Fig. 72), soignée et bon marché. La caisse de Muth est comme celle de Heddon, mais plus petite.

Il est également bon d'envelopper les sections dans du papier, car ainsi, la rupture de l'une d'entre elles ne signifiera pas une ruine générale. Cependant, cela serait inutile dans le cas où les sections seraient en placage et vitrées, comme décrit précédemment.

FIGURE 72.

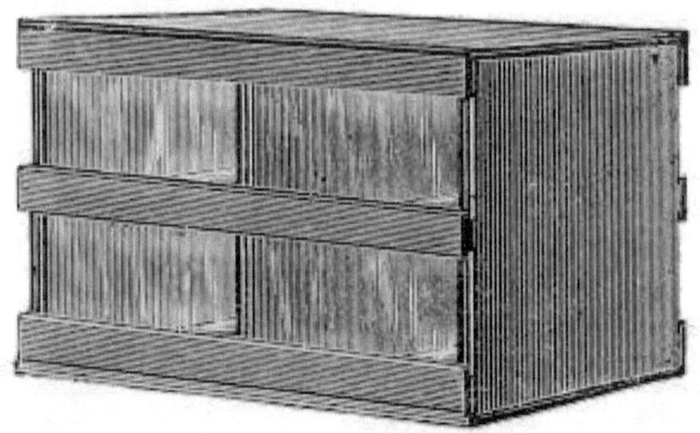

Dans les épiceries, où l'apiculteur conserve du miel pour le vendre, il sera rémunéré pour meubler ses propres caisses. Ceux-ci doivent être faits de bois blanc, très soignés, et vitrés sur le devant pour montrer le miel, et le couvercle fixé de manière à ce que les sections non vitrées - et celles-ci deviendront probablement bientôt les plus populaires - ne puissent pas être percées ou touchées. Assurez-vous également que l'étiquette, indiquant le type de miel, la qualité et le nom de l'apiculteur, soit si claire que « celui qui court puisse le lire ».

Le miel en rayon qui doit être conservé par temps frais de l'automne ou par le froid de l'hiver doit être conservé dans des pièces chaudes, sinon le rayon se brisera de la section lorsqu'il sera manipulé. En le gardant bien au chaud pendant quelques jours avant son expédition, il peut être envoyé au marché même en hiver, mais il doit être manipulé avec beaucoup de précaution et doit effectuer un transit rapide.

Surtout, *laissez toujours « le goût et la propreté » votre devise* .

CHAPITRE XVI.
PLANTES MIEL.

Comme les abeilles ne produisent pas de miel, mais le récoltent seulement, et que le miel provient principalement de certaines fleurs, il s'ensuit bien sûr que le succès de l'apiculteur dépendra en grande partie de l'abondance de plantes sécrétant du miel à proximité de son rucher. Il est vrai que certains poux d'écorce et de plantes sécrètent une sorte de liquide sucré, du miel de réputation douteuse, que, faute de mieux, les abeilles semblent volontiers s'approprier. J'ai ainsi vu les abeilles se rassembler autour d'un gros pou de l'écorce qui attaque le tulipier et détruit ainsi souvent l'un de nos meilleurs arbres à miel. Il s'agit d'une espèce non décrite du genre *Lecanium*. Je les ai également vus épais autour de trois espèces de poux des plantes. L'un d'entre eux, le *Pemphigus imbricator*, Fitch, travaille sur le hêtre. Son abdomen est abondamment recouvert d'une longue laine, et il fait un spectacle comique lorsqu'il le remue de haut en bas à la moindre perturbation. Les feuilles des arbres attaqués par ce pou, ainsi que celles du dessous des arbres, sont assez gommées d'une substance sucrée. J'ai constaté que les abeilles évitent cette substance, sauf en période de sécheresse extrême et d'absence prolongée de floraison miellée. C'était la source de magasins non négligeables pendant l'automne terriblement desséché du grand désastre de Chicago. (Voir Annexe, page 286).

Une autre espèce de *Pemphigus* donne naissance à certaines galles solitaires ressemblant à des prunes, qui apparaissent sur la surface supérieure de l'orme rouge. Ces galles sont creuses, avec une peau fine, et à l'intérieur des creux se trouvent les poux, qui sécrètent une sucrerie abondante qui attire souvent les abeilles vers un festin de choses grasses, lorsque la galle est déchirée ou se fissure, de sorte que le sucré respire. Cette friandise est tout sauf désagréable et ne peut pas être malsaine pour les abeilles.

Un autre puceron, de teinte noire, travaille sur les branches de nos saules, qu'ils recouvrent souvent entièrement, et endommage ainsi grandement un autre arbre précieux tant pour le miel que pour le pollen. S'ils n'étaient pas si nombreux deux années de suite, ils banniraient certainement de chez nous l'un de nos arbres mellifères les plus ornementaux et les plus précieux. Celles-ci sont assez peuplées en septembre et octobre, et assez souvent au printemps et en été, si les poux sont abondants, par des abeilles, des guêpes, des fourmis et diverses mouches à deux ailes, toutes désireuses de laper les bonbons suintants. Ce pou est sans doute le *Lacnus dentatus*, de Le Baron, et l' *Aphis salicti*, de Harris.

Les abeilles reçoivent aussi, dans certaines régions, une sorte de miellat, qui leur permet d'augmenter leurs réserves avec une rapidité surprenante. Je me souviens qu'un matin, alors que j'étais à cheval le long de la rivière Sacramento, en Californie, j'ai cassé une branche de saule au bord de la route quand, à ma grande surprise, j'ai découvert qu'elle était assez ornée de gouttes de miel. Après un examen plus approfondi, j'ai découvert que le feuillage du saule était abondamment saupoudré de ces délicieuses gouttes. Ces arbustes n'étaient pas dérangés par les insectes ni sous les arbres. Voilà donc un véritable cas de miellat, qui devait avoir été distillé toute la nuit par les feuilles. Je n'ai jamais vu un tel phénomène dans le Michigan, mais d'autres l'ont fait. Le Dr AH Atkins, un observateur précis et consciencieux, a remarqué ce miellat plus d'une fois ici dans le centre du Michigan.

Les abeilles obtiennent également du miel de la sève suintante, du miel de réputation douteuse provenant d'environ cidreries, du raisin et d'autres fruits écrasés, ou mangés et déchirés par les guêpes et autres insectes. Que les abeilles arrachent les raisins est une question dont je n'ai reçu aucune preuve personnelle, même si depuis des années je la recherche soigneusement. J'ai vécu parmi les vignobles de Californie et j'ai souvent observé les abeilles autour des vignes du Michigan, mais je n'ai jamais vu d'abeilles déchirer les raisins. J'ai déposé des raisins écrasés dans le rucher, lorsque les abeilles ne ramassaient pas et étaient avides de provisions, qui, recouvertes d'abeilles sirotantes, étaient remplacées par des grappes de raisin saines, qui en aucun cas n'étaient mutilées. J'ai donc été amené à douter que les abeilles attaquent jamais les raisins sains, bien qu'elles soient promptes à exploiter les possibilités que leur offrent le bec du loriot et les mâchoires plus fortes des guêpes. Pourtant, le professeur Riley est sûr que les abeilles sont parfois ainsi coupables, et M. Bidwell me dit qu'il a souvent vu des abeilles déchirer des raisins sains, ce qu'elles faisaient avec leurs pieds. Cependant, si tel est le cas, cela est certainement rare et est plus que compensé par la grande aide que les abeilles apportent au fruiticulteur dans le grand travail de fertilisation croisée, qui est impérativement nécessaire à son succès, comme a été si bien démontré par le Dr Asa Gray et M. Chas. Darwin. Il est vrai que la fécondation croisée des fleurs, qui ne peut être réalisée que par les insectes et, en début de saison, par l'abeille domestique, est souvent, sinon toujours, nécessaire à une pleine production de fruits et de légumes. Le professeur WW Tracy m'informe que les jardiniers des environs de Boston élèvent des abeilles pour pouvoir accomplir cette tâche. Même dans ce cas, si M. Bidwell et le professeur Riley ont raison, et si l'abeille détruit rarement – car c'est sûrement très rare, voire jamais – les raisins, elles restent néanmoins, sans aucun doute possible, une aide inestimable pour le pomologiste.

Mais la principale source de miel reste les fleurs.

QUELLES SONT LES PLANTES MIEL PRÉCIEUSES ?

Dans le nord-est de notre pays, la principale ressource du mois de mai est constituée de fleurs fruitières, de saules et d'érables à sucre. En juin, le trèfle blanc produit en grande partie le miel le plus attrayant, tant par son apparence que par sa saveur. En juillet, l'incomparable tilleul fait jubiler les abeilles et les apiculteurs. En août, le sarrasin nous offre un hommage que nous saluons, bien qu'il soit sombre et piquant en saveur, tandis que chez nous dans le Michigan, août et septembre nous offrent une profusion de fleurs qui ne cède à aucune autre dans la richesse de sa capacité à sécréter du miel, et n'est coupé qu'aux gelées d'automne, généralement vers le 15 septembre.

Des milliers d'acres de verges d'or, d'os, d'asters et d'autres fleurs d'automne de nos nouveaux comtés du nord ont encore rougi sans être vus, avec un parfum gaspillé. Ce territoire inoccupé, d'une capacité de production fruitière inégalée, couvert de grandes forêts d'érables et de tilleuls, et parsemé de la plus riche floraison automnale, offre à l'apiculteur pratique des opportunités rarement égalées sauf dans les États du Pacifique, et même là, lorsque d'autres privilèges sont pris en compte. Dans ces localités, deux ou trois cents livres par colonie ne sont pas une surprise pour l'apiculteur, tandis que même quatre ou cinq cents ne sont pas des cas isolés.

Dans le tableau suivant se trouve une liste de plantes mellifères précieuses. Ceux de la première colonne sont annuels, bisannuels ou pérennes ; l'annuel étant enfermé entre parenthèses ainsi : (); la biennale entre parenthèses ainsi : [] ; tandis que ceux de la deuxième colonne sont des arbustes ou des arbres ; les noms des arbustes étant mis entre parenthèses. La date de début de floraison n'est bien entendu pas invariable. Celui ci-joint, dans le cas des plantes qui poussent dans notre État, est dans la moyenne du centre du Michigan. Les plantes dont les noms apparaissent en petites majuscules donnent un miel de très bonne qualité. Ceux avec (*a*) sont utiles à d'autres fins que la sécrétion de miel. Tous, sauf ceux avec un *, sont indigènes ou très courants dans le Michigan. Ceux écrits au pluriel font référence à plus d'une espèce. Ceux suivis d'un † sont très nombreux en espèces. Bien entendu, je ne les ai pas tous nommés, car cela inclurait quelques centaines qui ont été observées au collège, prenant presque tous les deux grands ordres Compositæ et Rosaceæ. Je me suis seulement attaché à donner les plus importantes, en omettant de nombreuses plantes étrangères de notoriété, car je n'en ai aucune connaissance personnelle :

DATE.	Annuelles ou vivaces.
Avril	Pissenlit.
Avril et mai	Fraise. (*un*)

Mai et juin	*Sauge blanche, Californie
Mai et juin	*Sumac, Californie.
Mai et juin	*Coffee Berry, Californie
Juin à juillet	TREFLE BLANC. (*un*)
Juin à juillet	COMME CLOVER. (*un*)
Juin à juillet	*[MÉLILOT.]
Juin à juillet	*Marrube. [Herbe.]
Juin à juillet	Marguerite aux yeux de boeuf - Mauvaise
Juin à juillet	Chèvrefeuille de brousse.
Juin à août	*Sage.
Juin à août	Agripaume.
Juin aux gelées	*(Bourrache.)
Juin aux gelées	*(Coton.) (*une*)
Juin aux gelées	Mauvaises herbes à soie ou à lait.
Juin aux gelées	(Moutarde)†
Juin aux gelées	*(Viol.) (*a*)
Juin aux gelées	Millepertuis.
Juin aux gelées	(MIGNONETTE.) (*a*)
Juillet	(Maïs) (*une*)
Juillet	*(Cardère.) (*une*)
Juillet à août	*L'herbe à chat. (*un*)
Juillet à août	Asperges. (*un*)
Juillet à août	*(Rocky M't. Plante d'abeille)
Juillet aux gelées	Ensemble d'os.
Juillet aux gelées	Bergamote.
Juillet aux gelées	Figwort.

Août	(Sarrasin.) (*une*)
Août	(Muflier.)
Août aux gelées	(VERGE D'OR.)†
Août aux gelées	Asters.†
Août aux gelées	Tournesols des marais.
Août aux gelées	Graine de tique.
Août aux gelées	Mendiant-Tiques.
Août aux gelées	Aiguilles espagnoles.

DATE.	Arbustes ou arbres.
Mars et Avril	Érable rouge ou tendre.(*a*)
Mars et Avril	Peuplier ou tremble.
Mars et Avril	Érable argenté.
Mars et Avril	*Arbre de Juda.
Peut	(Shad-buisson.)
Peut	(Aulne.)
Peut	Érables-Érable à sucre (*a*)
Peut	Pomme sauvage.
Peut	(Aubépines.)
Peut.	{ Arbres fruitiers : pommier, prunier, cerisier, poirier, etc. (*a*)
Peut	Groseille et groseille. (*un*)
Peut	*(Wistaria Vine-Sud)
Peut	(Vigne Wistaria chinoise – Sud.)
Mai et juin	(Épine-vinette.)
Mai et juin	(Vigne.) (*a*)

Mai et juin	Tulipier.
Mai et juin	(Sumac.)
Juin	Prune sauvage.
Juin	(Framboise noire.) (*une*)
Juin	Criquets.
Juin	(FRAMBOISE ROUGE.) (*a*)
Juin	(Mûre.)
Juin à juillet	*Bois aigre-Sud.
Juillet	(Bouton Bush.)
Juillet	TILLEUL. (*un*)
Juillet	(Vigne vierge.) (*une*)
Juillet à août	*Poivrier, Cal'a.
Juillet à septembre	*(Moût de Saint-Jean.)
Août	(Sumac tardif.)
Août à septembre	*Red Gum, Californie.

DESCRIPTION AVEC REMARQUES PRATIQUES.

Etant donné que le sujet du pâturage des abeilles est d'une importance primordiale et que l'intérêt suscité par ce sujet est si grand et si répandu, je pense que des détails accompagnés d'illustrations seront plus que justifiés.

FIGURE 75. — *Érable* .

Nous avons une expérience abondante qui montre que quarante ou cinquante colonies d'abeilles, en prenant les saisons comme leur moyenne, sont tout ce qu'un seul endroit peut soutenir avec le plus grand avantage. Alors, combien significatif est le fait que, lorsque la saison est la meilleure, trois fois plus de colonies trouveront suffisamment de ressources pour maintenir tout leur emploi. Ainsi, ce sujet des pâturages artificiels devient une étude et une observation approfondies qui méritent d'être étudiées et observées de près. Le sujet est également très important en ce qui concerne l'emplacement du rucher.

Il est bon de se rappeler à ce propos que deux ou trois milles doivent être considérés comme la limite d'un rassemblement rentable. C'est-à-dire que les ruchers de cinquante à cent colonies ou plus ne devraient pas être à plus de quatre ou cinq milles les uns des autres.

FIGURE 74. - *Saule* .

PLANTES D'AVRIL.

Comme nous l'avons déjà vu, l'apiculteur n'obtient pas les meilleurs résultats, même au début du printemps, sauf que les abeilles sont encouragées par l'augmentation de leurs réserves de pollen et de miel ; par conséquent, si nous ne pratiquons pas une alimentation stimulante — et beaucoup ne le feront pas — il devient très souhaitable d'avoir une floraison précoce. Heureusement, dans toutes les régions des États-Unis, nos désirs ne sont pas vains.

Au début du printemps, on trouve de nombreuses fleurs sauvages dispersées, comme la racine de sang (*Sanguinaria canadensis*), la feuille de foie (*Hepatica acutiloba*) et diverses autres de la famille des pattes d'oie, ainsi que de nombreuses espèces de cresson, qui appartiennent à la famille de la moutarde, etc., qui sont tous précieux et importants.

Les érables (Fig. 73), qui sont tous des plantes mellifères précieuses, contribuent également aux premiers magasins. Les érables argentés (*Acer dasycarpum*) et les érables rouges ou tendres (*Acer rubrum*) sont particulièrement précieux, car ils fleurissent très tôt, bien avant l'apparition des feuilles. Les abeilles y travaillent, ici au Michigan, la première semaine d'avril et souvent en mars. Ce sont aussi de magnifiques arbres d'ombrage, surtout ceux qui ont l'habitude de pleurer. Leur floraison précoce est très agréable, leur forme estivale et leur feuillage magnifiques, tandis que leurs teintes flamboyantes en automne sont indescriptibles. Les érables étrangers, sycomore, *Acer pseudo-platanus* , et de Norvège, *Acer platanoides* , sont également très beaux. Si elles sont supérieures aux nôtres comme plantes mellifères, je suis incapable de le dire.

Les saules également (Fig. 74) rivalisent avec les érables au début de leur floraison. Certains sont très précoces et fleurissent en mars, tandis que d'autres, comme le saule blanc (*Salix alba*) (Fig. 74), fleurissent en mai. Les fleurs d'un arbre ou d'un buisson de saule sont toutes pistillées, c'est-à-dire qu'elles ont des pistils, mais pas d'étamines, tandis que sur d'autres, elles sont toutes staminées, n'ayant pas de pistils. Sur le premier, ils ne peuvent récolter que du miel, sur le second uniquement du pollen. Que le saule fournisse à la fois du miel et du pollen est attesté par le fait que j'ai vu les deux espèces d'arbres, le pistillé et le staminé, remplis d'abeilles la saison dernière. Le saule, de par sa forme élégante et son feuillage argenté, est également l'un de nos plus beaux arbres d'ombrage.

FIG. 15. — *Arbre de Judée*

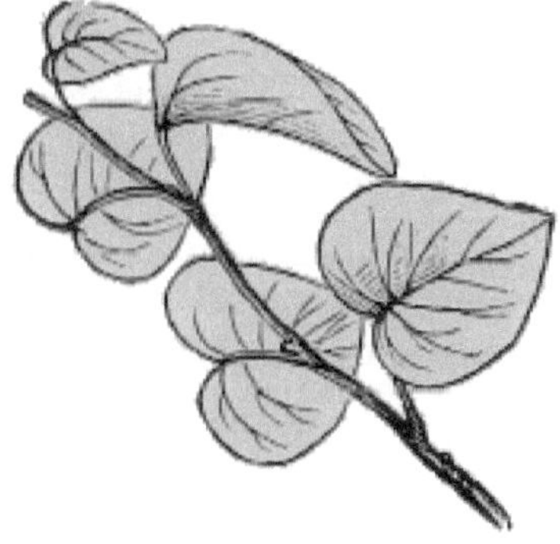

Dans le sud du Michigan, et de là vers le sud jusqu'au Kentucky, et même au-delà, l'arbre de Judée, ou bouton rouge, *Cercis canadensis* (Fig. 75), mérite non seulement d'être cultivé comme plante mellifère, mais il est également très attrayant. et mérite bien l'attention pour ses seules qualités ornementales. Elle fleurit de mars à mai, selon la latitude.

Les peupliers, et non les tulipes, fleurissent également en avril et sont librement visités par les abeilles. Le bois est impeccable et utilisé pour les cure-dents. Pourquoi ne pas l'utiliser pour les boîtes à miel ?

MAI PLANTES.

En mai nous avons le grand érable à sucre, *Acer saccharinum* (Fig. 73), d'une beauté incomparable, ainsi que tous nos divers arbres fruitiers, pêchers, cerisiers, pruniers, pommiers, etc., en fait toute la famille des Rosacées. Notre belle Wistaria américaine, *Wistaria frutescens* (Fig. 76), la plante grimpante très ornementale, ou la plus belle encore Wistaria chinoise, *Wistaria sinensis* (Fig. 77), qui a des grappes plus longues que l'indigène et fleurit souvent deux fois dans la saison. Ce sont les volubiles ligneuses pour l'apiculteur. L'épine-vinette aussi, *Berberis vulgaris* (Fig. 78), vient après la floraison des fruits, et est peuplée d'abeilles en quête de nectar au printemps, comme d'enfants en hiver, en quête de belles baies écarlates, si agréablement acidulées.

FIGURE 78. — *L'épine-vinette* .

En Californie, le sumac, la baie de caféier et la célèbre sauge blanche (Fig. 79) maintiennent les abeilles pleines d'activité.

FIG. 79. — *Sauge Blanche.*

FIG. 80. — *Trèfle blanc ou hollandais.*

Avec juin arrive l'incomparable trèfle blanc ou hollandais, *Trifolium repens* (Fig. 80), dont la floraison chaste et modeste annonce les belles, succulentes et incomparables douceurs qui se cachent dans son tube de corolle. Également sa sœur, l'Alsike ou suédois, *Trifolium hybrida* (Fig. 81), qui semble ressembler à la fois au trèfle blanc et au trèfle rouge. Il pousse plus fort que le blanc et possède une fleur blanchâtre teintée de rose. Cela constitue un excellent pâturage et du foin pour les bovins, les moutons, etc., et peut très bien être semé par l'apiculteur. Il est souvent payant pour les apiculteurs de fournir aux agriculteurs voisins des graines pour les inciter à cultiver cette excellente plante mellifère. Comme le trèfle blanc, il fleurit de juin à juillet. Les deux devraient être semés au début du printemps avec la fléole des prés, cinq ou six livres de graines par acre, de la même manière que les graines de trèfle rouge sont semées.

Le mélilot jaune et blanc, *Melilotus officinalis* (Fig. 82), et *Melilotus alba* , portent bien leur nom. Ils fleurissent de mi-juin à mi-juillet. Leur parfum embaume l'air sur de longues distances, et le bourdonnement des abeilles qui se pressent sur leurs fleurs est comme une musique à l'oreille de l'apiculteur. Le miel aussi est tout simplement exquis. Ces trèfles sont bisannuels, ne fleurissent pas la première saison et meurent après leur floraison la deuxième saison. Autre fait désagréable, ils n'ont de valeur que le miel. On dit qu'elles deviennent des mauvaises herbes pernicieuses si on les laisse se propager.

Les autres trèfles — luzerne, lotier jaune, lotier écarlate et luzerne — ne se sont révélés d'aucune valeur chez nous, peut-être à cause de la localité.

La bourrache, *Borago officinalis* (Fig. 83), excellente plante apicole, fleurit de juin jusqu'aux gelées et est visitée par les abeilles même par temps très pluvieux. Il ne semble pas être un favori, mais il est visité avec impatience lorsque tous les autres ne produisent pas de nectar.

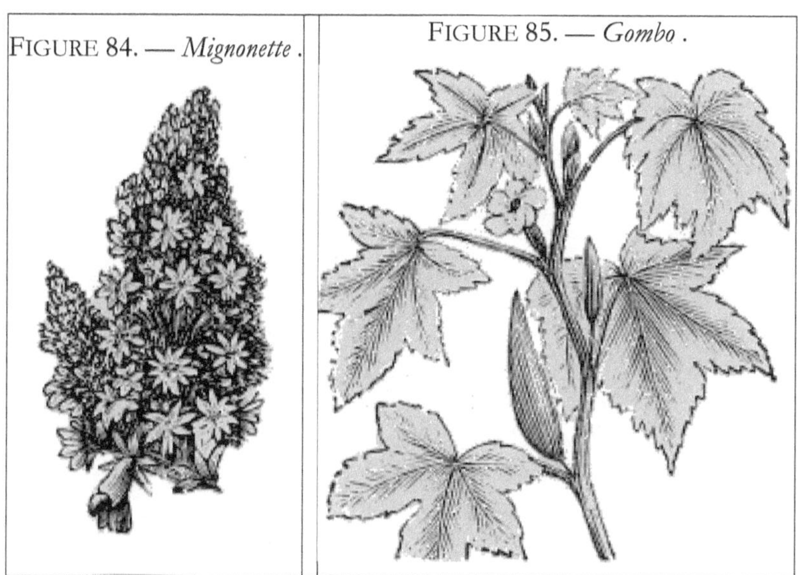

La Mignonette, *Reseda odorata* (Fig. 84), fleurit de la mi-juin jusqu'aux gelées, est sans précédent par sa douce odeur, fournit du nectar à profusion et mérite d'être cultivée. Il sécrète mal par temps humide, mais par temps favorable il est difficilement égalé.

Le gombo ou gumbo, *Hibiscus esculentus* (Fig. 85), fleurit également en juin. Il est autant recherché par les abeilles en quête de miel, que par le cuisinier en quête d'un légume savoureux, ou pour donner du tonus à une soupe.

La sauge, *Salvia officinalis* , le marrube, *Marrubium vulgare* , l'agripaume, *Leonurus hearta* , et la cataire, *Nepeta cataria* , qui ne commence à fleurir qu'en juillet, fournissent toutes un beau miel blanc, restent longtemps en fleurs et sont très désirables, comme ils fleurissent pendant la pénurie de miel de juillet et août. Comme beaucoup d'autres espèces de la famille de la menthe (Fig. 86), elles regorgent d'abeilles pendant la saison de floraison.

Les premiers et les derniers ont une importance commerciale, et tous peuvent très bien être introduits par les apiculteurs, partout où il y a de l'espace ou des terrains vagues.

L'herbe à soie ou asclépiade fournit un nectar abondant de juin jusqu'aux gelées, car il existe plusieurs espèces du genre Asclepias, très répandu dans notre pays. C'est la plante qui possède de grandes masses de pollen qui adhèrent souvent aux pattes des abeilles (Fig. 87) et les piègent parfois au point de provoquer leur mort. Le professeur Riley a un jour très gracieusement conseillé de les planter pour tuer les abeilles. Je dis gracieusement, car je les ai observés de très près, et je suis sûr qu'ils font peu de mal et qu'ils sont riches en nectar. Il est rare qu'une abeille soit attrapée de manière à la retenir longtemps, et lorsque ces masses gênantes sont emportées avec l'abeille, elles sont généralement laissées à la porte de la ruche, où je les ai souvent vues en nombre considérable. La rive de la rivière, à côté de notre rucher, est tapissée de ces herbes odorantes, et nous en aimerions encore plus.

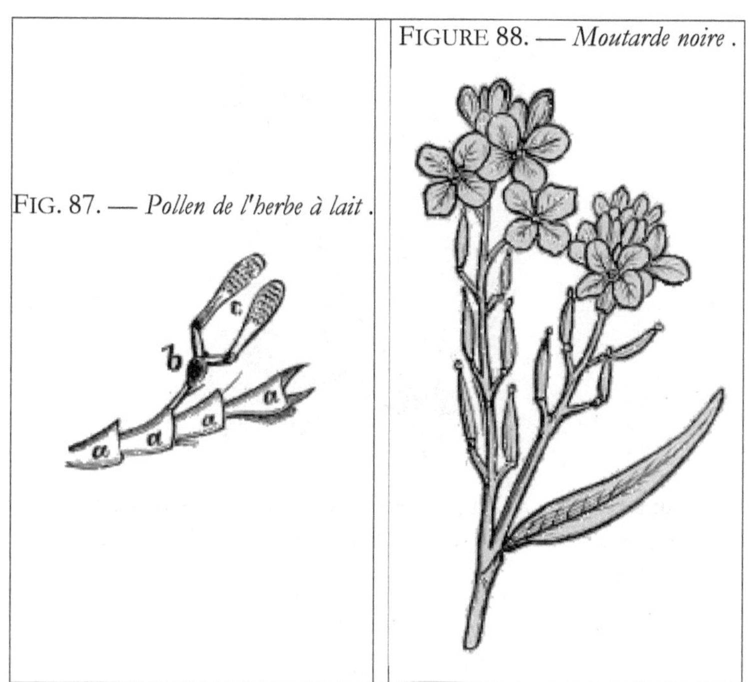

FIGURE 88. — *Moutarde noire* .

La moutarde noire, *Sinapis nigra* (Fig. 88), la moutarde blanche, *Sinapis alba* , et le colza, *Brassica campestris* (Fig. 89), se ressemblent toutes et sont toutes des plantes mellifères admirables, car elles fournissent beaucoup et un beau miel. Le premier, s'il est auto-ensemencé, fleurit le 1er juillet, les autres le 1er juin ; la première environ huit semaines après le semis, les autres environ quatre. Les moutardes fleurissent pendant quatre semaines, le colza pendant trois. Celles-ci sont toutes particulièrement louables, car elles peuvent fleurir pendant la pénurie de miel de juillet et août, et sont des plantes précieuses à cultiver pour la graine. Le colza semble être très attrayant pour les insectes, car les altises et les coléoptères sont souvent trop puissants, bien qu'ils ne détruisent généralement les plantes qu'après leur floraison. J'ai acheté à plusieurs reprises ce qui prétendait être de la moutarde chinoise, naine et grande, mais le professeur Beal, dont il n'y a pas de meilleure autorité, me dit que ce ne sont que des blanches et des noires, et certainement qu'elles ne sont en aucun cas meilleures comme plantes à abeilles. . Ces plantes, avec le sarrasin, la menthe, la bourrache et la réséda, sont particulièrement intéressantes, car elles couvrent, ou peuvent être faites pour couvrir, la pénurie de miel du 20 juillet au 20 août environ.

FIGURE 89. — *Viol* .

Les moutardes et le colza peuvent être plantés dans des semoirs espacés d'environ huit pouces, à tout moment du 1er mai au 15 juillet. Quatre litres sèmeront un acre.

FIG. 90. — *Tulipe*

Ce mois-ci fleurit le tulipier, *Liriodendron tulipifera* (Fig. 90), souvent appelé peuplier dans le Sud, qui est non seulement un excellent producteur de miel, mais aussi l'un de nos arbres d'ombrage les plus majestueux et les plus admirables. Aujourd'hui aussi fleurissent les sumacs, bien qu'une espèce fleurisse en mai, la prune sauvage, les framboises, dont le nectar est inégalé en couleur et en saveur, et la mûre. Beaucoup disent également que le maïs donne une grande partie du miel ainsi que du pollen, et la cardère, *Dipsacus fullonum* (Fig. 91), est dit, non seulement par M. Doolittle, mais aussi par les apiculteurs anglais et allemands, qu'elle donne un rendement riche. de beau miel. Cette dernière a également une importance commerciale. La mûre ouvre ses pétales en juin, ainsi que le criquet odorant qui, de par sa croissance rapide, sa belle forme et son beau feuillage, se classerait parmi nos premiers arbres d'ombrage, s'il n'était si lent à étendre sa canopée de vert, et ainsi sujet aux attaques ruineuses des foreurs, dernière particularité qu'il partage avec les érables incomparables. Laver les troncs des arbres en juin et juillet avec du savon doux éliminera en grande partie ce problème.

FIGURE 91. — *Cardère* .

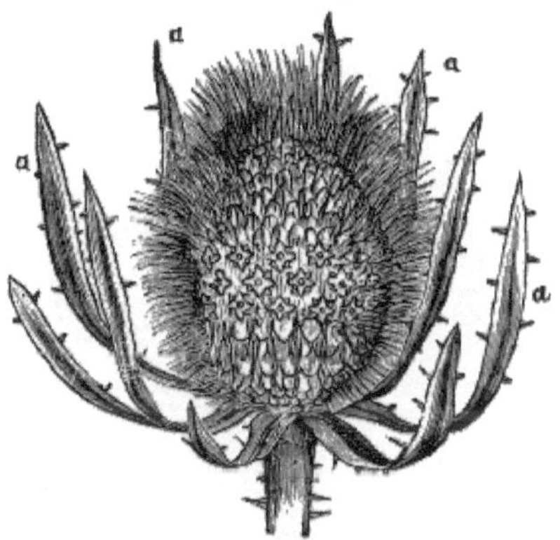

FIGURE 92. — *Coton* .

Aujourd'hui aussi, nos frères du Sud récoltent une riche récolte de la grande plante de base, le coton (Fig. 92), qui commence à fleurir au début de juin et reste en fleur même jusqu'en octobre. Elle appartient à la même famille, la mauve, que la rose trémière et, comme elle, fleurit et fructifie tout au long de la saison.

PLANTES DE JUILLET.

Au début de ce mois s'ouvre le célèbre tilleul ou tilleul, *Tilia Americana* (Fig. 93), qui, pour la profusion et la qualité de son miel, n'a pas de supérieur. L'arbre aussi, de par sa grande cime étalée et son feuillage fin, est magnifique pour l'ombre. Cinq de ces arbres se trouvent à deux mètres de la fenêtre de mon bureau, et leur parfum agréable, ainsi que leur belle forme et leur ombre, ont souvent fait l'objet de remarques de la part des visiteurs.

FIGURE 93. — *Tilleul* .

La Figwort, *Scrophularia nodosa* (Fig. 94), souvent appelée hochet, car les graines vibrent dans la gousse, et le carré de charpentier, car il a une tige carrée, est une mauvaise herbe d'apparence insignifiante, avec des fleurs discrètes, qui fournissent un nectar abondant. de la mi-juillet jusqu'aux gelées. J'en ai reçu presque autant pour identification que d'asters et de verges d'or. Le professeur Beal m'a fait remarquer, il y a un an ou deux, qu'il semblait difficilement possible qu'il puisse avoir une telle valeur. Nous ne pouvons pas toujours estimer correctement en nous basant uniquement sur les apparences. C'est une plante très précieuse à disperser dans les terrains vagues.

Cette belle et précieuse plante mellifère, du Minnesota, du Colorado et des Montagnes Rocheuses, Cleome, ou la plante-abeille des Rocheuses, *Cleome integrifolia* (Fig. 96), si elle est auto-semée ou semée au début du printemps, fleurit au milieu. de juillet et dure de longues semaines. Rien ne peut non plus être plus gai que ces fleurs brillantes, animées par des abeilles tout au long de l'automne. Cela devrait être planté à l'automne ou au printemps, dans des forets espacés de deux pieds, les plantes espacées de six pouces dans les forets. Les graines, qui poussent en gousses, sont très nombreuses et seraient précieuses pour les poules. Maintenant aussi commencent à fleurir les nombreux eupatoriums, ou bonesets, ou purworts (Fig. 97), qui remplissent les marais de notre pays, ainsi que les ruches, de leur riche nectar doré, précurseurs de cette profusion de fleurs de ce ordre composite, dont de nombreuses espèces bourgeonnent déjà en prévision de la mer de fleurs qui ornera les marais d'août et de septembre. La bergamote sauvage, *Monarda fistulosa* , qui, comme les chardons, est importante pour l'apiculteur, fleurit également en juillet.

Le petit arbuste de nos marais, bien nommé buisson à boutons, *Cephalanthus occidentalis* (Fig. 95), partage aussi l'attention des abeilles avec le tilleul ; tandis que les apiculteurs du Sud trouvent le bois aigre, ou oseille, *Oxydendrum arboreum* , un arbre à miel précieux. Cela appartient à la famille Heath, qui comprend la célèbre bruyère d'Angleterre. Il comprend également nos myrtilles, nos canneberges, nos myrtilles et une plante qui n'a pas une réputation enviable, comme fournissant du miel, très toxique, voire mortel pour ceux qui en mangent, le laurier des montagnes, *Kalmia latifolia* . Pourtant, on dit qu'un proche parent de la *nitida d'Andromède du Sud* fournit un miel beau et sain en grande quantité. La vigne vierge fleurit également en juillet. J'aimerais pouvoir dire que cette belle vigne, resplendissante en automne, est la préférée des abeilles. Bien qu'elle fourmille souvent, voire toujours, d'abeilles sauvages lorsqu'elle est en fleur, je n'ai jamais vu d'abeille domestique visiter l'abondante floraison au milieu de son feuillage riche, vert et vigoureux. Aujourd'hui aussi, le millepertuis *Hypericum* , avec ses nombreuses espèces, à la fois arbustives et herbacées, apporte une contribution abondante aux délicieuses réserves de l'abeille domestique. L'herbe à chat aussi, *Nepeta cataria* , et nos asperges cultivées, qui si elles ne sont pas coupées au printemps fleuriront en juin, si délicieuses pour la table et si élégantes pour garnir les viandes et pour les banquets d'automne, viennent maintenant offrir leurs cadeaux nectariens.

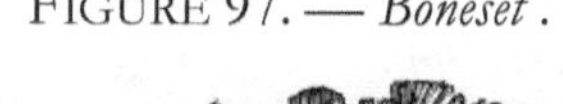

FIGURE 97. — Boneset .

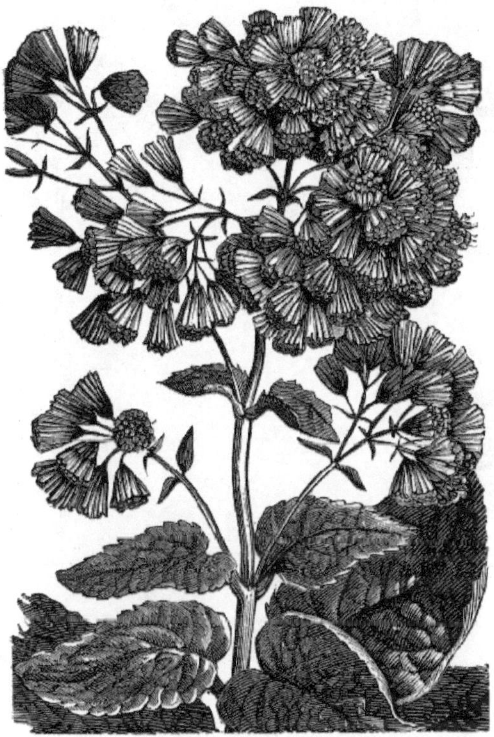

PLANTES D'AOÛT ET DE SEPTEMBRE.

Le sarrasin cultivé, *Fagopyrum esculentum* , (Fig. 98), fleurit généralement en août, car il est semé le premier juillet (trois pics par acre est la quantité à semer) mais en semant le premier juin, il peut être amené à fleurissent à la mi-juillet, époque à laquelle on constate généralement, dans la plupart des localités, une absence de fleurs sécrétant du nectar. Le miel est de couleur et de saveur inférieures, bien que certaines personnes le préfèrent à tous les autres miels. Le sarrasin à feuilles argentées fleurit plus longtemps, a des fleurs plus nombreuses et donne ainsi plus de grains que la variété commune.

Maintenant aussi viennent les nombreuses verges d'or. Les espèces de ce genre, *Solidago* (Fig. 99), dans l'est des États-Unis, sont au nombre de près de deux-vingts, occupent toutes sortes de sols et sont à l'aise sur les hautes terres, les prairies et les marécages. Ils produisent abondamment un miel riche et doré, avec une saveur inégalée. Heureux l'apiculteur qui peut se vanter d'avoir un bosquet de Solidagos dans sa localité.

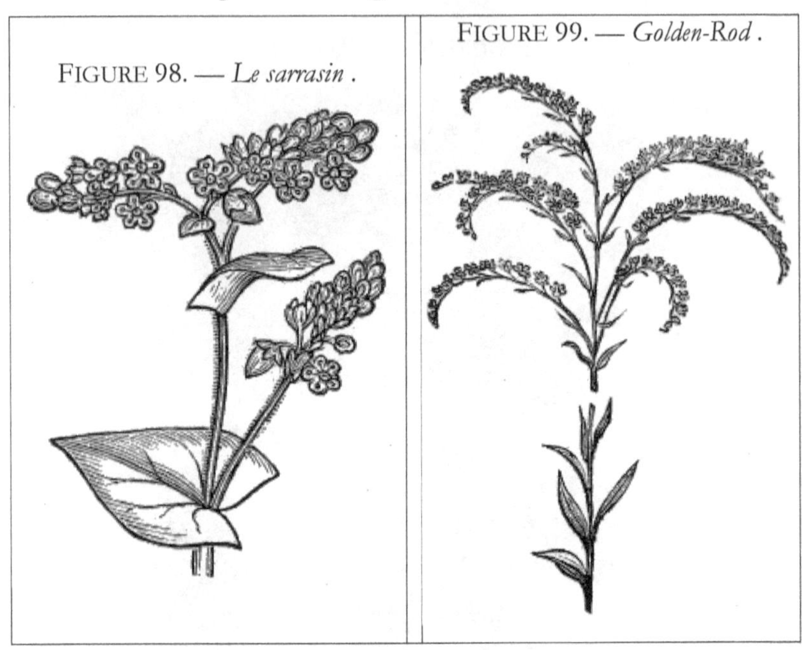

100. - Aster .

Les nombreuses plantes habituellement appelées tournesols, en raison de leur ressemblance avec nos plantes cultivées de ce nom, qui ornent les collines, les prairies et les marais, déploient maintenant leurs involucres voyants et ouvrent leurs modestes corolles pour inviter la myriade de fleurs. insectes pour siroter le précieux nectar que sécrète chacune des fleurs groupées. Nos tournesols cultivés, je pense, sont des plantes mellifères indifférentes, bien que certains les trouvent grands et beaux, et leurs graines sont appréciées par la volaille. Mais les asters (<u>Fig. 100</u>), si répandus, les tiques du mendiant, *les Bidens* , et les aiguilles espagnoles de nos marais, la graine de tique, *Coreopsis* , aussi, des endroits bas et marécageux, avec des centaines d'autres des la grande famille des Compositæ, regorgent de nectar précieux, et les saisons favorables font jubiler l'apiculteur qui habite au milieu d'elles, en regardant les abeilles, qui inondent les ruches de leur miel riche et délicieux. Dans toute cette grande famille, les fleurs sont petites et peu visibles, regroupées en capitules compacts, et lorsque les plantes sont voyantes, comme les tournesols, l'éclat est dû à l'involucre, ou bractées qui servent de volant à décorez les fleurs les plus modestes.

J'ai ainsi mentionné les plantes mellifères les plus précieuses de notre pays. Bien entendu, les omissions sont nombreuses. Que tous les apiculteurs, par une observation constante, contribuent à compléter la liste.

LIVRE SUR LA BOTANIQUE.

On me demande souvent quels sont les meilleurs livres pour faire des apiculteurs des botanistes. Je suis heureux de répondre à cette question, car l'étude de la botanique sera non seulement une discipline précieuse, mais procurera également un plaisir abondant et, bien plus, donnera d'importantes informations pratiques. Gray's Lessons, and Manual of Botany, en un seul volume, publié par Ivison, Phinney, Blakeman & Co., New York, est le traité le plus souhaitable sur ce sujet.

CONCLUSIONS PRATIQUES.

Il sera bien rémunéré pour l'apiculteur de décorer son terrain avec des érables tendres et argentés, pour leur beauté et leur floraison précoce. Si son sol est riche, les érables à sucre et les tilleuls pourraient très bien remplir un objectif similaire. L'arbre de Judée et les tulipiers du Nord et du Sud pourraient très bien être utilisés pour orner la maison de l'apiculteur. Pour la vigne, procurez-vous les glycines.

Semez et encouragez les semis de trèfle Alsike et de sarrasin argenté dans votre quartier. Assurez-vous que votre femme, vos enfants et vos abeilles peuvent souvent se rendre dans un grand lit de nouvelle réséda géante ou grandiflora, et rappelez-vous qu'elle, avec la cléome et la bourrache, fleurit jusqu'aux gelées. Étudiez les plantes mellifères de votre région, puis étudiez le tableau ci-dessus et prévoyez une succession, en vous rappelant que les moutardes, le colza et le sarrasin peuvent fleurir presque à loisir, en semant à temps. N'oubliez pas que la bourrache et les moutardes semblent relativement indifférentes au temps humide. Assurez-vous que tous les dépotoirs sont remplis d'agripaume, d'herbe à chat, d'asters, etc. (Voir <u>Annexe, page 289</u>).

Les dates ci-dessus ne sont vraies que pour la plupart dans le Michigan et le nord de l'Ohio, et pour les latitudes plus méridionales, il faut varier, ce qui, par comparaison avec quelques-unes, comme les arbres fruitiers, ne devient pas une question difficile.

CHAPITRE XVII.
L'HIVERNAGE DES ABEILLES.

Il s'agit bien entendu d'un sujet d'une importance capitale pour l'apiculteur, car c'est le rocher sur lequel certains, même les plus performants, se sont récemment fendus. Pourtant, je viens sans crainte examiner cette question, car devant la multitude de désastres, je ne vois aucune raison de me décourager. Si le problème d'un hivernage réussi n'a pas déjà été résolu, il le sera sûrement, et ce rapidement. Un intérêt aussi important n'a jamais été vaincu par le malheur, et il n'y a aucune raison de penser que l'histoire va maintenant s'inverser. Même le pire aspect du cas — en faveur duquel je pense, bien que contrairement aux excellents apiculteurs comme Marvin, Heddon, etc., qu'il n'y a aucune preuve, et même peu de suggestions — que ces calamités sont les effets d'une l'épidémie, serait impuissante à décourager les hommes entraînés à raisonner de l'effet à la cause. Même une épidémie – qui ne passerait en aucun cas par les plus grands et les plus beaux ruchers, possédés et contrôlés par les plus sages, les plus prudents et les plus réfléchis, comme cela a été le cas lors des derniers « hivers de notre mécontentement », ni ne choisirait seulement des hivers. d'un froid excessif, ou suite à une grande sécheresse et à l'absence de sécrétion de miel dans laquelle faire ses ravages, cédcrait sûrement à l'invention de l'homme.

LA CAUSE D'UN HIVERNAGE CATASTROPHE.

L'épidémie n'étant donc pas mise de côté comme facteur de solution, à quoi devons-nous attribuer des désastres aussi répandus ? Je crois pleinement, et je n'ai consacré plus de réflexion, d'étude et d'observation à aucune branche de ce sujet, que toutes les pertes peuvent être attribuées soit à une nourriture malsaine, à un échec de la reproduction tardive de l'année précédente, à des températures extrêmes, ou à une longue période de reproduction. froid avec une humidité excessive. Je sais, par des observations réelles et largement répandues, que les graves pertes de 1870 et 1871 ont été accompagnées dans cette partie du Michigan par un miel inapproprié dans la ruche. L'automne précédent a été d'une sécheresse sans précédent. Les fleurs étaient rares et le stockage provenait en grande partie de sécrétions d'insectes et, par conséquent, les réserves étaient malsaines. J'ai goûté le miel de nombreuses ruches et je l'ai trouvé très nauséabond. Je suis convaincu que si le miel avait été minutieusement extrait l'automne précédent et si les abeilles avaient été nourries avec du bon miel ou du bon sucre, aucune perte n'aurait été constatée. Il est au moins significatif que tous ceux qui l'ont fait se sont enfuis, même là où leurs voisins ont tous échoué. Cela ne l'est pas moins que lorsque j'ai découvert huit de mes douze colonies mortes et quatre autres tout juste vivantes, j'ai nettoyé toutes les colonies restantes et à l'une, ni pire ni meilleure que les autres, j'ai donné du bon miel coiffé stocké au début de l'été précédent. , tandis que les autres restaient avec leurs vieux magasins, celui-là vivait et donnait le meilleur disque que j'âie jamais connu, la saison suivante, tandis que tous les autres mouraient.

Supposons encore qu'après la saison du tilleul en juillet, il n'y ait plus de stockage de miel, soit par manque d'espace, soit par manque de floraison. Dans ce cas, l'élevage du couvain cesse. Pourtant, si le temps est sec et chaud, comme ce sera bien sûr le cas en août et en septembre, les abeilles continuent d'errer, la mort arrive rapidement et, à l'automne, les abeilles sont réduites en nombre, vieilles en jours et mal préparées à braver les abeilles. l'hiver et accomplir les devoirs du printemps. Je crois pleinement que si toutes les colonies de notre État et de notre pays avaient continué à se reproduire grâce à une utilisation appropriée de l'extracteur et à se nourrir, même jusqu'en octobre, nous aurions eu un bilan différent, notamment en ce qui concerne la diminution du printemps et la mort qui en a résulté. À l'automne 1872, j'ai continué à élever mes abeilles jusqu'au premier octobre. L'hiver suivant, je n'ai eu aucune perte, tandis que mes voisins ont perdu toutes leurs abeilles.

Les extrêmes de chaleur et de froid sont également préjudiciables aux abeilles. Si la température de la ruche devient trop élevée, les abeilles deviennent agitées, grossissent plus qu'elles ne le devraient, et si elles sont confinées dans leurs ruches, elles sont distendues par leurs excréments, deviennent malades, salissent leurs rayons et leurs ruches et meurent. Si, lorsqu'ils sont ainsi perturbés, ils pouvaient avoir un vol purificateur, tout irait bien.

Encore une fois, si la température devient extrêmement basse, les abeilles, pour maintenir la chaleur animale, doivent prendre plus de nourriture ; elles sont mal à l'aise, expirent beaucoup d'humidité, qui peut se déposer et geler sur les rayons extérieurs autour de la grappe, empêchant les abeilles d'obtenir la nourriture nécessaire, et donc dans ce cas, la dysenterie et la famine sont confrontées aux abeilles. Cet apiculteur habile et clairvoyant, le regretté M. Quinby, fut un des premiers à découvrir ce fait ; et ici comme ailleurs, il a donné des conseils qui, s'ils avaient été suivis, auraient évité de grandes pertes et de douloureuses déceptions.

Je n'ai aucun doute, en fait, je sais par enquête réelle, qu'au cours des hivers rigoureux passés, les abeilles qui, sous confinement, ont été soumises à des conditions extrêmes, sont celles qui ont invariablement péri. Si les abeilles avaient été maintenues à une température uniforme allant de 35° à 45° F., le dossier aurait été sensiblement modifié.

Une humidité excessive est également à éviter, surtout en cas de froid prolongé. Les abeilles, comme tous les autres animaux, dégagent constamment de l'humidité, qui va bien sûr s'accélérer si elles sont dérangées, et sont donc amenées à consommer plus de nourriture. Cette humidité agit non seulement comme expliqué ci-dessus, mais induit également des croissances fongiques. Le rayon moisi n'est pas sain, même s'il ne peut jamais causer la mort. D'où une autre nécessité d'une chaleur suffisante pour chasser cette humidité de la ruche et de quelques moyens pour l'absorber sans ouvrir la ruche au-dessus et permettre un courant qui dérangerait les abeilles et causerait une plus grande consommation de miel.

LA CONDITION REQUISE POUR UN HIVERNAGE SÉCURISÉ : UNE BONNE NOURRITURE.

Pour hiverner en toute sécurité, il faut donc que les abeilles aient trente livres en poids et non de deviner - j'ai connu trois cas où deviner signifiait mourir de faim - de bon miel coiffé (le café et le sucre sont tout aussi bons). Si vous le souhaitez, ils peuvent être nourris comme expliqué précédemment, ce qui doit être fait si tôt que tous seront recouverts pendant les chaudes journées d'octobre. Méfions-nous de la façon dont nous faisons confiance même au glucose cristallisé. Cela pourrait être sans danger pendant un hiver chaud, lorsque les abeilles effectuent des vols fréquents, mais s'avérer désastreux lors d'un hiver froid. Utilisons-le avec précaution jusqu'à ce que ses mérites soient assurés. Je préfère aussi que certains rayons au centre de la ruche aient des cellules vides, pour donner une meilleure chance de se regrouper, et que tous les rayons aient un petit trou au centre, par lequel les abeilles peuvent passer librement. Ce trou peut simplement être découpé avec un couteau, ou un tube en étain de la taille d'un doigt peut être enfoncé à travers le peigne et laissé dedans si vous le souhaitez, auquel cas le peigne doit être poussé hors du tube, et le tube ne doit pas être retiré. plus long que le peigne n'est épais. Ce travail de perforation que je fais toujours au début d'octobre, lorsque j'extrait tout le miel non bouché, que j'enlève tous les cadres après leur avoir donné les 30 livres, *en poids*, de miel, que je confine l'espace avec une planche de séparation, que je recouvre de la courtepointe. et de la paille, puis laissez-les tranquilles jusqu'à ce que le froid de novembre appelle des soins supplémentaires.

REPRODUCTION TARDIVE SÉCURISÉE.

Gardez les abeilles en reproduction jusqu'au premier octobre. Sauf pendant les années de sécheresse excessive, cela se produira dans de nombreuses régions du Michigan sans surveillance particulière. L'échec peut résulter de la présence de reines sans valeur. Toutes les reines qui ne semblent pas prolifiques devraient être remplacées chaque fois que le fait devient évident. *Je considère cela comme le plus important.* Rares sont ceux qui savent combien on perd en tolérant dans le rucher des reines faibles et impuissantes, dont la capacité ne peut que maintenir les colonies en vie. Ne gardez jamais de telles reines. Voici donc une autre raison de toujours garder des reines supplémentaires à portée de main. Même avec d'excellentes reines, un manque de rendement en miel peut entraîner l'arrêt de la reproduction. Dans de tels cas, nous n'avons qu'à nourrir comme indiqué sous la rubrique Alimentation.

POUR GARANTIR ET MAINTENIR LA TEMPÉRATURE APPROPRIÉE.

Nous devons également nous prémunir contre les températures extrêmes. Il est souhaitable de maintenir la température entre 35° et 50° F. tout au long de l'hiver, de novembre à avril. S'il n'y a pas de cave ou de maison à portée de main, procédez comme suit : Par une journée agréable et sèche de la fin octobre ou du début novembre, surélevez le peuplement et placez de la paille en dessous ; puis entourer la ruche d'une loge située à un pied en dehors de la ruche, à sommet mobile et ouverte à l'est ; ou bien avoir un long tube de bois, en face de l'entrée, pour permettre le vol. Ce tube doit avoir six ou huit pouces carrés pour permettre un examen facile en hiver. Le même but peut être atteint en plantant des pieux et en plaçant des planches. Lorsque nous nous pressons entre la caisse et la ruche, soit de la paille, soit de la paille, soit des copeaux. Après avoir placé une bonne épaisseur de paille au dessus de la ruche, déposez-la sur le couvercle de la caisse, ou recouvrez-la de planches. Cela préserve des changements de température pendant l'hiver et permet également aux abeilles de voler si cela devient nécessaire après une période hivernale prolongée et chaude. J'ai ainsi gardé toutes mes abeilles en sécurité pendant deux des hivers désastreux.

Comme il n'existe actuellement aucun plan d'hivernage qui promette de servir aussi bien à tous nos apiculteurs, compte tenu de son faible coût, de sa facilité, de sa commodité et de son efficacité universelle, je décrirai en détail la boîte actuellement utilisée au Collège, qui ne coûte qu'un dollar par ruche et est pratique à ranger en été.

FIGURE 101.

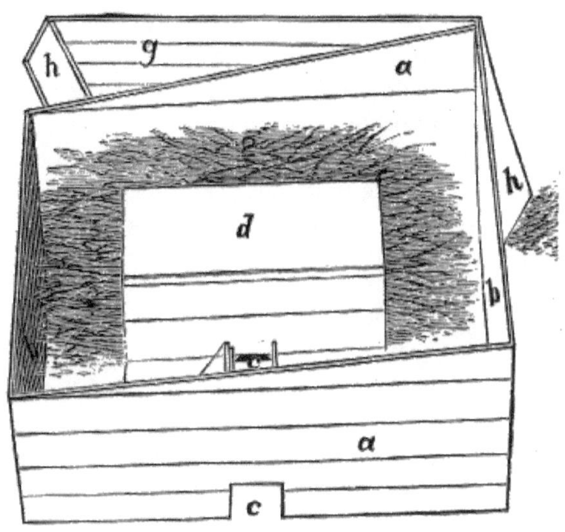

BOÎTE POUR L'EMBALLAGE.

Les côtés de celui-ci (Fig. 101, *a, a*), orientés vers l'est et l'ouest, mesurent trois pieds et demi de long, deux pieds de haut à l'extrémité sud et deux pieds et demi au nord. Ils sont d'une seule pièce, qui est fixée en clouant les planches qui les forment à des tasseaux situés à un pouce des extrémités. L'extrémité nord (Fig. 101, *b*) mesure trois pieds sur deux pieds et demi, l'extrémité sud (Fig. 101, *b*), trois pieds sur deux, et est faite de la même manière que les côtés. Le dessus incliné des côtés (Fig. 101, *a, a*) est fait en utilisant pour la planche supérieure la bande formée en sciant en diagonale d'un coin à l'autre une planche de six pouces de largeur et trois pieds de longueur. Le couvercle (Fig. 101, *g*), qui est retiré sur la figure, est suffisamment grand pour couvrir le dessus et dépasser d'un pouce aux deux extrémités. Il doit être latté et maintenu en une seule pièce par des taquets (Fig. 101, *b*) de quatre pouces de largeur, cloués aux extrémités. Ceux-ci tomberont sur les extrémités de la boîte, maintiendront ainsi la couverture en place et empêcheront la pluie et la neige de pénétrer. Une fois en place, cette couverture inclinée permet à la pluie de s'écouler facilement et sèchera rapidement après une tempête. Par un seul clou à chaque coin, les quatre côtés peuvent être cloués ensemble autour des ruches, lorsqu'elles peuvent être emballées avec de la paille (Fig. 101), ce qui doit être fait avec soin si le jour est froid, afin de ne pas inquiéter les abeilles. . Au centre et en bas du côté est (Fig. 101, *c*), découpez un carré de huit pouces dans chaque sens, et entre celui-ci et la ruche placez un tube sans fond (le haut de ce tube est représenté comme retiré sur la figure pour montrer entrée de la ruche), avant de mettre la paille et d'ajouter la couverture. Cette boîte doit être mise en place avant les jours froids et sombres de novembre et maintenue en place jusqu'à ce que les vents orageux d'avril soient passés. Cela permet aux abeilles de voler lorsque le temps est très chaud en hiver ou au printemps, et ne nécessite aucune attention de la part de l'apiculteur. En plaçant deux ou trois ruches rapprochées en automne, *mais sans jamais déplacer les colonies de plus de trois ou quatre pieds* à la fois, car de tels déplacements impliquent la perte de nombreuses abeilles, une seule boîte peut être créée pour couvrir toutes les colonies, et à moindre coût. . À la fin d'avril, ceux-ci peuvent être enlevés et emballés, et la paille emportée, ou enlevée sur une courte distance et brûlée.

Ruches de paille.

MM. Townley, Butler, Root et autres préfèrent les ruches à paillettes, qui sont simplement des ruches à double paroi, avec des chambres de quatre ou cinq pouces remplies de paillettes. L'objection que je considère à ces égards est la suivante : premièrement, le danger qu'un espace si limité ne réponde pas aux saisons difficiles ; Deuxièmement, que des ruches aussi encombrantes seraient peu pratiques à manipuler en été ; et troisièmement, une question de dépenses. Le fait qu'ils remplaceraient en partie l'ombre est peut-être en leur faveur, tandis que MAI Root pense qu'ils ne sont pas chers.

HIVERNAGE EN CAVE OU MAISON.

Avec de grands ruchers, la méthode ci-dessus est coûteuse, et les spécialistes préféreront peut-être une cave ou un dépôt spécial, qui, je pense, sont tout aussi sûrs, bien qu'ils demandent de l'attention et peut-être du travail en hiver. Après mon expérience de l'hiver 1874 et 1875, perdre toutes mes abeilles en les gardant dans une maison à double paroi remplie de sciure de bois, dans laquelle le thermomètre indiquait une température en dessous de zéro pendant plusieurs semaines, période pendant laquelle mes colonies les plus fortes moururent littéralement de faim à mort de la manière déjà décrite, j'hésite à recommander une maison hors sol pour le Michigan, bien que cela puisse faire l'affaire avec de très nombreuses colonies. Une telle maison doit, si elle répond à cet objectif, maintenir une température égale, au moins 3° et pas plus de 10° au-dessus du point de congélation, être parfaitement sombre et aérée avec des tubes au-dessus et au-dessous, disposés de manière à être fermée ou ouverte à plaisir, et ne pas admettre un rayon de lumière.

Une cave dans laquelle nous sommes sûrs de notre capacité à contrôler la température doit également être sèche, sombre, silencieuse et ventilée comme décrit ci-dessus. Comme déjà dit, le ventilateur pour amener l'air peut très bien être en tuile, traverser la terre sur quelques pieds puis s'ouvrir au fond de la cave. Si possible, le ventilateur qui évacue l'air vicié doit être raccordé à un tuyau de poêle situé dans une pièce située au-dessus, son extrémité inférieure atteignant le fond de la cave. La cave du rucher du

Collège est entièrement scellée, ce qui la rend plus sèche et plus soignée. Bien sûr, il doit être soigneusement égoutté.

Les colonies doivent être mises au dépôt lorsque les ruches sont sèches, *avant le froid* , et doivent y rester jusqu'en avril ; cependant, en janvier et en mars, s'il y a des jours chauds, il faut les sortir et permettre aux abeilles de voler, à moins qu'elles ne semblent inquiètes et salissent l'entrée de leurs ruches. Une fois retirées, elles doivent *toujours être placées sur leurs anciens supports, afin qu'aucune abeille ne puisse être perdue*. Vers la nuit, quand tout le monde est calme, ramenez-les à la cave. Je n'enlèverais les abeilles que vers la nuit, car il vaut mieux qu'elles aient un bon vol et qu'elles se taisent ensuite. Lorsqu'on les déplace, il est *très* souhaitable de brosser toutes les abeilles mortes, ce qui est un argument en faveur d'un fond mobile. En déplaçant les ruches, il faut faire très attention à ne pas les secouer. Il vaudrait mieux que les abeilles ne sachent pas du tout qu'elles sont déplacées.

Pour que l'humidité puisse être absorbée, je recouvre les abeilles d'une couverture faite d'un tissu d'usine grossier, renfermant une couche de ouate de coton. Au-dessus, je remplis avec de la paille si serrée que le couvercle peut être retiré sans que la paille ne tombe. Si cela est souhaitable, la paille peut être coupée — ou de la paille peut être utilisée — et peut être confinée dans un sac fabriqué en usine, de manière à ressembler à un oreiller. Je les utilise maintenant et je les aime. Ce n'est pas seulement un excellent absorbant, mais il conserve la chaleur et peut bien le rester jusqu'au mois de juin suivant.

J'ai trouvé avantageux, lors de la préparation de mes abeilles pour l'hiver, en octobre, de contracter la chambre au moyen d'une planche de division. Ceci est très souhaitable si vous hivernez à l'extérieur, et avec des cadres, un pied carré est très facilement réalisé. Grâce à l'utilisation de huit cadres, l'espace (un pied cube) est très compact et sert à économiser la chaleur, non seulement en hiver, mais au printemps. En utilisant ainsi une planche de division comportant seulement trois cadres, j'ai réussi à hiverner très bien les noyaux. Il suffit de se prémunir contre les basses températures.

Peut-être devrais-je dire que toutes les colonies doivent être fortes en automne ; mais je l'ai déjà dit, n'ayez jamais de colonies faibles. Pourtant, par crainte, certains ont fait preuve de négligence. Je remarque que les colonies faibles doivent s'unir pour se préparer à l'hiver. Pour ce faire, rapprochez chaque jour les colonies de quatre ou cinq pieds jusqu'à ce qu'elles soient côte à côte. Retirez maintenant la reine la plus pauvre, puis fumez abondamment, aspergez les deux colonies d'eau sucrée parfumée à l'essence de menthe poivrée, mettez un nombre suffisant des meilleurs cadres et toutes les abeilles dans l'une des ruches, puis placez-la à mi-chemin entre la position du ruches au début de l'unification. Les abeilles s'uniront pacifiquement et formeront une colonie solide. Les colonies qui s'unissent peuvent payer à d'autres saisons. Cela peut paraître imprudent à certains, mais je suis convaincu que si les suggestions ci-dessus sont pleinement mises en œuvre, je pourrai garantir un hivernage réussi. Mais si nous perdons nos abeilles, avec toutes nos ruches, nos rayons et notre miel, nous pourrons acheter des colonies au printemps, avec la parfaite certitude de rentabiliser 200 ou 300 pour cent de notre investissement. Même dans les pires conditions, nous sommes toujours en avance, en termes de profit, sur la plupart des autres vocations.

Enterrer les abeilles.

Une autre façon d'hiverner en toute sécurité et de manière très économique est d'enterrer les abeilles. Si cela est pratiqué, le sol doit être soit sablonneux, soit *bien drainé*. Si nous pouvons choisir un flanc de colline, cela devrait être fait. Sous et autour des ruches, il faut placer de la paille. Je conseillerais de laisser l'entrée bien ouverte, mais sécurisée contre les souris. *Les ruches doivent toutes être placées sous la surface* de la terre, puis former au-dessus d'elles un monticule suffisant pour les protéger contre la chaleur ou le froid extrême. Une tranchée autour du monticule pour évacuer rapidement l'eau est souhaitable. Dans cette configuration, le sol joue le rôle de modérateur. Cinq colonies ainsi traitées l'hiver dernier (1877-1878) ont perdu au total moins de la moitié des branchies d'abeilles. Comme cette méthode n'a pas été essayée depuis aussi longtemps que les autres, je suggère la prudence. Essayez-le avec quelques colonies, jusqu'à ce que vous soyez assuré du meilleur arrangement et de son efficacité. J'ai tendance à penser qu'il se trouve à côté d'un bon banc de neige, comme dépôt d'hiver.

LE PRINTEMPS DIMINUE.

Comme nous l'avons déjà suggéré, cela n'est pas à craindre si nous maintenons nos abeilles en reproduction jusqu'à la fin de l'automne. Cela pourrait être encore évité en interdisant les vols à la fin de l'automne, les vols fréquents en hiver, lorsque le temps est chaud, et les vols trop tôt au printemps. Celles-ci peuvent toutes être réduites ou empêchées par le système d'emballage décrit ci-dessus, car ainsi préparées, les abeilles ne ressentiront pas la chaleur et resteront donc tranquilles dans la ruche. Neuf colonies que j'ai emballées ont été remarquablement silencieuses et sont en excellent état ce 25 février, tandis que deux autres, déballées, ont volé jour après jour, au grand dommage, je le crains. Je laisserais les abeilles dans l'emballage jusqu'aux environs du mois de mai, et dans la cave ou dans le sol, jusqu'à l'éclosion des premières fleurs, afin que nous puissions nous protéger contre une disparition trop rapide des abeilles au printemps.

CHAPITRE XVIII.
LE rucher de la maison.

DESCRIPTION.

Il s'agit d'une maison à double paroi, de forme rectangulaire ou octogonale. Le mur extérieur doit être en brique et aussi mince que possible. À l'intérieur de celui-ci, il devrait y avoir des bandes de bois de deux pouces d'épaisseur, qui devraient recevoir une couche de feuilles de papier à l'intérieur, qui peut être maintenue en clouant des bandes de deux pouces de large immédiatement à l'intérieur des premières bandes mentionnées. Ces dernières bandes doivent recevoir des lattes, après quoi toutes doivent être enduites. Cela peut coûter plus cher qu'une structure purement en bois, mais il sera plus résistant au gel que tout autre type de mur et sera finalement le moins cher. Il y aura deux chambres à air mortes, chacune de deux pouces de profondeur, l'une entre le papier et la brique, l'autre entre le papier et le plâtre. Le mur entier aura au moins huit pouces d'épaisseur. Si vous le souhaitez, il peut être rendu moins épais en utilisant des bandes d'un pouce, bien que pour nos hivers très rigoureux, ce qui précède ne soit pas trop épais. Les portes et les fenêtres doivent être doubles et doivent toutes être fermées hermétiquement contre du caoutchouc. Les panneaux extérieurs doivent être constitués de verre et doivent être suspendus de manière à pouvoir pivoter vers l'extérieur et, par temps chaud, ils doivent être remplacés par des moustiquaires de porte et de fenêtre en gaze métallique grossière et peinte. Une petite fenêtre juste au-dessus de chaque colonie d'abeilles est tout à fait souhaitable.

Quelque part dans les murs, il devrait y avoir un tube de ventilation (un conduit de cheminée en brique serait très bien) qui devrait s'ouvrir dans la pièce juste au-dessus du sol. Au-dessus, il pourrait s'ouvrir sur le grenier, qui devrait être bien aéré. Des ventilateurs comme ceux qui sont si courants dans les étables pourraient être utilisés.

Le tuyau d'admission de l'air doit, comme dans la cave décrite ci-dessus, traverser le sol et entrer dans le sol par le bas. Une bonne cave, bien aérée et bien sèche sera pratique et ne doit pas être négligée. Je n'aurais le bâtiment qu'à un étage, avec des solives de plafond de plus de huit pouces d'épaisseur. Au-dessus de ceux-ci, je recouvrais de papier de construction, fixé par des bandes de clouage de deux pouces de profondeur, au-dessus desquelles je plafonnais avec des planches assorties. Je devrais latter et plâtrer sous les solives. Les ruches, qui doivent être conservées constamment dans cette maison, peuvent reposer sur deux rangées d'étagères, l'une au sol, l'autre de trois pieds de haut, et doivent être disposées pour être rangées à la fois sur le dessus et sur le côté dans des cadres à petite section. En effet, la ruche ne doit être constituée que de deux planches latérales à feuillures (Fig. 30, c) et d'une planche de séparation avec courtepointe. Les entrées traversent bien entendu le mur. Une planche de descente, articulée de manière à pouvoir être descendue en été, mais étroitement fermée au-dessus de l'entrée par temps hivernal très rigoureux, serait, à mon avis, très souhaitable. Entre les doubles fenêtres, dont on se souvient qu'elles sont étroitement fermées contre le caoutchouc, des sacs de balle peuvent être placés en hiver, si cela s'avère nécessaire pour maintenir la température convenable. Avec peu de colonies, cela pourrait être très nécessaire. Les entrées adjacentes devraient varier en couleur, afin que les jeunes reines ne s'égarent pas au retour de leur « vol nuptial ».

SONT-ILS SOUHAITABLES ?

Pour l'instant, je pense qu'il est impossible de répondre à cette question. Certains qui les ont essayés, parmi lesquels MM. Russell et Heddon, de cet État, se prononcent contre eux. Peut-être ont-ils des maisons défectueuses, peut-être ont-ils eu une expérience trop brève pour juger correctement. D'autres, parmi lesquels MM. AI Root, Burch et Nellis, les ont essayés et se prononcent haut et fort en leur faveur. Je pense que ces premiers essais ne sont guère concluants, car la perfection vient rarement dans un système avec la première expérience. Le fait que l'usage précoce de ces maisons ait rencontré tant de faveur semble indiquer qu'avec plus d'expérience et une plus grande perfection, elles pourraient devenir populaires. Pourtant, j'exhorte les gens à être lents à adopter ces maisons coûteuses, car il y en aura suffisamment pour tester la question en profondeur ; quand, s'ils prouvent un desideratum, tous peuvent construire ; tandis que, s'ils s'avèrent sans valeur, nous n'aurons pas à regretter l'argent gaspillé dans l'adoption de ce qui avait une valeur douteuse.

LE CAS TEL QU'IL EST ACTUELLEMENT.

Les points souhaitables, tels qu'ils apparaissent maintenant, sont les suivants : Premièrement. Les abeilles sont en état d'hiverner sans problème ni anxiété. Deuxième. Les abeilles sont manipulées dans la maison et, comme elles volent immédiatement vers les fenêtres, d'où on peut les laisser s'échapper, elles sont manipulées très facilement et en toute sécurité, même avec peu ou pas de protection. Troisième. Comme nous pouvons extraire, manipuler des boîtes de miel, etc., directement dans la même maison, cela est souhaitable pour des raisons de commodité. Quatrième. Comme les abeilles sont protégées de l'augmentation soudaine de la température extérieure, elles seront empêchées de voler fréquemment pendant les jours froids, interdisant les jours d'automne, d'hiver et de printemps, et seront ainsi plus à l'abri du déclin printanier. Cinquième. Comme les abeilles sont très indépendantes de la chaleur extérieure, en raison des parois épaisses et des espaces d'air intermédiaires, elles sont moins enclines à essaimer. Sixième. Nous pouvons verrouiller notre maison et savoir que les voleurs ne peuvent pas voler nos biens durement gagnés.

Les objections à leur égard sont les suivantes : Premièrement. Les abeilles quittent les ruches lors des manipulations, rampent dans la maison, d'où il est difficile de les déloger, surtout les jeunes abeilles. Cette objection pourrait disparaître avec l'amélioration des maisons et des pratiques. Deuxième. Lors d'hivers très rigoureux, comme celui de 1874 et 1875, elles n'offrent peut-être pas une protection suffisante, mais elles seraient bien plus sûres que les ruches de paille, car il y aurait de nombreuses colonies s'entraidant mutuellement pour maintenir la température requise, et les murs pourraient être encore plus épais que spécifié ci-dessus, sans aucun inconvénient sérieux. Troisième. Certains pensent qu'il est plus agréable et plus souhaitable de manipuler les abeilles à l'extérieur, là où tout n'est pas confiné. Quatrième. Le coût de la maison ; mais ce n'est qu'une fois dans la vie et cela évite de fournir de l'ombre, de la sciure, des caisses d'emballage, des ruches complexes, etc.

Nous voyons donc que la question est trop complexe pour être résolue autrement que par une expérience minutieuse, et cela également pendant une série d'années. Il y en a tellement aujourd'hui en usage dans les différents États, que la question devra bientôt être réglée. Je prédis que ces structures gagneront de plus en plus en popularité.

CHAPITRE XIX.
MAL QUI AFFRONTE L'APIARISTE.

Il existe divers dangers qui sont susceptibles de contrarier l'apiculteur et même de faire obstacle à une apiculture réussie. Pourtant, avec la connaissance, la plupart, sinon la totalité, de ces maux peuvent être entièrement vaincus. Parmi ceux-ci figurent : le vol parmi les abeilles, les maladies et les déprédations d'autres animaux.

VOLER.

C'est un problème qui agace souvent beaucoup les inexpérimentés. Les abeilles ne volent que lorsque la rareté générale du nectar interdit tout gain honnête. Quand la question se pose : famine ou vol, comme beaucoup d'autres, ils ne tardent pas à choisir la seconde solution. Elle est souvent provoquée par le travail avec les abeilles à ces moments-là, surtout si le miel est dispersé ou laissé traîner autour du rucher. Il est particulièrement à craindre au printemps, lorsque les colonies sont susceptibles de manquer de miel et d'abeilles et sont donc incapables de protéger leurs propres réserves. Les remèdes à ce mal ne sont pas loin de chercher :

D'abord. Les colonies fortes sont *très rarement* inquiétées et sont presque sûres de se défendre contre les maraudeurs ; par conséquent, seuls les faibles du troupeau de l'apiculteur sont en danger. Par conséquent, le respect de notre devise « Garder toutes les colonies fortes » nous protégera contre les dommages causés par cette cause.

Deuxième. Les Italiens, comme nous l'avons dit plus haut, sont tout à fait capables et tout aussi disposés à protéger leurs droits contre les vagabonds voisins. Malheur à l'abeille voleuse qui ose violer les droits sacrés de la maison de nos belles italiennes. Car une telle témérité coûtera presque certainement la vie à l'intrus.

Mais les colonies faibles, comme nos noyaux, ainsi que ceux des abeilles noires, restent facilement à l'abri du danger. Habituellement, il suffit de fermer l'entrée pour qu'une seule abeille puisse passer. Avec la ruche que nous avons recommandée, cela est facilement réalisable en reculant simplement la ruche.

Une autre façon de protéger ces colonies contre le vol est de les déplacer dans la cave pendant quelques jours. C'est un avantage supplémentaire, car on consomme moins de nourriture, la force de chaque abeille est préservée par le calme et comme il n'y a pas de nectar dans les champs, aucune perte n'est subie.

Dans tous les travaux du rucher, lorsqu'il n'y a pas de récolte de miel, nous ne pouvons pas être trop prudents pour garder tout le miel des abeilles à moins qu'il ne soit placé dans les ruches. Les ruches ne doivent pas non plus rester ouvertes longtemps. Un travail soigné et rapide doit être le maître mot. À l'époque où les voleurs tentent de mettre en pratique leurs desseins infâmes, les abeilles sont susceptibles d'être plus que d'habitude irritables et susceptibles de s'opposer à toute intrusion ; d'où l'importance d'une prudence plus que d'habitude, si l'on veut introduire une reine.

MALADIE.

La dysenterie courante, indiquée par les abeilles qui souillent leurs ruches en vidant leurs excréments à l'intérieur plutôt qu'à l'extérieur, qui a si souvent fait des ravages ces derniers temps dans nos ruchers, est sans aucun doute, je pense, la conséquence d'une mauvaise gestion. de la part de l'apiculteur, comme déjà suggéré au chapitre XVII . Comme les méthodes pour empêcher cela ont déjà été suffisamment envisagées, passons au terrible

LA FALÈTE.

Cette maladie, que l'on dit avoir été connue d'Aristote (bien que cela soit douteux, comme une puanteur accompagne la dysenterie commune), bien qu'elle se soit produite dans notre État ainsi que dans les États qui nous entourent, ne m'est pas familière, je n'en ai jamais vu qu'un seul. cas, et celui de l'île Kelly, à l'été 1875, où j'ai découvert que cela avait réduit à deux les colonies de cette île. Aucune maladie des abeilles ne peut se comparer à une telle malignité. Par cela, Dzierzon a perdu un jour tout son rucher de 500 colonies.—M. E. Rood, premier président de l'Association du Michigan, a perdu ses abeilles deux ou trois fois à cause de cette même terrible peste.

Les symptômes sont les suivants : Déclin de la prospérité de la colonie, à cause de l'échec de l'élevage du couvain. Le couvain semble se putréfier, devient « brun et salé » et dégage une puanteur qui n'est en aucun cas agréable, tandis que plus tard, les chapeaux sont concaves au lieu de convexes et sont percés d'un petit trou.

Il n'y a plus aucun doute quant à la cause de ce terrible fléau. Comme la « Pébrine », qui a failli exterminer le « ver à soie » et une industrie des plus lucratives et des plus étendues en Europe, comme l'ont démontré de manière concluante les Drs. Preusz et Shönfeld, d'Allemagne, sont le résultat d'une croissance fongique ou végétale. Shönfeld infectait non seulement les larves d'abeilles saines, mais aussi celles d'autres insectes, à la fois au moyen de la loque putrescente et en prélevant les spores.

Les croissances fongoïdes sont très infimes et les spores sont si infinitésimales qu'elles échappent souvent à la détection précise du microscopiste expert. On pense maintenant que la plupart des maladies terribles et contagieuses dont la chair humaine est héritière, comme le typhus, la diphtérie, le choléra, la variole, etc., sont dues à des germes microscopiques et se propagent donc de maison en maison. et de hameau en hameau, il est seulement nécessaire que les spores, les graines minuscules, soit par contact, soit par quelque courant d'air soutenu, soient amenées dans un nouveau sol de sang de chair ou d'autres tissus - leur endroit de jardin - lorsqu'elles jaillissent immédiatement dans croissance, et lèchent ainsi la vitalité même de leurs victimes. L'énorme champignon poussera en une nuit. De même, ces autres plantes – les germes de la maladie – se développeront avec une rapidité merveilleuse ; d'où les horreurs de la fièvre jaune, de la scarlatine et du choléra.

Pour guérir de telles maladies, il faut tuer les champignons. Pour éviter leur propagation, les spores doivent être détruites, ou bien confinées. Mais comme ceux-ci sont si petits, si légers et si invisibles, facilement portés et emportés par le moindre zéphyr de l'été, c'est souvent une question des plus grandes difficultés.

Dans "Foul Brood", ces germes se nourrissent des larves des abeilles et convertissent ainsi la vie et la vigueur en mort et en décomposition. Si nous parvenons à tuer cette forêt miniature de la ruche et à détruire les spores, nous extirperons cette terrible peste.

REMÈDES.

Si nous parvenons à trouver une substance qui s'avérera mortelle pour les champignons sans nuire aux abeilles, le problème sera résolu. Nos scientifiques allemands, ces maîtres en recherche et en découverte scientifiques, ont trouvé ce précieux fongicide dans l'acide salicylique, un extrait des mêmes saules qui nous donnent du pollen et du nectar. Cette poudre blanche bon marché est facilement soluble dans l'alcool et lorsqu'elle est mélangée au borax dans l'eau.

M. Hilbert, l'un des apiculteurs allemands les plus réfléchis, fut le premier à réaliser une guérison radicale de la loque du couvain dans son rucher en utilisant cette substance. Il dissout cinquante grains d'acide dans cinq cents grains d'alcool pur. Une goutte de ceci dans un grain d'eau distillée est le mélange qu'il a appliqué. MCF Muth, auprès duquel sont rassemblés les faits ci-dessus concernant Herr Hilbert, suggère une variation dans le mélange.

M. Muth propose un perfectionnement qui tire parti de ce que l'acide, qui seul est très insoluble dans l'eau, est, mélangé au borax, soluble. Sa recette est la suivante : cent vingt-huit grains d'acide salicylique, cent vingt-huit grains de borax soda et seize onces d'eau distillée. Il n'y a aucune raison pour que l'eau sans distillation ne fonctionne pas aussi bien.

Ce remède s'applique de la manière suivante : Débouchez d'abord tout le couvain, puis jetez le liquide sur le rayon en un jet fin. Cela ne blessera pas les abeilles, mais s'avérera mortel pour les champignons.

Si les abeilles sont emmenées dans une ruche vide et ne reçoivent aucun rayon pendant trois ou quatre jours, jusqu'à ce qu'elles aient digéré tout le miel dans leur estomac, et qu'on les empêche ensuite de visiter la ruche affectée, on dit qu'elles sont hors de danger. Il semblerait que les spores soient dans le miel, et qu'en prenant cela, la contagion soit administrée aux jeunes abeilles. Le miel peut être purifié de ces germes nuisibles en le soumettant à la température d'ébullition, qui est généralement, sinon toujours, fatale aux spores de la vie fongoïde. En plongeant les peignes dans une solution d'acide salicylique ou en les saupoudrant de celle-ci, ils seraient rendus stériles et pourraient être utilisés sans grande crainte de propagation de contagion. La maladie se propage probablement par des abeilles voleuses visitant les ruches affectées et transportant avec elles dans le miel les germes mortels.

J'ai trouvé qu'une pâte faite de gomme adragante et d'eau est très supérieure, et je la préfère de beaucoup, pour un usage général ou spécial, à la gomme arabique. Mais il s'aigrit bientôt, c'est-à-dire qu'il nourrit ces plantes fongoïdes, et devient ainsi désagréable. J'ai trouvé qu'un très-peu d'acide salicylique le rendait stérile et le conservait ainsi indéfiniment.

ENNEMIS DES ABEILLES.

Swift n'était pas un entomologiste médiocre, comme le montre la strophe suivante :

s petites puces qui nous taquinent,

oir moins de puces pour les mordre,

ceux-ci ont encore moins de puces,

ainsi à l'infini."

Les abeilles ne font pas exception à cette loi puisqu'elles doivent braver les attaques des reptiles, des oiseaux et autres insectes. En fait, ils sont confrontés à des périls chez eux et à l'étranger, des périls la nuit et des périls le jour.

La teigne de l'abeille— *Galleria Cereana* , Fabr.

Cet insecte appartient à la famille des papillons du museau, les Pyralidæ. Ce museau n'est pas la langue, mais les palpes, ce qui n'était pas connu de M. Langstroth, qui est habituellement si précis, qu'il a essayé de corriger le Dr Harris, qui a déclaré avec raison que la langue, la ligula, était « très court et à peine visible. Cette famille comprend la teigne destructrice du houblon, ainsi que les teignes nuisibles de la farine et du trèfle, et ses membres sont très facilement reconnaissables à leurs palpi inhabituellement longs, appelés museau.

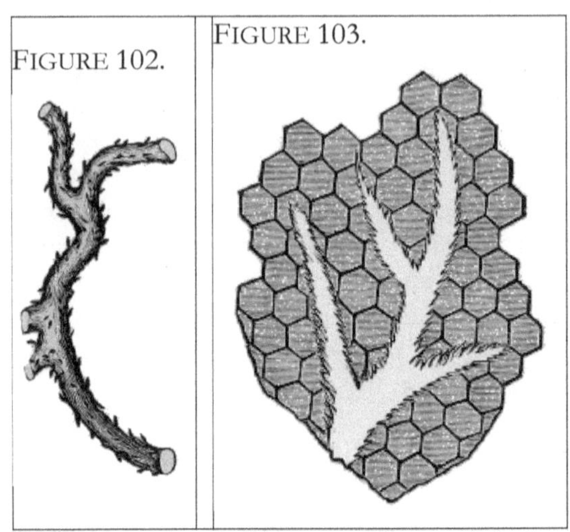

FIGURE 102.

FIGURE 103.

Les œufs de la teigne des abeilles sont blancs, globuleux et très petits. Ceux-ci sont généralement poussés dans les crevasses par le papillon femelle au fur et à mesure qu'elle les extrude, ce qu'elle peut facilement faire à l'aide de son ovipositeur en forme de lunette. Ils peuvent être pondus dans la ruche, dans la crevasse en dessous ou près de l'entrée. — Bientôt ces œufs éclosent, lorsque les chenilles grises, d'aspect sale, à tête brune, cherchent le rayon dont elles se nourrissent. Pour mieux se protéger des abeilles, elles s'enveloppent dans un tube de soie (Fig. 102) qu'elles ont le pouvoir de faire tourner. Ils restent dans ce tunnel de soie pendant toute leur croissance, l'élargissant au fur et à mesure qu'ils mangent. En regardant de près, la présence de ces larves peut être reconnue par cette robe de soie luisante, car elle s'étend en contours ramifiés (Fig. 103) le long de la surface du peigne. Une détection plus rapide, même, que le rayon dégradé, vient des particules de rayon, mêlées aux excréments poudreux des chenilles, qui seront toujours visibles sur le panneau inférieur au cas où les larves de papillon seraient au travail. Bientôt, en trois ou quatre semaines, les larves sont pleinement développées (Fig. 104). Maintenant, les six articulations et les dix pattes d'appui, soit seize en tout, le nombre habituel de chenilles, sont clairement visibles.

FIGURE 104.	FIGURE 105.

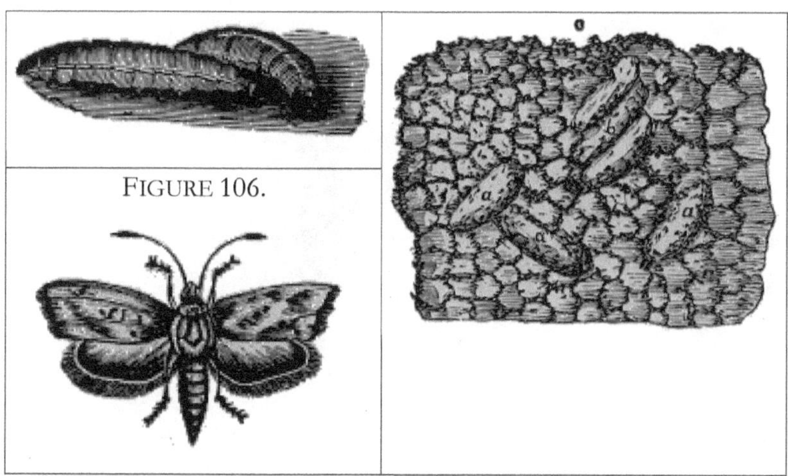

FIGURE 106.

Ces larves mesurent environ un pouce de long et montrent, par leur aspect dodu, qu'elles peuvent au moins digérer les rayons. Ils filent maintenant leurs cocons, soit dans une crevasse autour de la ruche, soit, s'ils sont très nombreux, seuls (Fig. 105, *a*) ou en grappes (Fig. 105, *b*) sur le rayon, ou même dans les cellules des faux-bourdons (Fig. 105, *c*) dans lequel ils deviennent des pupes, et au bout de deux semaines, voire moins, parfois, pendant les chaleurs extrêmes de l'été, les papillons réapparaissent. En hiver, ils peuvent rester à l'état de pupes pendant des mois. Les papillons de nuit ou meuniers - parfois appelés à tort meuniers - sont d'une couleur grise obscure et imitent ainsi tellement les vieilles planches qu'ils passent très facilement sans être observés par l'apiculteur. Ils mesurent environ trois quarts de pouce de long et s'étendent (Fig. 106) de près d'un pouce et quart. Les femelles (Fig. 107) sont plus foncées que les mâles (Fig. 107), possèdent un museau plus long et sont généralement un peu plus grandes. Les ailes, lorsque les papillons sont calmes (Fig. 107), sont plates sur le dos sur un espace étroit, puis s'inclinent très brusquement. Ils se reposent le jour, mais, lorsqu'ils sont dérangés, ils s'élancent avec une grande rapidité, c'est pourquoi Réaumur les qualifie de « aux pieds agiles ». Ils sont actifs la nuit, lorsqu'ils tentent d'entrer dans la ruche et d'y déposer leurs cent ou deux cents œufs. Si les femelles sont tenues dans la main, elles expulsent souvent leurs œufs ; en fait, ils ont été connus pour faire cela même après que la tête et le thorax aient été séparés de l'abdomen, et plus étrange encore, pendant que ce dernier était disséqué.

FIGURE 107.

Mâle. Femelle.

On affirme généralement qu'il s'agit de deux couvées, la première en mai, la seconde en août. Pourtant, comme j'ai vu ces papillons chaque mois de mai à septembre, et comme j'ai prouvé par des observations réelles qu'ils peuvent passer d'un œuf à un papillon en moins de six semaines, je pense que dans des conditions favorables, il peut même y avoir trois couvées par année. Il est vrai que les conditions variées de température — comme les larves de papillons peuvent croître dans une ruche déserte, dans une ruche avec peu d'abeilles, ou dans une ruche remplie d'abeilles — auront beaucoup à voir avec la rapidité de leur développement. Les circonstances peuvent tellement retarder la croissance et le développement qu'il ne peut y avoir plus de deux couvées, voire, dans des cas extrêmes, plus d'une couvée par saison.

M. Quinby affirme qu'une température glaciale tuera ces insectes à tous les stades, tandis que M. Betsinger pense qu'une ruche déserte est sans danger, mais aucune de ces affirmations n'est correcte. J'ai vu des ruches, dont les abeilles avaient été tuées par un hiver rigoureux, remplies de pupes ou de chrysalides l'été suivant. J'ai soumis les larves et les pupes au froid sans les blesser. Je crois que, lors des hivers très doux, le papillon et les chrysalides pourraient être suffisamment protégés pour s'échapper indemnes, même à l'extérieur de la ruche. Il est probable aussi que les insectes peuvent passer l'hiver à l'un ou l'autre des différents stades.

HISTOIRE.

Ces papillons étaient connus des écrivains de l'Antiquité, puisque même Aristote raconte leurs blessures. Ils sont entièrement d'origine orientale et sont souvent décrits par les écrivains européens comme un terrible fléau. Le Dr Kirtland, le scientifique compétent, le premier président de notre Convention américaine sur les abeilles, dont nous venons de pleurer le décès, a dit un jour dans une lettre à M. Langstroth, que le papillon a été introduit pour la première fois en Amérique en 1805, bien que les abeilles aient été introduites pour la première fois en Amérique. été introduit bien avant. Au début, ils semblaient très destructeurs. Il est fort probable, comme on l'a suggéré, que les abeilles ont dû apprendre à les craindre et à les repousser ; car, sans aucun doute, les abeilles grandissent en sagesse. — En fait, l'ensemble de l'instinct ne peut-il pas être hérité d'une connaissance qui devait autrefois être acquise par l'animal. Les abeilles et autres animaux apprennent sûrement à combattre de nouveaux ennemis et à varier leurs habitudes en fonction des conditions changeantes, et ils transmettent également ces connaissances et les habitudes acquises à leur progéniture, comme l'illustrent les chiens setters et les chiens d'arrêt. Avec le temps, cela ne pourrait-il pas expliquer toutes ces actions variées, habituellement attribuées à l'instinct ? Au moins, je crois que l'abeille est une créature dotée d'une grande intelligence.

REMÈDES.

En Europe, les auteurs récents accordent très peu de place à ce papillon. Autrefois nuisible, il a désormais cessé d'alarmer, voire d'inquiéter l'apiculteur intelligent. En fait, nous pourrions presque appeler cela un mal béni, car il détruira les abeilles des insouciants et empêchera ainsi les marchés de nuire à leur miel invendable, tandis que pour l'apiculteur attentif, cela ne causera aucun dommage du tout. La négligence et l'ignorance sont les éleveurs de papillons de nuit.

Comme déjà indiqué, les abeilles italiennes sont rarement blessées par les papillons nocturnes, et jamais les colonies fortes. Comme l'apiculteur entreprenant ne possède que ces éléments, il est évident qu'il est à l'abri de tout danger. L'apiculteur intelligent pourvoira également à ses besoins, non seulement contre les colonies faibles, mais aussi contre les colonies sans reine, qui, à cause de leur découragement abject, sont les victimes les plus sûres de l'invasion des papillons de nuit. Sachant que la destruction est certaine, ils semblent, s'ils ne cherchent pas la mort, du moins ne faire aucun effort pour la retarder.

En travaillant avec les abeilles, on verra occasionnellement une toile luisante dans le rayon, qu'il faudra cueillir avec un couteau jusqu'à ce que le fabricant - la larve impitoyable - soit trouvé, puis il faudra l'écraser. Toute larve aperçue autour de la planche inférieure, cherchant un endroit pour faire tourner son cocon, ou tout pupe, soit sur un rayon, soit dans une fissure, doit également être tué. Si, par négligence, une colonie est devenue désespérément victime de ces dévoreurs de cire sales et puants, alors les abeilles et tous les rayons non attaqués doivent être transférés dans une autre ruche, après quoi l'ancienne ruche doit être soufrée à l'aide de l'enfumoir, comme décrit précédemment (page 216), puis en donnant un ou deux de chacun des rayons restants aux colonies fortes, après avoir tué les pupes qui pourraient s'y trouver, ils seront nettoyés et utilisés, tandis qu'en donnant à la colonie affaiblie du couvain, si elle a s'il lui reste de la vigueur, et s'il le faut une bonne reine, il jouira bientôt de force et de prospérité.

Nous avons déjà parlé de la prudence à l'égard du miel et des cadres de rayons (page 216), et il n'est donc pas nécessaire d'en parler davantage.

Tueur d'abeilles- *Asilus Missouriensis* , Riley.

C'est une mouche à deux ailes, de la famille prédatrice des Asilidés, qui attaque et capture l'abeille, puis se nourrit de ses fluides. Elle est confinée au sud de notre pays.

La mouche (Fig. 108) a un abdomen long et pointu, des ailes fortes et est très puissante. J'ai vu une espèce alliée attaquer et vaincre le puissant cicindèle, après quoi je les ai pris tous les deux avec mon filet, et je les ai maintenant épinglés, au fur et à mesure de leur capture, dans le cabinet de notre Collège. Ces mouches apprécient la chaleur du soleil, sont très rapides en vol et ne sont donc pas faciles à capturer. Il faut espérer qu'ils ne deviendront pas très nombreux. S'ils le faisaient, je ne sais pas comment ils pourraient être empêchés de mener leur mauvaise œuvre. On pourrait essayer de les effrayer ou de les attraper avec un filet, mais ces méthodes irriteraient les abeilles et doivent être essayées avant d'être recommandées. J'ai reçu des spécimens de cette mouche de presque tous les États du Sud. Il existe dans le Nord des mouches très semblables, appartenant au même genre, mais jusqu'à présent nous n'avons aucun rapport sur leurs attaques d'abeilles, bien qu'une telle habitude puisse facilement être acquise, et des attaques ici ne seraient pas surprenantes.

FIGURE 108.

POUX D'ABEILLE— *Branla Cœca* , Nitsch.

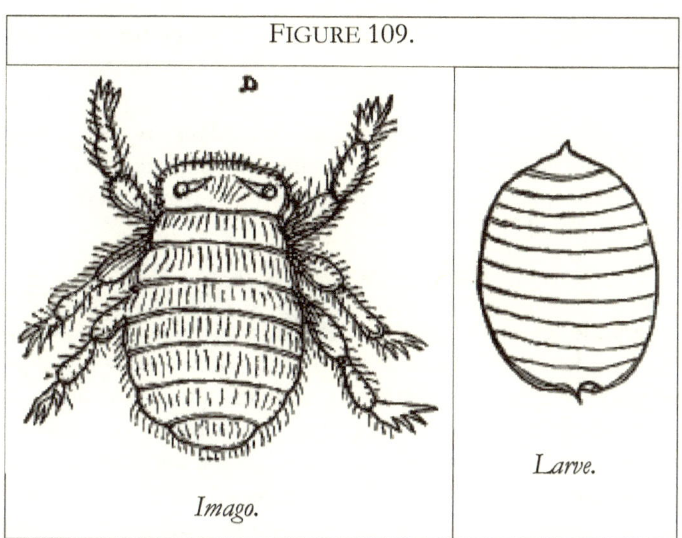

FIGURE 109.

Ce pou (Fig. 109) est un Diptère sans ailes et l'un des uniques parmi les insectes. C'est un parasite aveugle, semblable à une araignée, qui sert de très bon lien entre les insectes et les araignées, ou, mieux encore, entre les Diptères, à qui il appartient, et les Hémiptères, qui contiennent les insectes et la plupart des poux. Il prend l'état de semi-nymphe presque aussitôt après son éclosion, et le plus étrange de tous, étant donné la taille de l'abeille sur laquelle il vit et dont il suce sa nourriture, est extrêmement grande. On en trouve souvent deux ou trois, et parfois même plus (la nouvelle Encyclopedia Britannica parle de 50 ou 100), sur une seule abeille. Quand on considère leur grande taille, on ne peut pas s'étonner qu'elles dévitalisent très vite les abeilles.

Celles-ci n'ont jusqu'à présent causé que peu de dégâts, sauf dans le sud de l'Europe continentale. Le fait qu'ils ne se soient pas naturalisés dans la partie nord du continent, en Angleterre ou en Amérique, montrerait qu'il y a quelque chose d'hostile à leur bien-être dans notre climat, d'autant plus qu'ils sont constamment introduits, venant comme des parasites dans nos abeilles importées. En un an, je les ai reçus de pas moins de trois sources – deux fois de New York et une fois de Pennsylvanie – chaque fois provenant d'abeilles récemment reçues d'Italie. La seule façon que je pourrais suggérer pour en débarrasser les abeilles serait de rendre l'entrée de la ruche plus petite, de sorte que lorsque les abeilles entrent, elles soient grattées.

CONSEIL IMPORTANT.

Compte tenu de la gravité de ce ravageur et de la difficulté de son extinction, j'invite instamment les importateurs et les destinataires de reines importées à faire très attention à ce que ces poux, qui, de par leur taille, sont si faciles à découvrir , sont sûrement retirés avant qu'une reine les hébergeant ne soit introduite. Ce conseil est particulièrement important, compte tenu de la similitude climatique de notre beau sud avec les pentes ensoleillées de la France et de l'Italie. Il est très probable que les poux ne pourraient pas prospérer dans nos États du Sud, mais il y aurait de grandes raisons de craindre les résultats de son introduction dans notre Eldorado, les formidables États de l'Ouest. En Californie, ils pourraient être encore pires que la sécheresse, car ils pourraient constituer un mal permanent et non temporaire.

BEE HAWK- *Libellula* .

Cette grande et fine aile en dentelle est un insecte neuroptère. Il fonctionne dans les États du Sud et s'appelle Mosquito-hawk. — Les insectes du même genre sont appelés libellules, diables, aiguilles à repriser, etc. Ce sont extrêmement prédateurs. En fait, l'ensemble du sous-ordre est insectivore. A ses quatre ailes nervurées et en filet, nous pouvons le distinguer immédiatement de l'asilus mentionné plus haut, qui n'a que deux ailes. Le Bee ou Mosquito-hawk est resplendissant de vert métallique, tandis que le Bee Killer est d'un gris sobre. Le Mosquito Hawk ne porte pas mal son nom, car non seulement il se nourrit d'autres insectes, fondant sur eux avec la dextérité d'un faucon, mais ses girations gracieuses, alors qu'il s'amuse sous le chaud soleil de midi, ne sont pas sans rappeler celles de notre gracieux faucons et faucons. Ces insectes sont plus abondants près de l'eau, car ils pondent leurs œufs dans l'eau, où les larves vivent et se nourrissent d'autres animaux. Les larves ont la particularité de respirer par des branchies situées dans leur rectum. La même eau qui baigne ces organes et fournit de l'oxygène est envoyée en jet et fait ainsi courir l'insecte. Les larves possèdent également d'énormes mâchoires, dont les armes redoutables sont masquées jusqu'à ce qu'on veuille les utiliser, lorsque le masque en forme de louche est laissé tomber ou déplié et que les terribles mâchoires s'ouvrent et se referment sur la victime sans méfiance, qui n'a que peu de temps pour se lamenter. sa témérité.

Un écrivain de Géorgie, dans *Gleanings* , volume 6, page 35, déclare que ces destructeurs sont facilement effrayés ou abattus par des garçons armés de fouets, qui deviennent bientôt aussi experts dans la capture des insectes que ces derniers le sont dans la capture des abeilles. Les insectes sont très sauvages et méfiants, et je suppose que cette méthode serait très efficace.

FIGURE 110.

MOUCHE TACHINA.

D'après les descriptions que j'ai reçues, je suis certain qu'il existe une mouche à deux ailes, probablement du genre Tachina (Fig. 110), qui travaille sur les abeilles. Je n'en ai jamais vu, même si j'ai demandé à plusieurs reprises à ceux qui l'ont vu de me les envoyer. Mon ami, MJL Davis, a mis des abeilles malades dans une cage et a fait éclore des mouches qui, selon lui, ressemblaient à une petite mouche domestique. Ces mouches, qui appartiennent à la même famille que nos mouches domestiques, à laquelle elles ressemblent beaucoup, ont l'habitude de pondre leurs œufs sur d'autres insectes. Leurs petits, à l'éclosion, s'enfouissent dans l'insecte dont ils sont victimes et grandissent en le mangeant. Il serait difficile de faire face à ce mal, s'il devenait d'une grande ampleur. On peut espérer que cette habitude de manger des abeilles soit chez elle exceptionnelle.

ARAIGNÉES.

Celles-ci étendent parfois leurs filets afin de capturer les abeilles. Si l'on omet les portiques, qui sont, à mon avis, pire qu'une dépense inutile, il n'y aura que très rarement lieu de se plaindre contre les araignées, qui dans l'ensemble sont amies. Comme l'apiculteur qui permettrait aux araignées d'inquiéter ses abeilles ne lirait pas de livres, je n'aborderai pas ce sujet davantage.

FOURMIS.

Ceux-ci se regroupent autour des ruches au printemps pour se réchauffer et, je pense, rarement, voire jamais, faire du mal. Si l'apiculteur se sent nerveux, il peut très facilement les balayer ou les détruire en utilisant n'importe lequel des poisons contre les mouches que l'on trouve sur les marchés. Comme ces poisons sont rendus attractifs par l'ajout de sucreries, il faut veiller à ce que les abeilles n'y aient pas accès. Comme nous devons les utiliser au printemps, et comme nous devons alors maintenir la couverture ou la planche à miel près des abeilles, et comme les fourmis se regroupent au-dessus de la chambre à couvain, il n'est pas difficile de pratiquer l'empoisonnement. Une année j'ai essayé Paris vert avec une parfaite réussite.

GUÊPES.

Je n'ai jamais vu d'abeilles blessées par des guêpes. Au Sud, comme en Europe, on entend parler de telles déprédations. J'ai reçu des guêpes, envoyées par nos frères du sud, qui ont été capturées en train de détruire des abeilles. Les guêpes sont très prédatrices et apportent d'immenses avantages en capturant et en mangeant nos insectes nuisibles. J'ai vu des guêpes emporter des « vers de groseille » avec une célérité des plus rafraîchissantes.

Comme les guêpes solitaires sont trop peu nombreuses pour causer de gros dégâts, même si jamais elles en font, les dégâts importants qui pourraient survenir proviendraient sans aucun doute des fabricants de papier sociaux. Dans ce cas, il suffit de trouver les nids et d'appliquer la torche, ou de tenir la bouche d'un fusil de chasse sur le nid et de tirer. Cela devrait être fait à la tombée de la nuit, lorsque les guêpes sont toutes rassemblées chez elles. N'oublions pas que les guêpes font beaucoup de bien et ne pratiquons donc pas d'abattage massif à moins d'avoir des preuves solides contre elles.

L'OISEAU ROI— *Tyrannus Carolinensis* .

Cet oiseau, souvent appelé hirondelle, fait partie des attrape-mouches, une famille d'oiseaux très précieuse, car ils sont entièrement insectivores et font un immense bien en détruisant nos insectes nuisibles. L'oiseau royal est le seul d'entre eux aux États-Unis à mériter la censure. Une autre, l'hirondelle ramonée d'Europe, a la même mauvaise habitude. Notre hirondelle ramoneuse n'a pas de mauvaises manières. Je suis sûr, d'après mes observations personnelles, que ces oiseaux capturent et mangent les ouvriers, ainsi que les faux-bourdons ; et j'ose dire qu'ils ne respecteraient plus la plus belle reine italienne. Pourtant, étant donné le bien que font ces oiseaux, à moins qu'ils ne soient beaucoup plus nombreux et plus gênants que je ne l'ai jamais observé, je serais certainement lent à recommander l'arrêt de mort.

LES CRAPAUDS.

On peut en dire autant des crapauds, que l'on voit souvent assis modestement à l'entrée des ruches, et lapant les abeilles pleines avec le mouvement fulgurant de leur langue, d'une manière qui ne peut être considérée qu'avec intérêt, même pour celui qui subit une perte. M. Moon, l'apiculteur bien connu, en fit une objection aux ruches basses ; cependant, l'avantage de telles ruches compense largement, et avec un plateau de fond, tel que celui décrit dans le chapitre sur les ruches, nous constaterons que les crapauds font très peu de dégâts.

SOURIS.

Ces petits parasites sont une nuisance consommée dans le rucher. Ils pénètrent dans les ruches en hiver, mutilent les rayons, irritent, voire détruisent les abeilles et créent une puanteur très nauséabonde. Ils blessent souvent gravement les rayons qui se trouvent à l'extérieur de la ruche, détruisent les fumeurs en rongeant le cuir des soufflets, et s'ils atteignent les graines des plantes mellifères, ils ne reculent jamais avant d'avoir accompli un travail de destruction complet.

Dans la maison et dans la cave, ces fléaux doivent être complètement exterminés au moyen de mangeoires ou de pièges. Si nous hivernons sur les peuplements d'été, l'entrée doit être suffisamment étroite pour que les souris ne puissent pas pénétrer dans la ruche. Dans le cas d'un emballage comme je l'ai recommandé, je préférerais une ouverture plus large, qui peut être sécurisée en toute sécurité en prenant un morceau de toile métallique ou de fer blanc perforé et en le clouant sur l'entrée, en le laissant entrer à moins d'un quart de pouce. du panneau inférieur. Cela donnera plus d'air, tout en empêchant l'entrée de cette misérable vermine. (Voir Annexe, page 293).

CHAPITRE XX.
CALENDRIER ET AXIOMES.

TRAVAILLEZ PENDANT DIFFÉRENTS MOIS. [1]

[1] Ces dates sont fixées pour les États du Nord, où les arbres fruitiers fleurissent vers le premier mai. En notant ces fleurs, les dates peuvent être facilement modifiées pour s'adapter à n'importe quelle localité.

Bien que chaque apiculteur actuel prenne au moins un des trois excellents journaux relatifs à cet art, imprimés dans notre pays, dans lesquels le travail nécessaire de chaque mois sera détaillé, il serait peut-être bon de donner quelques brèves indications sur cet art. lieu.

JANVIER.

Durant ce mois, les abeilles auront besoin de peu d'attention.—Si les abeilles de la cave ou du dépôt deviennent inquiètes, ce qui n'arrivera pas si les précautions requises sont prises, et qu'une journée chaude arrive, il serait bon de les placer sur leurs supports d'été. , afin qu'ils puissent profiter d'un vol purificateur. La nuit, quand tout le monde est de nouveau calme, ramenez-les à la cave. — Pendant que je suis dehors, je nettoierais les planches du fond, surtout s'il y a beaucoup d'abeilles mortes. C'est aussi le moment de lire, de visiter, d'étudier et de planifier les travaux de la saison à venir.

FÉVRIER.

Aucun conseil n'est nécessaire au-delà de celui donné pour janvier, mais si les abeilles volent bien en janvier, elles n'auront guère besoin d'attention ce mois-ci. La présence de neige au sol ne doit pas dissuader l'apiculteur de faire voler ses abeilles, à condition que la journée soit chaude et calme. Il vaut mieux les laisser tranquilles s'ils sont calmes.

MARS.

Les abeilles doivent toujours être gardées à l'abri, et celles qui sont dehors doivent toujours garder autour d'elles l'emballage de paille, de copeaux, etc. Les vols fréquents ne servent à rien et épuisent les abeilles. Les colonies qui sont mal à l'aise et qui souillent leurs ruches doivent être implantées, autorisées à prendre un bon vol, puis renvoyées.

La ou les colonies à partir desquelles nous souhaitons élever des reines et des faux-bourdons doivent maintenant être nourries, pour stimuler la reproduction. Par une taille soigneuse également, nous pouvons et devons empêcher l'élevage de faux-bourdons dans les colonies autres que les meilleures. Si par manque de soins l'automne précédent, l'un de nos stocks est à court de magasins, c'est maintenant que cela se fera sentir. Dans de tels cas, donnez du miel, du sucre, du sirop ou placez des bonbons sur les cadres sous la courtepointe.

AVRIL.

Au début de ce mois, les abeilles pourraient toutes partir. Il sera préférable de nourrir tous et de donner à tous accès à la farine lorsqu'ils y travailleront, bien qu'en général ils puissent obtenir du pollen dès qu'ils peuvent s'envoler pour en tirer profit. Gardez la chambre à couvain contractée afin que les cadres soient tous couverts et couvrez-la bien au-dessus des abeilles pour économiser la chaleur.

PEUT.

Préparez les noyaux pour créer des reines supplémentaires. Nourrissez avec parcimonie jusqu'à ce que la floraison apparaisse. Donnez de la place pour le stockage. Extrayez si nécessaire et surveillez de près afin d'anticiper et de prévenir toute tentative d'essaimage. C'est aussi le meilleur moment pour effectuer un transfert.

JUIN.

Gardez toutes les colonies approvisionnées en reines vigoureuses et prolifiques. Divisez les colonies, comme vous le souhaitez, surtout suffisamment pour empêcher les tentatives d'essaimage. Extraire si nécessaire ou mieux ; ajustez les cadres ou les sections, si vous souhaitez du miel en rayon, et assurez-vous de garder tout le miel de trèfle blanc, quelle que soit sa forme, séparé de tous les autres. C'est maintenant le meilleur moment pour Italianiser.

JUILLET.

Le travail de ce mois est à peu près le même que celui de juin. Remplacer toutes les reines pauvres et faibles. Conservez le miel de tilleul seul, et retirez les boîtes ou cadres dès qu'ils sont pleins. Assurez-vous que les reines et les ouvrières disposent de suffisamment d'espace pour faire de leur mieux et ne laissent pas le soleil brûlant frapper les ruches.

AOÛT.

Ne manquez pas de remplacer les reines impuissantes. Entre le tilleul et la floraison automnale, il peut être avantageux de se nourrir avec parcimonie. Donnez suffisamment d'espace à la reine et aux ouvrières dès le début du stockage d'automne.

SEPTEMBRE.

Retirez toutes les boîtes et cadres excédentaires dès que le stockage cesse, ce qui se produit généralement vers le milieu de ce mois ; nourrir avec parcimonie jusqu'au premier octobre. En cas de vol, contractez l'entrée de la ruche volée. Si l'on souhaite donner du miel ou du sucre pour l'hiver, cela doit être fait le dernier de ce mois.

OCTOBRE.

Préparez les colonies pour l'hiver. Assurez-vous que tous aient au moins trente livres en poids de bon miel coiffé, et que tous soient forts en abeilles. Contractez la chambre à l'aide d'un panneau de division et recouvrez-la bien avec la courtepointe. Assurez-vous qu'un ou deux cadres centraux du rayon contiennent de nombreuses cellules vides et qu'ils ont tous un trou central par lequel les abeilles peuvent passer.

NOVEMBRE.

Avant l'arrivée des jours froids, emmenez les abeilles à la cave ou au dépôt, ou emportez celles laissées sur les stands d'été.

DÉCEMBRE.

Il est maintenant temps de fabriquer des ruches, des nichoirs à miel, etc., pour l'année à venir. Également des étiquettes pour les ruches. Ceux-ci peuvent contenir simplement le nom de la colonie, auquel cas le dossier complet sera conservé dans un livre ; ou bien l'étiquette peut contenir un registre complet concernant l'époque de la formation, l'âge de la reine, etc., etc. Les ardoises sont également utilisées dans le même but.

Je sais par expérience que quiconque tient compte de tout ce qui précède peut réussir dans l'apiculture et remporter un double succès : recevoir du plaisir et gagner de l'argent. Je suis sûr que de nombreux apiculteurs expérimentés trouveront des conseils qu'il peut être utile de suivre. Il est probable que les erreurs abondent, et il est certain qu'il reste beaucoup de non-dits, car de tous les apiculteurs, il est vrai que ce qu'ils ne savent pas dépasse largement ce qu'ils savent.

AXIOMES.

Les axiomes suivants, donnés par M. Langstroth, sont tout aussi vrais aujourd'hui qu'ils l'étaient lorsqu'ils étaient écrits par cet auteur renommé :

Il existe quelques *principes fondamentaux* en apiculture qui devraient être aussi familiers à l'apiculteur que les lettres de l'alphabet.

D'abord. Les abeilles gorgées de miel ne se portent jamais volontaires.

Deuxième. Les abeilles peuvent toujours être apaisées en les incitant à accepter les sucreries liquides.

Troisième. Les abeilles, lorsqu'elles sont effrayées par la fumée ou par le tambourinage sur leurs ruches, se remplissent de miel et perdent toute disposition à piquer, à moins qu'elles ne soient blessées.

Quatrième. Les abeilles n'aiment pas les mouvements *rapides* autour de leur ruche, en particulier tout mouvement qui *secoue* leurs rayons.

Cinquième. Dans les régions où le fourrage n'est abondant que pendant une courte période, la plus grande production de miel sera assurée par un accroissement *très* modéré des stocks.

Sixième. Une augmentation modérée des colonies au cours d'une saison donnée s'avérera, à long terme, le mode de gestion des abeilles le plus simple, le plus sûr et le moins coûteux.

Septième. Les colonies sans reine, à moins d'être dotées d'une reine, diminueront inévitablement ou seront détruites par la teigne ou par les abeilles voleuses.

Huitième. La formation de nouvelles colonies doit ordinairement se limiter à la saison où les abeilles accumulent du miel ; et si cette opération, ou toute autre opération, doit être effectuée lorsque le fourrage est rare, les plus grandes précautions doivent être prises pour empêcher le vol.

L'essence de toute apiculture rentable est contenue dans la règle d'or d'Oettl : MAINTENIR DES STOCKS SOLIDES . Si vous n'y parvenez pas, plus vous investissez d'argent dans les abeilles, plus vos pertes seront lourdes ; tandis que, si vos stocks sont solides, vous montrerez que vous êtes à la fois un *maître d'abeilles* et un apiculteur, et que vous pourrez compter en toute sécurité sur les rendements généreux de vos sujets industrieux.

"Gardez toutes les colonies fortes."

ANNEXE.
HISTOIRE DES CADRES MOBILES.

Les cadres mobiles ont révolutionné l'apiculture et ont ainsi surpassé la faucheuse et la tondeuse, et égalé l'égreneuse à coton. Peu d'inventions ont exercé une influence aussi puissante sur l'art qu'elles servent. Leur histoire sera toujours un sujet d'un extrême intérêt pour les apiculteurs, et leur inventeur mérite la plus haute estime comme le plus grand bienfaiteur de notre art. En écrivant leur histoire, je n'ai aucun intérêt personnel ni parti pris, et je suis uniquement poussé par l'amour de la vérité et de la justice. J'ai d'autant plus hâte d'écrire cette histoire que certains de nos apiculteurs, et eux parmi les mieux informés et les plus influents (*American Bee Journal*, vol. 14, p. 380), sont mal informés sur place. En obtenant les données nécessaires à ce compte, j'ai de nombreuses obligations envers notre grand maître américain en apiculture. Le révérend LL Langstroth, dont les connaissances approfondies et la vaste bibliothèque sont entièrement à ma disposition.

Nous sommes informés par George Wheeler, dans son « Voyage en Grèce », publié en 1682, page 411, que les Grecs avaient un contrôle partiel sur les peignes. "Le sommet" des ruches de saules "est couvert de larges bâtons plats. Le long de chacun de ces bâtons, les abeilles attachent leurs rayons, de sorte qu'un rayon peut être retiré entier."

Swammerdam n'avait aucun contrôle sur le peigne, pas plus que Réaumur. Ces derniers utilisaient des ruches étroites, qui ne contenaient que deux rayons ; mais ceux-ci étaient stationnaires. Huber fut le premier à construire une ruche qui lui donnait le contrôle des rayons et l'accès à l'intérieur de la ruche. En août 1879, Huber écrit à Bonnet : « J'ai pris plusieurs petites boîtes en sapin, d'un pied carré et quinze lignes de large, et je les ai reliées entre elles par des charnières, de manière à pouvoir les ouvrir et les fermer comme les feuilles d'un livre. En utilisant une ruche de cette description, nous avons pris soin de fixer un rayon dans chaque cadre, puis d'introduire toutes les abeilles. "- (Édition d'Édimbourg de Huber, p. 4). Bien que Morlot et d'autres aient tenté d'améliorer cette ruche, elle n'a jamais gagné la faveur des apiculteurs pratiques.

La première personne à ajuster les cadres dans une affaire semble avoir été M. W. Augustus Munn, d'Angleterre. J'ai en ma possession une lettre de M. Munn, datée du 9 novembre 1863, dans laquelle il déclare que la ruche « était en usage depuis 1834 ». La première description imprimée de l'une de ses ruches est apparue dans le "Gardener's Chronicle" de 1843. Cet article a été écrit par une dame et signé "EMW". Sa publication prématurée a rendu impossible pour M. Munn d'obtenir un brevet en Grande-Bretagne. En 1843, il obtient un brevet en France. La ruche brevetée est décrite en détail dans sa « Description of the Bar and Frame Hive », publiée à Londres en 1844. Il y a aussi une figure (Fig. 111). Je copie de l'ouvrage qui est devant moi, pp. 7 et 8 : « Une boîte oblongue est formée, d'environ trente pouces de long, seize pouces de haut et douze pouces de large. L'un des côtés longs est construit pour s'ouvrir avec des charnières, et à accrocher au niveau du fond. Autant de rainures d'un demi-pouce de large, d'un demi-pouce de profondeur et d'environ 9½ pouces de long, sont formées à 1⅛ pouces de distance à l'intérieur du fond de la boîte, que sa longueur le permet. le dessus sont des rainures correspondant à celles faites dans le fond de la boîte. Les cadres en abeilles sont faits d'acajou d'un demi-pouce, mesurant 12 pouces de haut, 9 pouces de long et pas plus d'un demi-pouce de large, glissant dans les quinze rainures formées. par le bas, et maintenus solidement à leur place par les rainures supérieures », et par la propolis, aurait bien pu ajouter l'auteur. Il n'est pas nécessaire de dire aux apiculteurs américains qu'une telle ruche serait totalement impraticable. Sans abeilles, les changements de temps rendraient le glissement des cadres très difficile ; avec les abeilles à l'intérieur, le retrait des cadres serait pratiquement impossible.

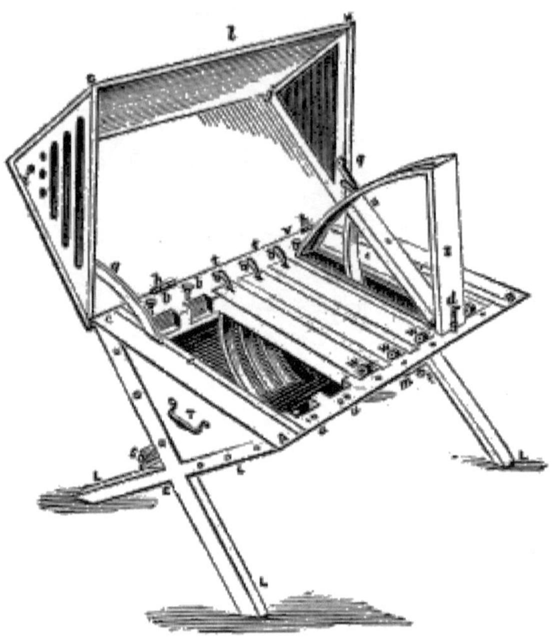

En 1851, M. Munn publia une deuxième édition de son livre, dans la préface de laquelle je trouve ce qui suit : « Après avoir matériellement simplifié la ruche à barres, en transformant les « cadres à barres oblongues » en « cadres triangulaires », et en transformant en les soulevant par le haut, au lieu de l'arrière de la boîte à abeilles, j'ai réédité la brochure. La ruche triangulaire (Fig. 112) est décrite et figurée, et est la même que celle illustrée dans "Bevan on the Honey Bee" de Munn. Cette ruche, bien qu'elle constitue une amélioration possible par rapport à l'autre, est coûteuse, complexe et encore très impraticable. Dans la liste de prix de J. Pettitt, Dover, Angleterre, 1864, je trouve cette ruche au prix de 3 £ 3 shillings, soit environ 15,00 $. La figure nous apprend qu'il y avait de grands espaces autour des cadres. Celles-ci seraient bien entendu remplies de rayons et rendraient les ruches totalement impropres à un usage commun. Que cette ruche manquait des conditions essentielles au succès ressort clairement des mots écrits par l'inventeur en 1863 : « La ruche importe peu si le pâturage est bon ». Et il est facile de voir, à la disposition complexe des cadres et aux larges espaces qui les entourent, que, comme le disait M. Munn, se référant à sa ruche, « lorsqu'elles sont laissées à elles-mêmes, les abeilles ferment la boutique ». Si l'invention s'était arrêtée à la ruche du major Munn, nous aurions aujourd'hui recours à l'ancienne ruche-boîte et soupirerions en vain pour une meilleure. Le voisin dit bien (3e édition, p. 129) : « La raison de l'échec de l'invention était probablement le prix élevé des accessoires du Major, qui font que la ruche ressemble plus à un instrument astronomique qu'à une boîte pour les abeilles. , il n'existait pas de ruche à cadres en Angleterre avant 1860. »

Il semblerait étrange qu'après être allé si loin, le major Munn n'ait pas réussi à donner aux apiculteurs une ruche de valeur. Pourtant, avec son opinion selon laquelle la fumée nuisait aux abeilles et au couvain (2e édition, p. 21), nous pouvons facilement voir qu'avec sa ruche et ses abeilles noires, un homme aurait besoin d'une peau de rhinocéros et de nerfs d'airain pour faire en grande partie par le biais de manipulations réelles à des fins pratiques. Il a été dit avec raison que « la ruche Huber peut être utilisée avec beaucoup plus de facilité et de sécurité, par un novice, que celle de Munn ».

On le verra en référence à « Bee Culture with Movable Frames », publié par le pasteur George Kleine, Hanovre, Allemagne, en 1853, p. 5, qu'un pharmacien du nom de Schmidt, dans un ouvrage qu'il a publié à Fribourg, en 1851, intitulé "Les nouvelles maisons d'abeilles", décrit une ruche avec des feuilles de Huber ayant des sommets prolongés qui pendaient sur des feuillures, tout comme le font nos cadres. Ces feuilles Huber étaient bien ajustées et donc peu pratiques. Kleine considérait cette ruche comme inférieure à la ruche Huber, dans la mesure où les rayons devaient être retirés par le haut. Avec une ouverture latérale, il pense que ce serait une amélioration matérielle. Il ressort clairement du travail de Kleine qu'il ne savait rien ni de Munn ni de sa ruche.

En 1847, Jacob Shaw, Jr., alors de Hinckley, Ohio, a publié dans le *Scientific American*, 5 mars 1847, p. 187, la description d'une ruche conçue par lui. Une personne qui a vu la ruche me dit que telle que décrite et utilisée pour la première fois, cette ruche avait des cadres bien ajustés, qui reposaient dans une boîte en fer blanc à double paroi. En tournant de l'eau chaude dans la chambre, les cadres seraient desserrés. Nous ne sommes pas étonnés que, lorsque M. Shaw a été déposé, il n'ait construit qu'une seule ruche et qu'il n'ait pu persuader qu'une seule colonie parmi les nombreuses qu'il avait essayées d'accepter la situation, et que celle-ci ait rapidement péri. Il n'a pas obtenu de surplus et a sagement mis la ruche de côté.

En 1847, le célèbre écrivain agricole Solon Robinson, suggérait dans un article publié dans l' *Albany Cultivator* ; une ruche en fer blanc composée d'appartements monocombrés qui doivent être rapprochés les uns des autres et reliés par des trous communiquant entre eux. Bien entendu, une telle ruche ne pourrait réussir que dans l'imagination.

M. Debeauvoys publia, en 1847, la 2e édition du Guide de l'Apiculteur, à Angers, France, dans laquelle il décrivait une ruche à rayons mobiles, pour répondre aux besoins pratiques des apiculteurs français. Cette ruche non seulement n'était pas améliorée par rapport à celle de Huber, mais elle était encore moins facile à manipuler. La barre supérieure et les montants des cadres étaient bien ajustés au sommet et aux côtés de la ruche. Dit M. Hamet, rédacteur en chef du journal French bee, dans son ouvrage "Cours Pratique D'Apiculture", édition 1859 : " L'enlèvement des cadres est plus difficile que celui de la ruche Huber, et il n'a jamais été accepté par les apiculteurs pratiques de France." M. Chas. Dadant décrit cette ruche, qu'il avait autrefois fabriquée et utilisée, dans l' *American Bee Journal*, vol. 7, p. 197. Il en dit : « La ruche fonctionnait bien lorsqu'elle était neuve et vide ; mais une fois que les abeilles avaient collé les cadres, il était difficile de les enlever sans casser les rayons. Il aurait été tout à fait impossible de les enlever du tout, sans séparant les extrémités de la ruche des cadres avec un ciseau. Cette ruche, qui avait gagné 2 500 prosélytes en France, fut très vite abandonnée de tous, et les disciples de Debeauvoys retournèrent à l'ancienne ruche de paille. Il ajoute en outre que ces ruches ont été désastreuses pour la culture apicole française. Une fois trompés par les cadres mobiles, ils les refusèrent ensuite même pour le procès. Bien sûr, MSS Fisher, autrefois commissaire aux brevets et expert, ne pouvait rien voir dans cette ruche, ni dans aucune des modifications apportées par l'inventeur, qui puisse invalider le brevet de Langstroth. Comme tous les apiculteurs américains devraient être reconnaissants que l'invention de M. Langstroth soit d'un type différent.

Comme déjà indiqué, les barres étaient utilisées il y a des siècles en Grèce. Della Rocca, dans un ouvrage publié en 1790, décrit également les barres dont il se servait. Schirach a utilisé des lattes sur le dessus d'une boîte avec des portes à ouverture arrière, dès 1771. Dans l'ouvrage de Key, « Ancient Bee Master's Farewell », Londres, 1796, p. 42, de telles ruches sont décrites et magnifiquement illustrées, planche 1, fig. 2 et 3. Bevan, Londres, 1838, décrit à la p. 82 une ruche similaire, avec les barreaux fixés en feuillures, qui est figurée à la p. 83.

En 1835, Dzierzon, qui a été à l'Allemagne ce que Langstroth a été à l'Amérique, a commencé l'apiculture. Trois ans plus tard, il adopta la ruche à barres, et bien que ces ruches à barres n'aient auparavant que peu de valeur pour l'apiculture pratique, elles devinrent entre ses mains un instrument des plus précieux. Pour retirer les rayons, le grand maître allemand devait les détacher des côtés des ruches. Pourtant, par sa grande habileté à les manipuler, ses habitudes studieuses et ses recherches inestimables, qui ont donné au monde la connaissance de la parthénogenèse chez les abeilles, sa ruche et son système ont marqué une nouvelle ère dans l'apiculture allemande.

En 1851, notre propre Langstroth, sans aucune connaissance de ce qu'avaient fait les inventeurs apiculteurs étrangers, à l'exception de ce qu'il pouvait trouver dans Huber et dans l'édition 1838 de Bevan, a inventé la ruche maintenant couramment utilisée parmi les apiculteurs avancés d'Amérique. C'est cette ruche, la plus grande invention apicole jamais réalisée, qui a placé l'apiculture américaine devant celle de tous les autres pays. Ce que pourrait dire l'apiculteur pratique d'Amérique avec H. Hamet, édition 1861, p. 166, que les ruches améliorées n'avaient de valeur que pour l'amateur et étaient inférieures à des fins pratiques ? Nos apiculteurs non originaires de nos côtes, comme feu Adam Grimm et M. Chas. Dadant a toujours reconnu que M. Langstroth était l'inventeur de cette ruche et a toujours proclamé son utilité. Feu MS Wagner, l'honnête, intrépide, érudit et épris de vérité rédacteur en chef des premiers volumes de l' *American Bee Journal* , lui-même d'origine allemande, a bien dit : « Lorsque M. Langstroth a abordé ce sujet, il a bien Il savait ce que Huber avait fait et voyait en quoi il avait échoué – peut-être uniquement parce qu'il ne visait rien d'autre que de construire une ruche d'observation, adaptée à ses objectifs. L'objectif de M. Langstroth était autre et plus *élevé* . Il visait à rendre les cadres mobiles. , interchangeables et *pratiquement* utilisables dans la culture des abeilles. Et combien ce qui suit est vrai : « *Personne* avant M. Langstroth n'a jamais réussi à concevoir un mode de fabrication et d'utilisation d'un cadre mobile qui ait une quelconque valeur pratique dans la culture des abeilles. Personne au monde, à part M. Langstroth, n'était aussi au courant de tout ce sujet que M. Wagner. Sa vaste bibliothèque et ses connaissances approfondies en faisaient un juge compétent. Maintenant que l'invention est un bien public, les hommes cesseront de falsifier et même de se parjurer, de voler un vieil homme dont les paroles, les écrits et toute la vie brillent d'une naïveté sans tache. Et très bientôt tous s'uniront à la grande majorité des apiculteurs américains intelligents d'aujourd'hui, pour rendre à ce bienfaiteur de notre art le mérite ; bien qu'il ait été désespérément privé des avantages pécuniaires de sa grande invention.

M. Langstroth, bien qu'il ne connaisse aucune invention antérieure de cadres contenus dans un étui, lorsqu'il a fait son invention, en 1851, ne prétend pas avoir été le premier à les avoir inventés. Chaque page de son livre montre son honnêteté transparente et son désir de donner tout le mérite aux autres écrivains et inventeurs. Il prétend, et très justement, avoir inventé la première ruche à cadre pratique, celle décrite dans son brevet déposé en janvier 1851 et dans les trois éditions de son livre.

Même si le nom du regretté baron Von Berlepsch figurera toujours au premier rang des apiculteurs, il n'a jamais donné au monde la moindre description d'une ruche à cadre mobile, jusqu'à ce que M. Langstroth ait déposé une demande de brevet, et pas avant que la ruche Langstroth ne soit en grande partie utilisé.

On a prétendu que M. Andrew Harbison avait inventé et utilisé dans le rucher de son père, avant 1851, la ruche Langstroth. Dans le *Dollar Newspaper* du 21 janvier 1857, un frère, MWC Harbison, qui vivait également avec son père à l'époque où l'invention aurait été faite, déclare : « J'oserais prédire que la ruche de Quinby et la mienne sera bientôt mis de côté, pour céder la place à une ruche construite de telle manière que le rucher puisse avoir accès à chaque partie de la ruche à son gré, sans préjudice à la colonie. Dans ce cas particulier, M. Quinby et moi-même avons *chacun a échoué*. L'invention d'une telle ruche était réservée à M. Langstroth. Il est significatif que JS Harbison, un autre frère, qui était également avec son père à cette époque, dans son « Bee Culture », San Francisco, 1861, parle de la ruche Langstroth, p. 149, mais pas de celui de son frère. Il a également été affirmé que WA Flanders, Martin Metcalf et Edward Townley avaient chacun inventé cette ruche avant M. ! L'invention de Langstroth. Pourtant, chacun de ces messieurs a écrit un livre dans lequel aucune mention n'est faite d'une telle invention. M. Langstroth pourrait bien dire : « Je peux très bien comprendre ce que Job voulait dire lorsqu'il a dit : 'Oh ! que mon ennemi avait écrit un livre.' » Il est également déclaré que MAF Moon était l'un des premiers inventeurs de cette ruche. Le propre témoignage de M. Moon, selon lequel il a non seulement abandonné son invention, étant incapable d'obtenir des peignes droits, mais qu'il *l'a même complètement oublié*, jusqu'à ce qu'il soit découvert dans un vieux tas d'ordures, montre qu'il n'a rien fait qui puisse, devant un tribunal, renverser Les affirmations de M. Langstroth, ou celles qui conféraient le moins un quelconque avantage aux apiculteurs. M. Maxwell, de Mansfield, Ohio, était un autre homme qui aurait anticipé M. Langstroth. Pourtant, le propre fils de M. Maxwell jure qu'il a aidé son père à fabriquer toutes ses ruches et que son père n'a jamais utilisé de cadre mobile avant 1851. Solon Robinson pensait que c'était son frère. Le Dr Robinson, de Jamaica Plains, près de Boston, fabriquait et utilisait des ruches à cadres mobiles avant 1852. L'épouse du Dr Robinson a témoigné que son mari avait acheté un droit d'utilisation de la ruche Langstroth et qu'il avait ainsi fabriqué ses premiers cadres mobiles.

Chaque prétention, tant au pays qu'à l'étranger, à l'invention d'une ruche à cadre mobile pratique, antérieure à celle de M. Langstroth, lorsqu'elle est examinée, s'avère n'avoir aucun fondement substantiel. Toutes les ruches précédentes étaient nettement inférieures à la ruche Huber améliorée décrite dans Bevan, p. 106. C'est une triste tache pour l'apiculture américaine que celui qui l'a élevée à la fière hauteur qu'elle occupe aujourd'hui ait été honteusement privé de la juste récompense pour sa grande invention. Mais cela me fait le plus grand plaisir de déclarer qu'en aucun mot je ne pourrais comprendre que M. Langstroth éprouve une quelconque amertume envers ceux qui semblent avoir volontairement volé son invention, tandis qu'avec un manteau de charité, aussi grand que soit son noble cœur, il couvre les milliers de personnes qui pensaient soit qu'il n'avait aucun droit valable, soit que l'achat d'un droit auprès d'autrui leur donnait droit à son invention. En tant qu'inventeur et écrivain sur l'apiculture, M. Langstroth restera à jamais dans une mémoire reconnaissante. Avec quelle ardeur les apiculteurs américains désireront-ils qu'il nous soit épargné jusqu'à ce qu'il ait terminé son autobiographie, afin que nous puissions apprendre comment il est arrivé à sa grande découverte et étudier les méthodes par lesquelles il a glané tant de vérités riches et précieuses.

LECANIUM TULIPIFERÆ— Cuire .

Durant l'été 1870, ce pou, qui, à ma connaissance, n'a encore jamais été décrit, et pour lequel je propose le nom très approprié ci-dessus, tulipiferæ — le Lecanium du tulipier — était très commun sur les tulipiers. sur les pelouses du Collège. Ils étaient si destructeurs que certains arbres furent carrément tués, d'autres furent gravement blessés, et si les poux, pour une raison inconnue, n'avaient pas cessé de se développer, nous aurions bientôt manqué de nos terres l'un de nos arbres les plus attrayants.

Depuis la date indiquée ci-dessus, j'ai reçu ces insectes, par l'intermédiaire de plusieurs rédacteurs de nos excellents journaux sur les abeilles, de nombreux États, notamment de ceux bordant la rivière Ohio. Dans le Tennessee, ils semblent très communs, car on les remarque souvent en abondance sur les beaux tulipiers majestueux de ce bel État. Dans le Sud, ce tulipier est appelé peuplier, ce qui est très incorrect, car il n'a aucun rapport avec le tulipier. dernier. Le peuplier appartient à la famille des saules ; de la tulipe au magnolia, dont les familles sont très espacées. En Pennsylvanie, le pou a été observé sur le concombre, Magnolia acuminata.

Partout où l'on a observé les poux du tulipier en train de sucer la sève et la vitalité des arbres, on a également vu les abeilles, lapant une exsudation sucrée et juteuse sécrétée par les poux. En 1870, j'ai observé que nos tulipiers regorgeaient d'abeilles et de guêpes, même jusqu'en août, bien que les arbres ne soient en fleurs qu'en juin. L'examen a montré que les sucreries exsudées par ces poux étaient ce qui attirait les abeilles. Cela a été observé avec une certaine inquiétude, car la sécrétion dégage une odeur très nauséabonde.

Les sécrétions suintantes de ce pou et d'autres poux, non seulement de la famille des poux de l'écorce (Coccidæ), mais aussi de la famille des poux des plantes (Aphidæ), sont souvent appelées miellat. Ne vaudrait-il pas mieux parler de ces sécrétions d'insectes, et réserver le nom de miellat aux douces sécrétions des plantes, autres que celles qui proviennent des fleurs ?

HISTOIRE NATURELLE DU LECANIUM TULIPIFERÆ.

L'insecte pleinement développé, comme tous les poux de l'écorce, se présente sous la forme d'une écaille (Fig. 113, 1), étroitement appliquée sur la branche ou le rameau sur lequel il travaille. Cet insecte, comme la plupart de son genre, est brun, très convexe dessus (Fig. 113, 1) et concave dessous (Fig. 113, 2). Sur la face inférieure se trouve une sécrétion cotonneuse qui sert à envelopper les œufs. Au-dessous des espèces en question se trouvent deux lignes transversales parallèles de ce duvet blanc (Fig. 113, 2). L'une d'elles, probablement l'antérieure, est presque marginale et est interrompue au milieu ; tandis que l'autre est presque centrale et, à la place de l'interruption au milieu, elle présente une projection en forme de V en arrière ou à l'écart de l'autre ligne. La forme de l'écaille est quadrangulaire et n'est pas sans rappeler celle d'une tortue (Fig. 113, 1). Lorsqu'il est complètement développé, il mesure un peu plus de 3 à 16 pouces de long et un peu plus de ⅔ de sa largeur.

Ici à Lansing, les petits œufs jaunes et ovales apparaissent fin août. Au Tennessee, on les retrouvait sous les écailles dans leurs emballages en coton plusieurs jours plus tôt. Les œufs mesurent 1 à 40 pouces de long et 1 à 65 pouces de large. Ces œufs, très nombreux, éclosent dans la localité de leur développement, et les poux jeunes ou larvaires, tout en contraste avec leurs parents desséchés, inertes et immobiles, sont vifs et actifs. Ils sont ovales (Fig. 113, 3 et 4), jaunes ; et 1 à 23 pouces de long et 1 à 40 pouces de large. Les yeux, l'antenne (Fig. 113, 5) et les pattes (Fig. 113, 6) sont clairement visibles lorsqu'ils sont agrandis de 30 ou 40 diamètres. L'abdomen à 9 articulations est profondément émarginé, ou coupé en arrière, (Fig. 113, 3), et de chaque côté de cette fente se trouve un stylet ou des cheveux en saillie (Fig. 113, 3 et 4), tandis qu'entre le les yeux, sur la face inférieure de la tête, prolongent le long bec recourbé (Fig. 113, 4). Les larves quittent bientôt les écailles, rampent autour de l'arbre et finissent par s'attacher en insérant leurs longs becs minces, lorsqu'elles gonflent tellement la sève qu'elles grandissent avec une rapidité surprenante. En quelques semaines, leurs pattes et leurs antennes semblent disparaître à mesure qu'elles deviennent relativement petites, et la forme en forme d'écaille apparaît. L'été suivant, les écailles sont complètement formées et les œufs se développent. Bientôt, l'écaille, qui n'est plus que la carcasse du pou autrefois actif, tombe de l'arbre, et le travail de destruction est laissé aux jeunes poux, responsabilité qu'ils semblent tout à fait prêts à assumer.

FIGURE 113.

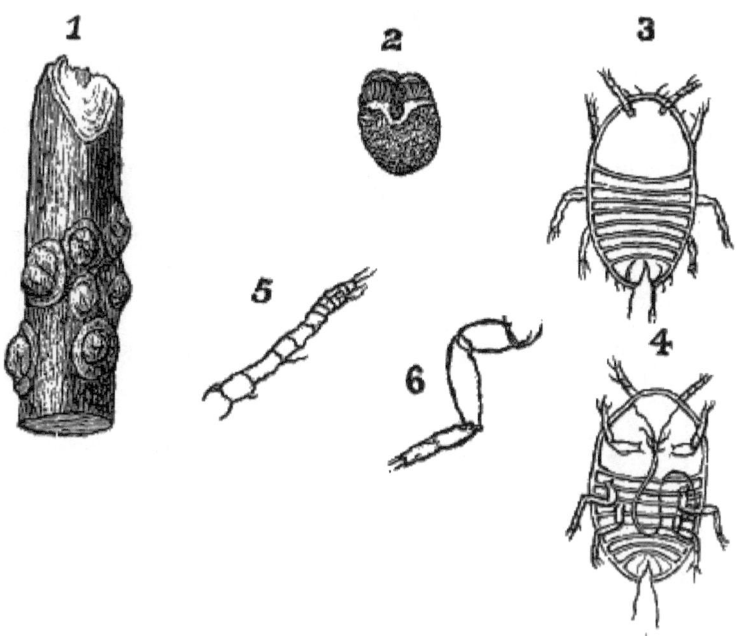

Dans mes observations, je n'ai détecté aucun mâle. A en juger par les autres poux de l'écorce, ceux-ci doivent posséder des ailes et ne prendront jamais la forme d'écailles, bien que le professeur P. K Uhler m'écrive que les mâles de certains poux de l'écorce sont aptères.

Si des arbres d'ombrage ou de miel précieux sont attaqués par ces destructeurs insatiables, ils pourraient probablement être sauvés par un élagage discret - en coupant les branches affectées avant que des blessures graves ne soient causées, ou en injectant aux arbres une solution d'huile de baleine, de savon - ou même des arbres communs. un savon doux ferait l'affaire, au moment même où les jeunes poux quittent les écailles. Il vaudrait encore mieux que la solution soit chaude. La pompe de fontaine de Whitman est admirable pour réaliser de telles applications.

La figure 1 est légèrement agrandie ; les autres sont largement amplifiés.

Agripaume COMME PLANTE DE MIEL.

(*Leonurus hearta L.*)

FIGURE 114.

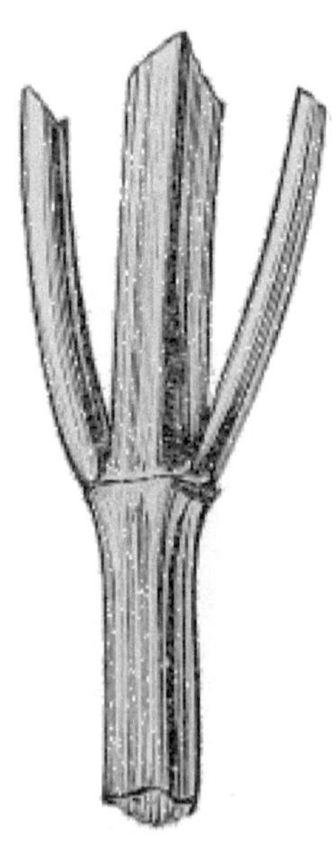

Peut-être qu'aucune de nos herbes communes ne promet mieux, en tant que plante mellifère, que celle en question. C'est une plante vivace très rustique, et une fois introduite dans des lieux incultes, elle est sûre de se maintenir, jusqu'à ce qu'il devienne souhaitable de l'extirper, lorsque, à la demande de l'homme, elle lâche rapidement prise, de sorte qu'elle n'est plus une plante dangereuse. plante à introduire. Les fleurs apparaissent à cet endroit vers le 25 juin et persistent pendant un mois complet, et pendant tout ce temps elles sont remplies d'abeilles, quel que soit le caractère du temps, qu'il soit humide ou sec, chaud ou frais, que la plante soit en au milieu des plantes mellifères ou isolé. On nous assure ainsi que la plante sécrète constamment du nectar, et qu'elle est également la préférée des abeilles. Le colza, les moutardes et la bourrache semblent indifférents à la météo, mais ne sont pas les favoris des abeilles. L'agripaume a donc trois qualités admirables : sa floraison est longue, ses fleurs produisent toujours un miel fin et elle est la préférée des abeilles. Si on pouvait le faire fleurir environ trois semaines plus tard, juste après le tilleul, il aurait presque toutes les qualités souhaitées. Je pense que nous pourrions y parvenir en tondant les plantes en mai. Je suis amené à cette opinion par le fait que certaines plantes que nous avons repiquées en mai, sont encore en fleurs ce 10 août et vivent maintenant avec des abeilles, partageant leur attention avec la belle cléome, qui est maintenant en pleine floraison et assez bruyant avec les abeilles.

FIGURE 115.

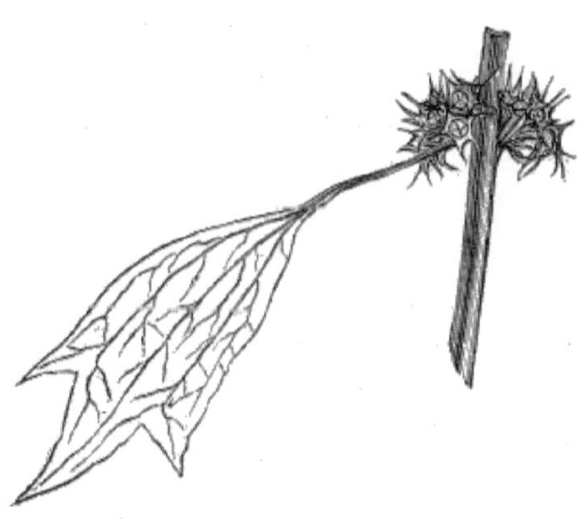

DESCRIPTION DE LA PLANTE.

La tige est carrée (Fig. 114), ramifiée et, lorsqu'elle est cultivée, atteint une hauteur d'environ quatre pieds ; cependant, comme il pousse dans des lieux déserts, il mesure rarement plus de trois pieds. Les branches, ainsi que les feuilles, sont opposées (Fig. 114 et 115), et à l'aisselle de ces dernières se trouvent des verticilles de fleurs (Fig. 115 et 116), qui se succèdent du bas vers le haut des tiges ramifiées. . La corolle est comme celle de toutes les menthes, tandis que le calice a cinq dents, qui sont pointues et semblables à des épines dans les nucules qui apparaissent à la base des feuilles (Fig. 115). À mesure qu'ils se rapprochent du sommet, les verticilles de fleurs et les graines qui se succèdent se rapprochent successivement et finissent par devenir très denses au sommet (Fig. 116). Les feuilles sont longues et palmées (Fig. 115). La petite fleur est violette.

L'ARBRE DE BOIS AIGRE.

L'oseille (*Oxydendrum arboreum*) (Fig. 117), ainsi appelée en raison de l'acidité de ses feuilles, est originaire du Sud, mais a été cultivée même aussi loin au nord que New York. Il atteint souvent des dimensions non moyennes dans son habitat natal le long des Alleghanies, atteignant souvent plus de cinquante pieds et acquérant un diamètre de douze ou quinze pouces.

FIGURE 117.

Les fleurs sont disposées en grappes, sont plus tombantes que celles représentées sur la figure, sont blanches et, avec leur beau feuillage, constituent un arbre ornemental de haut rang. L'écorce est rugueuse et le bois si tendre qu'il ne vaut rien, ni comme combustible, ni comme usage artistique. En tant qu'arbre à miel, il est très apprécié ; en fait, c'est le tilleul du Sud.

LE JAPON NÉFLEUR.

J'ai reçu de JM Putnam, de la Nouvelle-Orléans, Louisiane, des fleurs de *Mespilus Japonica* , ou prunier du Japon. Il déclare qu'il porte un fruit des plus délicieux, qu'il fleurit d'août à janvier, à moins qu'il ne soit coupé par une forte gelée, et qu'il est résistant aux gelées ordinaires. Il déclare qu'il fournit une abondance de miel délicieux, et cela également lorsque ses abeilles ne récoltaient qu'à aucune autre source.

Le *Mespilus Germanica* pousse en Angleterre et est très apprécié pour ses fruits. D'après le récit de M. Putnam, le *M. Japonica* est sans précédent dans sa longueur de floraison. Nous pensons que deux mois, c'est long. On rend un grand hommage à la réséda, à la cléome et à la bourrache, quand on raconte quatre mois de floraison ; mais c'est un léger éloge comparé à cette prune du Japon, qui fleurit du premier août jusqu'en janvier.

Les fleurs forment une panicule dense et étaient encore parfumées après leur long voyage. La feuille est lancéolée et très épaisse, certaines comme la plante à cire. Je devrais dire que c'était un feuillage persistant. Les apiculteurs du Sud doivent être félicités pour cette précieuse acquisition de leur fourrage apicole. J'espère qu'il prospérera aussi bien au Nord qu'au Sud.

Le STINGING-BUG.- *Phymata Erosa* , FABR.

Cet insecte est très largement répandu partout aux États-Unis. Je l'ai reçu du Maryland au Missouri au sud, et du Michigan au Minnesota au nord. L'insecte se cache parmi les fleurs et, à l'occasion, saisit une abeille, la tient à bout de bras et aspire son sang et sa vie.

Il s'agit d'un hémiptère, ou véritable insecte, et appartient à la famille *des Phymatidæ Uhr* . Il s'agit du *Phymata Erosa* , Fabr., le nom spécifique erosa faisant référence à son aspect déchiqueté. On l'appelle aussi « punaise piqueuse », en référence à son habitude de repousser l'intrusion par une poussée douloureuse avec son coup aigu et fort ; le bec.

FIG. 118. — *Vue latérale, grandeur nature.*	FIG. 119. — *Agrandi deux fois.*	FIG. 120. — *Bec, beaucoup agrandi.*
		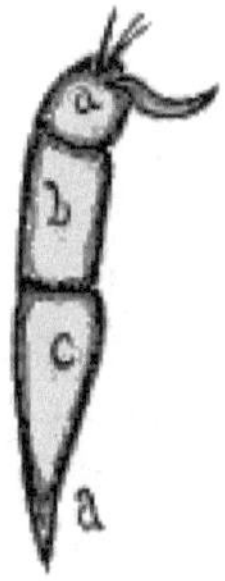

La « punaise piqueuse » (Fig. 118) a une apparence quelque peu irrégulière, mesure environ trois huitièmes de pouce de long et est généralement de couleur jaune ; bien que cette dernière semble assez variable. Il y a souvent une teinte verdâtre distincte. Sous l'abdomen, ainsi qu'à l'arrière de la tête, sur le thorax et sur l'abdomen, il est plus ou moins tacheté de brun ; tandis que sur la face dorsale de l'abdomen élargi se trouve une bande brune marquée (Fig. 119 d, d). Parfois cette bande manque presque, parfois une simple tache, tandis que rarement tout l'abdomen est très légèrement marqué, et comme souvent nous le trouvons presque entièrement brun au-dessus et au-dessous. Les pattes (Fig. 119, 6), le bec et les antennes (Fig. 119, a) sont jaune verdâtre. Le bec (Fig. 120) a trois articulations (Fig. 120, a, b, c) et une pointe acérée (Fig. 120, d).

FIG. 121. — *Antenne, très agrandie.*	FIG. 122. — *Jambe antérieure, agrandie—vue extérieure.*	FIGURE 123. — *Vue intérieure.*

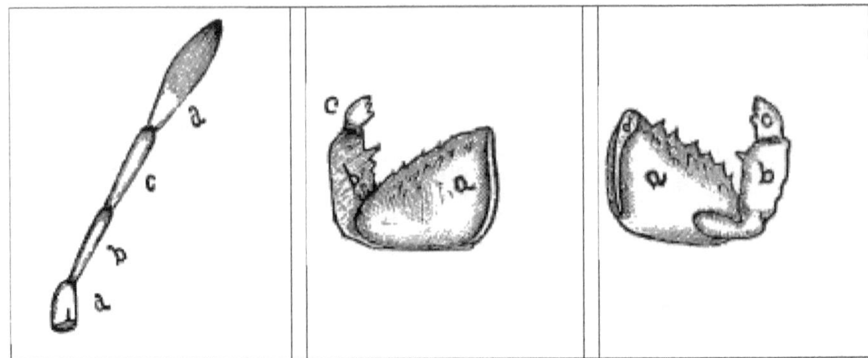

Ce bec n'est pas seulement la grande arme d'attaque, mais aussi l'organe par lequel la nourriture est aspirée. Grâce à cela, l'insecte a gagné le surnom de punaise piqueuse. Ce bec compact et articulé est particulier à toutes les vraies punaises, et en l'observant seul, on peut distinguer toutes les formes très variées de ce groupe. L'antenne (Fig. 121) est ; à quatre articulations. La première articulation (Fig. 121, *a*) est courte, la deuxième et la troisième (Fig. 121, *b* et *c*) sont longues et fines, tandis que celle terminale (Fig. 121, *d*) est beaucoup plus large. Cette articulation élargie est l'une des caractéristiques du genre Phymata, tel que décrit par Latreille. Mais la particularité structurelle la plus curieuse de cet insecte, et le caractère principal du genre Phymata, sont les pattes antérieures élargies (Fig. 122, 123 et 124). Ceux-ci, s'ils ne servaient qu'à faciliter la locomotion, sembleraient être des organes maladroits et maladroits, mais lorsque nous apprenons qu'ils sont utilisés pour saisir et tenir leurs proies, nous ne pouvons qu'apprécier et admirer leur forme modifiée. Le fémur (Fig. 122, *b*) et le tarse (Fig. 122, *a*) sont dentés, tandis que ce dernier est considérablement élargi. De la face intérieure inférieure du fémur (Fig. 123) se trouve le petit tibia, tandis que sur le bord inférieur du tarse (Fig. 123, *d*) se trouve une cavité dans laquelle repose l'unique griffe. Les quatre autres pattes (Fig. 125) sont comme d'habitude.

FIG. 124. — *Griffe, étendue .*	FIG. 125. — *Jambe médiane, beaucoup agrandie .*

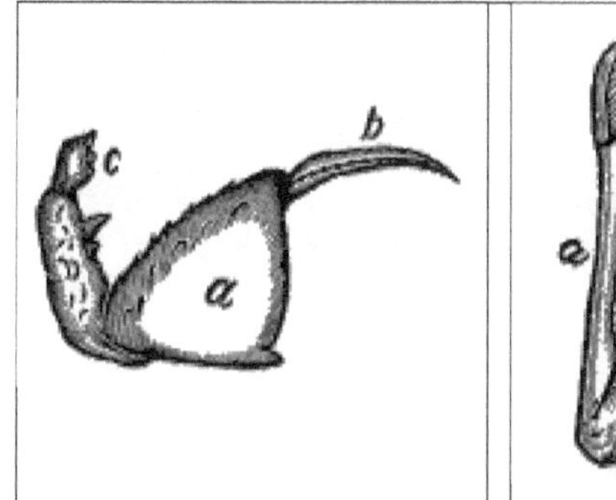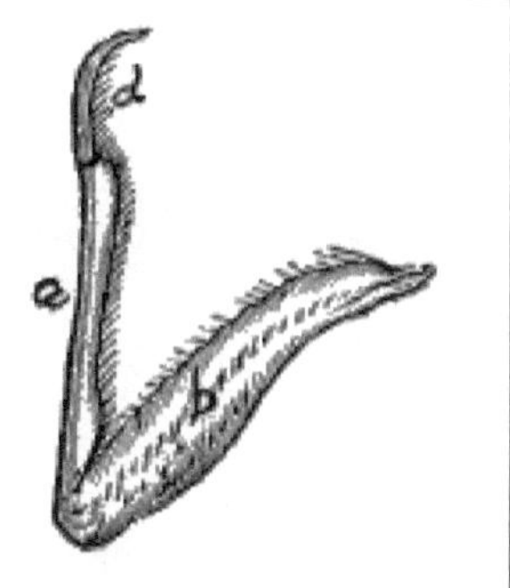

Cet insecte, comme nous l'avons déjà laissé entendre, est très prédateur, à l'affût, souvent presque caché, parmi les fleurs, prêt à capturer et à détruire imprudents les poux des plantes, les chenilles, les coléoptères, les papillons, les mites et même les abeilles et les guêpes. Nous avons déjà remarqué à quel point il est bien préparé pour ce travail par ses pattes antérieures en forme de mâchoire et son bec pointu et fort en forme d'épée.

On l'attrape souvent à la verge d'or. Cette plante, de par sa couleur même, a tendance à dissimuler l'étreinte, et de par le caractère même de la plante - étant attrayante comme plante mellifère pour les abeilles - l'insecte lent est capable d'attraper l'abeille mellifère vive et active.

Comme le professeur Uhler le dit bien à propos de la « punaise piqueuse » : « Elle est très utile pour détruire les chenilles et autres insectes se nourrissant de légumes, mais elle n'est pas très exigeante dans ses goûts et s'emparerait aussi vite de l'abeille utile que de l'abeille domestique. mouche à scie pernicieuse." Et il aurait pu ajouter qu'il est également indifférent aux vertus de nos insectes amis comme des espèces parasites et prédatrices.

Nous notons donc que cet insecte n'est pas entièrement mauvais, et comme sa destruction serait presque impossible, car il est aussi largement dispersé que le sont les fleurs dans lesquelles il se cache, nous pouvons bien laisser son cas en suspens, au moins jusqu'à ce qu'il soit détruit. la destructivité devient plus grave qu'actuellement.

FIGURE 126.	FIGURE 127.

LES TUEURS D'ABEILLES DU SUD.

Mallophora orcina et Mallophora bomboides.

J'ai reçu de plusieurs de nos apiculteurs entreprenants du Sud—Tennessee, Géorgie et Floride—les insectes ci-dessus, avec l'information qu'ils s'élancent d'un perchoir pratique et, avec un objectif rapide et sûr, saisissent une abeille, la portent vers un buisson, quand ils aspirent tranquillement tout sauf la simple croûte et jettent les restes. L'abeille ainsi victime est facilement reconnaissable au petit trou situé dans le dos, par lequel les sucs étaient pompés.

Les insectes appartiennent clairement à la famille des Asilidæ, la même qui comprend le tueur d'abeilles du Missouri, *Asilus Missouriensis* , le tueur d'abeilles du Nebraska, *Promachus bastardi* , et d'autres insectes prédateurs, dont plusieurs, j'ai le regret de le dire, ont la même mauvaise habitude. de tuer et de dévorer nos amis de la ruche.

Les caractères de cette famille, tels que donnés par Loew, l'une des plus grandes autorités en matière de diptères, ou mouches à deux ailes, sont des cellules basales prolongées des ailes, une troisième veine longitudinale bifurquée, une troisième articulation de l'antenne simple, sous la lèvre formant une gaine cornée. , empodium, une saillie au-dessous et au-dessous des griffes (Fig. 131, *c*), une soie cornée.

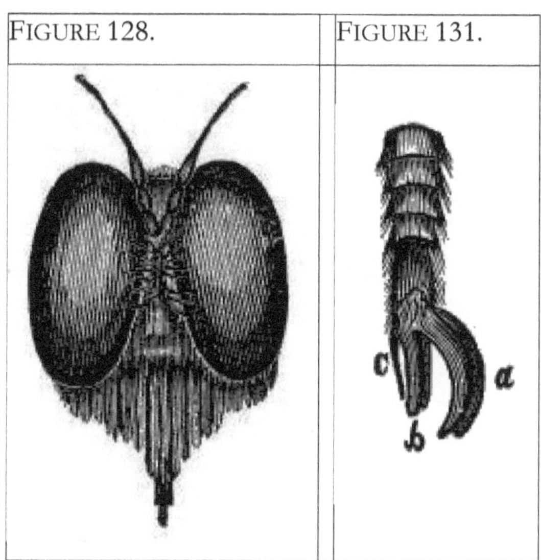

Les insectes en question appartiennent au troisième groupe de Loew, Asilina, car les antennes se terminent par une soie (Fig. 128), tandis que la deuxième nervure longitudinale de l'aile (Fig. 129, *b*) se jette dans la première (Fig. 129, *a*).

Le genre est *Mallophora* . La nervure des ailes ressemble beaucoup à celle du genre *Promachus* , le même qui contient le tueur d'abeilles du Nebraska, bien que la forme de ces insectes soit très différente. Le tueur d'abeilles du Nebraska est long et mince comme l' *Asilus Missouriensis* (voir Fig. 108), tandis que celui en question ressemble beaucoup au bourdon neutre par sa forme.

Chez *Mallophora* et *Promachus* , la nervure est telle que représentée sur la Fig. 129 , où, comme on le verra, la deuxième nervure (Fig. 129, *b*) se divise, tandis que dans le genre Asilus (Fig. 130) la troisième nervure est fourchue, bien que dans les trois genres, la troisième articulation des antennes (Fig. 128) se termine par un poil prolongé.

L'un des plus communs de ces ravageurs, dont je suis informé par le Dr Hagen, est *Mallophora orcina* , Wied, (Fig. 126), mesure un pouce de long et s'étend d'un pouce et trois quarts (Fig. 127). La tête (Fig. 128) est large, les yeux noirs et saillants, les antennes à trois articulations, la dernière articulation se terminant par une soie, tandis que le bec est très grand, fort et, comme les yeux et les antennes, noir de charbon. Ceci est en grande partie masqué par les poils jaune clair, qui sont denses autour de la bouche et entre les yeux.

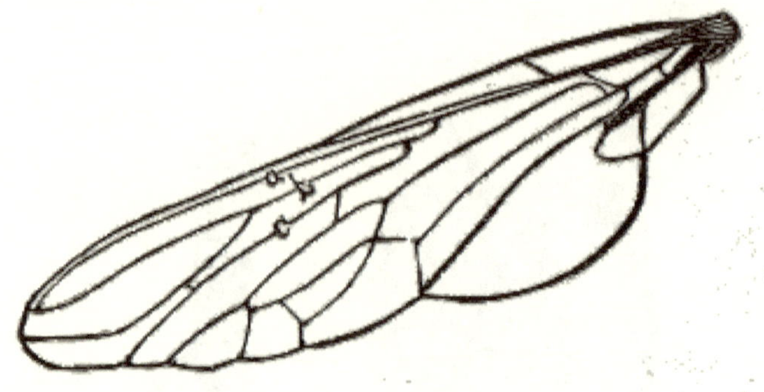

Le thorax est proéminent et densément garni de poils jaune clair. L'abdomen est étroit, effilé et couvert de poils jaunes sauf la pointe qui est noire. En dessous, l'insecte est d'un noir clair, bien qu'il y ait des poils épars de couleur jaune grisâtre sur les pattes noires. Les pulvilli, ou coussinets de pieds (Fig. 131, *b*) sont au nombre de deux, de couleur jaune vif, surmontés de fortes griffes noires (Fig. 131, *a*), tandis qu'en dessous et entre les deux se trouve la colonne vertébrale pointue (Fig. 131, *c*), techniquement connu sous le nom d'emodium.

Je ne peux pas donner les distinctions qui marquent les sexes, ni jeter aucune lumière sur l'état larvaire de l'insecte.

Les habitudes des mouches sont intéressantes, voire à notre goût. Leur vol est comme le vent, et perchés près de la ruche, ils se précipitent sur l'abeille imprudente qui revient à la ruche avec son plein chargement de nectar, et la saisissant avec leurs pattes dures et fortes, ils la portent jusqu'à un perchoir à proximité, quand ils percez la croûte, aspirez les jus, déposez la carcasse et voilà, vous êtes prêts à répéter l'opération. Un trou dans l'abeille montre la cause de son décollage soudain. L'abeille éviscérée n'est pas toujours tuée immédiatement par cet assaut brutal, mais elle peut souvent ramper à une certaine distance de l'endroit où elle tombe, avant d'expirer.

Un autre insecte presque aussi commun est le *Mallophora bomboides* , Wied. Cette mouche pourrait être considérée comme une édition plus grande de celle que nous venons de décrire, car par sa forme, ses habitudes et son apparence, elle ressemble beaucoup à l'autre. Il appartient au même genre, possédant tous les caractères génériques déjà signalés. Il est très difficile de les capturer, tant ils sont rapides et actifs.

Cette mouche mesure un pouce et cinq seizièmes de long et s'étend de deux pouces et demi. La tête et le thorax sont semblables à ceux des autres espèces. Les ailes sont très longues et fortes et, comme chez les autres espèces, sont de couleur brun fumé. L'abdomen est court, pointu, concave d'un côté à l'autre sur la surface de l'amadou, tandis que les poils jaune grisâtre sont abondants sur les pattes et sur toute la partie inférieure du corps. La couleur est d'un jaune plus clair que chez les autres espèces. Ces insectes sont puissamment bâtis, et s'ils deviennent nombreux, ils doivent se révéler un redoutable ennemi des abeilles.

Un autre insecte très commun et destructeur en Géorgie, bien qu'il ressemble beaucoup aux deux que nous venons de décrire, est d'un genre différent. Il s'agit de la *Laphria thoracica* de Fabricius. Dans ce genre, la troisième veine est fourchue et la troisième articulation de l'antenne est dépourvue de poils, bien qu'elle soit allongée et effilée. L'insecte est noir, avec des poils jaunes recouvrant la face supérieure du thorax. L'abdomen est entièrement noir au-dessus et en dessous, bien que les pattes aient des poils jaunes sur les fémurs et le tibia. Cet insecte appartient à la même famille que les autres, et possède les mêmes habitudes. On le trouve aussi bien au Nord qu'au Sud.

CORAIL EN NID D'ABEILLE.

Un fossile très commun trouvé dans de nombreuses régions de l'est et du nord des États-Unis est, de par son apparence, souvent appelé nid d'abeille pétrifié. Nous avons de nombreux spécimens de ce type dans notre musée. Dans certains cas, les cellules sont à peine plus grosses qu'une tête d'épingle ; dans d'autres, un quart de pouce de diamètre.

FIGURE 132.

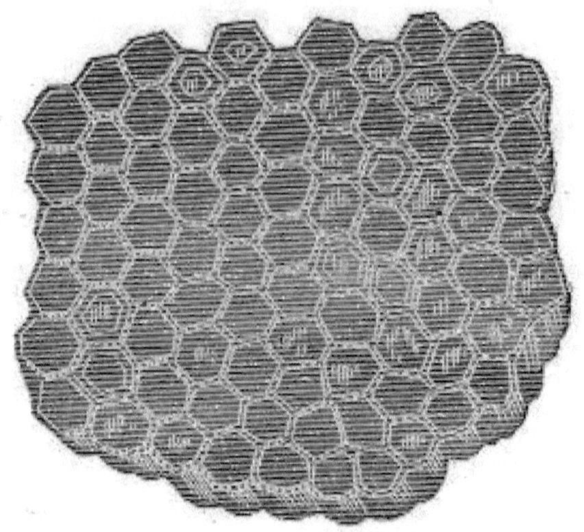

Ceux-ci (Fig. 132) ne sont pas des nids d'abeilles fossiles comme beaucoup sont amenés à le croire, bien que la ressemblance soit si frappante qu'il n'est pas étonnant que le public en général soit trompé. Ces spécimens sont des coraux fossiles, que le paléontologue place dans le genre Favosites ; favosus étant une espèce commune dans notre État. Ils sont très abondants dans les roches calcaires du nord du Michigan et sont très bien appelés coraux de pierre de miel. Les animaux dont ils étaient autrefois les squelettes, pour ainsi dire, ne sont pas du tout des insectes, bien que souvent appelés ainsi par des hommes très instruits. Ce ne serait pas une plus grande erreur d'appeler une huître ou une palourde un insecte.

Les espèces du genre Favosites sont apparues pour la première fois dans les roches du Silurien supérieur, ont culminé au Dévonien et ont disparu au début du Carbonifère. Aucun insecte n'est apparu avant l'âge du Dévonien, et aucun hyménoptère (abeilles, guêpes, etc.) n'est apparu avant le Carbonifère. Ainsi, les anciens Favosites ont élevé leurs colonnes de calcaire et ont contribué à la construction d'îles et de continents pendant des siècles – des millions et des millions d'années – avant qu'une fleur ne s'épanouisse ou qu'une abeille ne sirote le précieux nectar. Dans certains spécimens de ce corail pierreux (fig. 133), on peut voir des bancs de cellules qui ressemblent beaucoup aux cellules en papier de certaines de nos guêpes. On pourrait appeler cela du corail pierre-guêpe, sauf que les deux styles ont été façonnés par les mêmes animaux.

Figure 133.

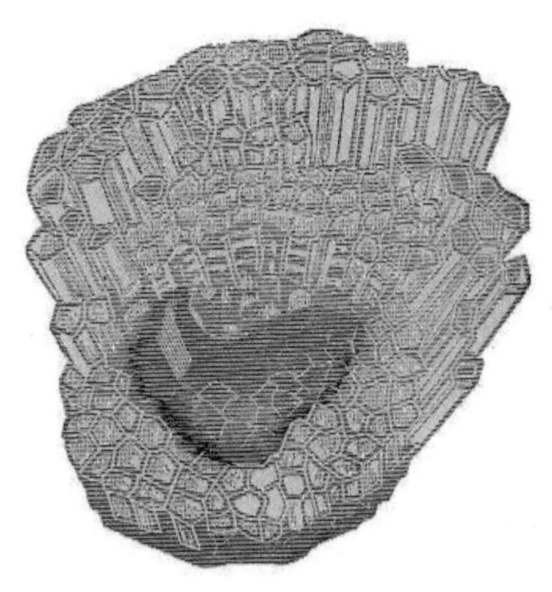

www.ingramcontent.com/pod-product-compliance
Lightning Source LLC
LaVergne TN
LVHW042353190726
843493LV00005B/1003